工业和信息化部"十四五"规划教材

多电飞机变频交流供电系统

张卓然　于　立　李进才　严仰光　编著

北　京

内 容 简 介

　　本书系统阐述多电飞机变频交流供电系统的典型架构与工作原理，从起动发电、电能变换、配电到用电设备特性等方面介绍多电飞机变频交流供电系统的全貌，详细论述变频交流起动发电机结构原理以及电磁、损耗与发热特性，对发电机控制器和汇流条功率控制器进行阐述，结合多电飞机固态功率控制器等智能电器论述变频交流供电系统负载管理，对比变频交流与高压直流供电系统的特点，并对大型民机供电系统的发展趋势进行分析总结。

　　本书可作为高等院校电气工程学科硕士研究生、博士研究生和教师的参考书，也可供从事飞机电气系统研发的工程技术人员参考。

图书在版编目(CIP)数据

多电飞机变频交流供电系统/张卓然等编著. —北京：科学出版社，2022.2
工业和信息化部"十四五"规划教材
ISBN 978-7-03-071670-5

Ⅰ.①多… Ⅱ.①张… Ⅲ.①研究机-变频电源-航空电气设备 Ⅳ.
①V271.3

中国版本图书馆 CIP 数据核字(2022)第 031814 号

责任编辑：余　江／责任校对：彭珍珍
责任印制：张　伟／封面设计：迷底书装

科　学　出　版　社 出版
北京东黄城根北街 16 号
邮政编码：100717
http://www.sciencep.com
北京九州迅驰传媒文化有限公司 印刷
科学出版社发行　各地新华书店经销
*
2022 年 2 月第　一　版　　开本：787×1092　1/16
2023 年 2 月第二次印刷　　印张：14 1/2
字数：344 000
定价：88.00 元
(如有印装质量问题，我社负责调换)

序

大飞机的研发与制造能力是一个国家科技水平和综合国力的集中体现。自大飞机重大专项立项以来，我国的民机事业蓬勃发展，ARJ21 投入航线运营，C919 成功首飞，远程宽体客机 CR929 的研制也已全面启动。

围绕绿色航空、智慧民航发展战略需求，民用航空机载系统不断向多电化、信息化和智能化方向发展，对高品质电能的需求越来越迫切。供电系统作为飞机上电能的"源"，承担了电能产生与分配的重要功能，是支撑民机多电化发展的核心部件和必要基础。在国外最新的 B787 和 A380 等多电飞机上，电能形式、供电系统架构和供电管理方法等相比传统飞机发生了巨大变化，供电体制从恒频交流迈向了变频交流，这些新的根本性变化对民机机载系统产生哪些深刻影响，值得我们深入研究与探讨。

南京航空航天大学张卓然教授长期从事航空电气系统研究与实践，曾任 C919 飞机副主任设计师，为 C919 飞机顺利首飞做出了贡献。他是重大基础研究项目首席专家、科技部中青年科技创新领军人才，带领团队始终坚持理论研究与工程实践紧密结合，围绕多电飞机供电系统技术研究取得了一系列创新成果。

《多电飞机变频交流供电系统》结合典型的多电飞机应用背景，系统地论述了变频交流供电系统架构、起动发电、电能变换与分布式配电等关键技术，并从功率密度与系统效率、非线性负载适应性与安全性、智能化电能管理等角度，展望了民机供电系统发展趋势。该书内容丰富、条理清晰、系统性强，反映了国内外变频交流供电系统应用现状和最新进展，体现了作者团队在多电飞机供电系统领域长期耕耘的研究成果和思考创见。相信该书的出版将会为我国大飞机电气系统技术进步及多电化发展发挥重要的促进作用。

中国工程院院士、C919 飞机总设计师

2021 年 1 月

前　言

　　21世纪初，波音公司的B787和空中客车公司的A380飞机先后投入航线运行，这两种大型多电飞机的出现为民机节能减排和绿色航空发展开辟了新的途径。B787和A380飞机电气系统采用了很多变革性技术，其供电体制从传统民机恒频交流发展为变频交流，对机载系统与设备都带来了显著影响。作者结合典型的大型多电飞机电气系统技术特征编写了本书，以和广大读者共享多电飞机供电系统的新架构、新子系统、新设备和新技术，期望为发展我国自己的多电飞机供电系统提供借鉴与参考。

　　B787电气系统的特点是用电能代替了从发动机引气的气压能，有效地减少了发动机能量消耗，使飞机具有节能和减排的特点。A380电气系统的特点是用电能代替了部分集中式液压能源，使飞机液压系统从三个独立通道降为两个独立通道，第三通道由电驱动的电液或电力作动机构代替。现有飞机的主电源有四种类型：28V低压直流电源、400Hz恒频交流电源、360～800Hz宽变频交流电源和270V高压直流电源。28V低压直流电源的主发电机是有刷直流发电机，由于其工作转速和高空工作特性的限制，直流发电机的最大功率为18kW，且馈电线的重量大，不能满足多电飞机用电量大的要求。400Hz恒频交流电源是现有飞机电源的主流，得到广泛应用。由于恒频交流电源的主电源有两级功率变换，机械能到电能转换的效率较低、损耗大、冷却要求高，也不能满足多电飞机电源大容量供电系统的需求。从多电飞机角度考察，只有变频交流电源和高压直流电源能满足多电飞机的电源需求。

　　B787和A380都采用360～800Hz宽变频交流电源。值得注意是，B787飞机的4台250kV·A起动发电机系统中同时有4台150kW的AC/DC变换器(自耦变压整流器ATRU)，将变频交流电转为直流电，直流功率与交流发电容量的比例为64%，说明在多电飞机上直流电功率的需求是相当大的，这成为未来多电飞机电源发展的客观需求。

　　衡量飞机电气设备的三个重要指标：一是功率密度，即每千克质量产生的电功率或由电功率转换成的机械功率；二是能量转换效率，即输出功率与输入功率之比；三是设备的环境适应能力及工作可靠性。航空电气科技工作者的奋斗目标就是要不断提高这三个指标。多电飞机的诞生要求大幅度提高发电功率和电源可靠性，要求更多地使用电动机代替液压和气压作动机构。虽然现有电磁机械的功率密度较低，以硅器件构成的电力电子装置体积质量较大，如B787飞机的250kV·A起动发电机质量有90多千克，起动变换器质量超过50千克，但是这不能成为不发展多电飞机技术的理由。

　　随着电工科技的发展，电气设备的体积质量必然会不断下降。就从B787来看，B787的电气系统是在20世纪90年代的电工基础上发展的，那时第三代功率半导体器件SiC和GaN器件刚诞生，尚未商品化，B787只能采用硅绝缘栅双极型晶体管IGBT和有反向恢复的续流二极管来构成通用电动机起动控制器CMSC，限制了开关频率，加大了滤波器的体积和重量，使 CMSC 过重。二十多年来，电工科技又有了新的发展，SiC 和 GaN 器件已商业化，新材料、新器件不断萌生，为航空电气设备的发展提供了更好的条件。因此，我们需要构想第二代、第三代多电飞机的先进电气系统，在新一代多电飞机发展中贡献中国智慧。

长期以来，作者在多电飞机研究过程中始终得到吴光辉院士的指导与关心。在本书初稿完成后，吴院士在百忙之中审阅了全书并欣然作序，在此向他致以最诚挚的谢意！衷心感谢中国商用飞机有限责任公司、中国航空工业集团有限公司相关研究院所和企业科研单位的专家学者的大力支持和帮助。多电飞机电气系统工业和信息化部重点实验室、航空航天电源技术教育部工程研究中心、航空电源技术国防科技创新团队成员从各个方面给予了作者帮助和鼓励，在此表示由衷的感谢。此外，本书部分内容还参考了国内外同行专家、学者公开发表的研究成果和相关资料，在此一并向他们致以诚挚的谢意！

感谢科学出版社在本书出版过程中给予的大力支持，以及南京航空航天大学在作者教学、科研工作中给予的支持和帮助。最后感谢在本书撰写过程中所有给予关心、支持和帮助的人！

由于作者水平有限，再加上资料不全，书中难免存在不足之处，敬请读者批评指正。

作　者

2021 年 4 月于南京航空航天大学

目　录

第1章 概 述

1.1 多电飞机的诞生

21 世纪初诞生了一类新的飞机，即多电飞机。欧洲空中客车公司的 A380、美国波音公司的 B787 和洛克希德·马丁公司的 F-35 均为多电飞机。

现代飞机的内部能源有三种：液压能、气压能和电能。多电飞机用电能代替液压能和气压能，可以简化飞机的二次能源系统。飞机气压能来自提取发动机压气机的压缩空气，液压能来自发动机附件机匣传动的液压泵。减小或消除气压能和液压能可简化飞机与发动机的结构，节省燃油，减少污染物的排放；发动机附件机匣传动附件的减少，减小了发动机迎风面积，从而减小了飞行阻力；飞机内部结构的简化，改善了可靠性和维修性；二次能源种类的减少，也减少了地面支援设备。由此可见，多电飞机技术是飞机的一种全局性优化技术，必将进一步发展。

1.2 典型多电飞机电气系统特点

以 B787 飞机电气系统为例，主要有以下特点：

(1) 主电源总容量达兆瓦级，总容量相比传统飞机得到大幅提升。

(2) 首次使用变频交流起动发电机(VFSG)。单台发电机额定容量为 250kV·A，额定电压为 235V，额定工作频率为 360~800Hz。该电机起动航空发动机工作时，起动转矩达 407N·m。起动发电机的应用取消了空气涡轮起动机，简化了附件机匣，减少了管路。宽变频交流起动发电机的应用，消除了恒速恒频交流电源的恒速传动装置(CSD)，大幅度简化了飞机发电系统的结构，发电系统的效率从 0.72 左右提高到 0.9 左右，从而为增大单台发电机的额定容量创造了条件。

(3) 飞机环境控制系统(ECS)的能源由提取航空发动机的引气转为由压气机 CAC(也称空气压缩机)供气。发电机单台容量的增加为设置电动压气机 CAC 创造了条件。不提取发动机的引气就可以大幅度提高燃油利用率，节省燃油。电动压气机的驱动电机是可调速电动机，其驱动压气机的出口压缩空气的压力，流量和温度均为可控的，且远比引气的温度低，从而显著提高了环境控制系统的能量利用率。

(4) 首次采用大功率调速电动机和相应的大功率直流交流电力电子变换器。该变换器称为通用电动机起动控制器(CMSC)，8 台额定功率为 110kW 的 CMSC 的硬件结构完全相同，软件随其所在的位置加入，称为位置编程。这种设计思路简化了设备研制、生产和测试过程，简化了使用和维护，可以互为备份，提高了可靠性和使用维护性能。

(5) 首次采用全固态分布式配电系统。飞机上的 17 个远距配电箱(RPDU)分布于飞机的用电设备附近,缩短了负载配电线。远距配电箱有两个特点:一是具有微处理器,构成智能配电系统;二是采用小于 10A 的 115V 交流固态功率控制器和 28V 直流固态功率控制器(SSPC),实现用电设备的计算机通断控制和配电线的过流保护、电弧保护和短路电流的快速切除,提高了配电系统的可靠性、可维修性和生命力,降低了电网重量。

1.3　多电飞机发展的基础

半个多世纪以来,电工科技得到了突飞猛进的发展,为多电飞机的诞生创造了条件。电工科技的发展主要表现为电工材料、集成电路和微处理器及其网络、电力电子器件和电力电子装置、电机理论及其控制技术的发展。

电工科技的发展使飞机电气系统由电磁机械系统转为电磁电子机械系统。几十年来,飞机发电机由有刷直流发电机发展到恒速恒频发电系统、变速恒频发电系统、变频交流发电系统和高压直流系统。低压直流起动发电系统由有刷直流起动发电机和电磁式发电机调节保护器、继电器接触器等组成的起动箱等构成,是典型的电磁机械系统。多电飞机变频交流起动发电系统由三级式无刷交流起动发电机、数字式发电机控制器(GCU)、数字式汇流条功率控制器(BPCU)和通用电动机起动控制器(CMSC)等构成,称为电磁电子机械,这里的电子既包括微电子又包括电力电子。直流起动发电机 QF-12D 额定功率为 12kW,质量为 31kg,功率密度为 0.387kW/kg。相比之下,VFSG 的容量与功率密度相对比较高,例如,B787 的 VFSG 的额定容量为 250kV·A,质量为 92kg,功率密度为 2.71(kV·A)/kg。二者的功率密度差 6 倍。这表明由于电工科技的发展,飞机发电机的功率密度、能量转换效率和平均故障间隔时间均有大幅度变化。

多电飞机的电气系统有两个显著特点:一是单台发电机额定容量急剧增大;二是电动机的数量大幅度增加。据统计,某型多电战斗机的电机总数为 85 台。其中 3 台为起动发电机,82 台为电动机。这些电动机多为调速电动机或伺服电动机,均由电机、直交变换器和微控制器构成。伺服电动机用于飞机舵面的操纵,为四象限运行,能量双向流通,响应速度很快。半个世纪前,装于轰炸机上的旋转炮塔的伺服系统采用直流电动机和机电放大器,机电放大器不仅体积重量大,而且响应速度慢,与现代伺服系统差别极大。后者电压、电流变化率 du/dt、di/dt 和功率、转速变化率 dp/dt、dn/dt 比机电放大器构成的系统大了几个数量级。式中,u、i、p、n 和 t 代表电压、电流、功率、转速和时间。电机、微电子和电力电子的发展为电磁机械代替液压和气压机械创造了条件。

多电飞机的电气系统不是对气压和液压系统的简单替代,而是更高级的发展,自动化、智能化成为多电飞机电气系统发展所必需的。从模拟电子系统发展到数字式控制的网络系统,飞行员大幅度摆脱了手动操纵电气开关的烦恼,地勤人员也减少了地面维护时间,减少了排除故障所花的心血,大幅度提高了飞机的战术技术性能和出勤率。

多电飞机的电源系统的重要性随着多电飞机的发展不断提高,余度供电、容错供电和不中断供电要求随之增高。电能中断或失去电能对飞机安全性的影响也越来越大。B787 飞机由于采用变频交流电源,多个电源不能并联运行,只能采用备份转换的方式,供电中断不可避免。该飞机只有 28V 直流电源实现了不中断供电,故重要用电设备都由 28V 直流供电。

大功率电力电子变换器的功率管都工作在周期性高频开关状态，其 du/dt 和 di/dt 都很大，导致极恶劣的电磁环境，而飞机上的大量传感器具有高灵敏度，对电磁环境极为敏感。因此大功率电力电子装置和航空电子设备的电磁兼容性设计极为重要。先进的多电飞机机体大量采用碳纤维复合材料，这种材料有强度好、抗疲劳、重量轻的特点，但导电性很差。为了对飞机进行雷电防护，碳纤维层板内有导电的金属网，机体内有专设的金属电回路，电源配电箱中有专门的雷电防护模块(LPU)，电力电子装置有良好的电磁屏蔽，以形成良好的电磁环境。

由此可见，多电飞机的发展建立在电工科技发展的基础上，而多电飞机的诞生又带来了大量新的问题，需要电工科技工作者去解决。多电飞机对电工科技又提出了新的要求，需要进一步提高电工设备的功率密度和效率，进一步提高电气系统的可靠性、安全性和环境适应性。尽管 B787 飞机的变频交流起动发电机(VFSG)的功率密度比直流起动发电机 QF-12D 提高了 6 倍，但该电机的质量有 92kg，仍相当大，用于环境控制系统的电动压气机的直流交流变换器质量达 52kg，也相当大，它们的功率密度仍不够高，尽管 250kV·A VFSG 从机械能转换为电能的效率已达 0.9，但因电机容量大幅度增加，额定输出时的损耗达 27.3kW，为了减小电机的发热和温升，必须采用油冷设施，需要足够大的外部燃油/滑油和空气/滑油散热器，从而增加了发电系统的复杂性。同样，提高电气系统和电工设备的可靠性与环境适应性也是电工科技的永恒课题，而多电飞机的诞生对上述问题的改善提出了更为迫切的要求。

1.4 本章小结

我国正在发展自己的宽体大型客机，学习典型多电飞机采用的电气系统及其电工新技术，显得十分重要。本书的目的是简要介绍典型多电飞机变频交流电气系统，探讨其优点和不足之处。学习、消化、吸收的目的是创造，做出比前人更好的飞机电气系统和设备。多电飞机 B787 投入航线已经十多年了，而其电气设备的设计研制已过去了更长时间，电工科技在这些年又有了更大进步。

近二十年，电工科技的重大突破是宽禁带电子器件由诞生到商业应用，GaN 和 SiC 电力电子器件的发展与逐步成熟，为航空电气系统和设备的进一步发展开辟了新道路。绝缘栅双极型晶体管(IGBT)的两大缺点是关断时有电流拖尾和允许结温低。硅二极管也有两大缺陷：允许结温低和反向恢复损耗大(仅工作电压低的硅肖特基二极管没有反向恢复损耗)。从而导致由硅器件构成的大功率电力电子装置的开关频率低且损耗大，冷却要求高，使硅电力电子装置的功率密度较低，能量转换效率也较低。GaN 和 SiC 电力电子器件的应用为航空电气设备的发展带来了新的机遇。近二十年，电工装置的模块化和集成化技术也得到了快速发展，为我们构建新的更高功率密度、更高效率和更可靠的飞机电气系统与设备创造了条件。未来我国自行研制的宽体大型多电飞机及其电气系统必将超越第一代多电飞机。

第2章 大型多电飞机电源系统

2.1 多电飞机发电系统

以双发动机大型客机 B787 为例,每台发动机的附件机匣上装有两台额定容量为 250kV·A 的变频交流起动发电机(VFSG),飞机尾部装有辅助动力装置(APU)及其起动发电机(ASG),ASG 的额定发电容量为 225kV·A,两台 ASG 的总容量为 450kV·A。13000m 高空飞行时,ASG 的总容量降到 100kV·A。由此可见,B787 主电源的总容量为 1000kV·A,辅助电源总容量为 450kV·A,发电总容量为 1450kV·A,其成为发电容量最大的客机。表 2.1 和表 2.2 是 VFSG 和 ASG 的主要技术指标。

<table>
<tr><td colspan="3">表 2.1 250kV·A VFSG 技术数据</td></tr>
<tr><th>序号</th><th>技术指标</th><th>数据</th></tr>
<tr><td>1</td><td>额定电压/V</td><td>235</td></tr>
<tr><td>2</td><td>额定电流/A</td><td>361</td></tr>
<tr><td>3</td><td>额定频率/Hz</td><td>360~800</td></tr>
<tr><td>4</td><td>额定容量/(kV·A)</td><td>250</td></tr>
<tr><td>5</td><td>过载容量/%</td><td>25%, 5min; 75%, 5s</td></tr>
<tr><td>6</td><td>功率因数</td><td>0.85~1.0</td></tr>
<tr><td>7</td><td>极对数</td><td>3</td></tr>
<tr><td>8</td><td>发电工作转速/(r/min)</td><td>7200~16000</td></tr>
<tr><td>9</td><td>效率</td><td>0.9</td></tr>
<tr><td>10</td><td>起动转矩/(N·m)</td><td>407</td></tr>
<tr><td>11</td><td>冷却方式</td><td>油冷</td></tr>
<tr><td>12</td><td>质量/kg</td><td>92</td></tr>
<tr><td>13</td><td>平均故障间隔时间/h</td><td>30000</td></tr>
</table>

<table>
<tr><td colspan="3">表 2.2 225kV·A ASG 技术数据</td></tr>
<tr><th>序号</th><th>技术指标</th><th>数据</th></tr>
<tr><td>1</td><td>额定电压/V</td><td>235/408</td></tr>
<tr><td>2</td><td>额定电流/A</td><td>319</td></tr>
<tr><td>3</td><td>额定频率/Hz</td><td>360~440</td></tr>
<tr><td>4</td><td>额定容量/(kV·A)</td><td>225</td></tr>
<tr><td>5</td><td>功率因数</td><td>0.85~1.0</td></tr>
<tr><td>6</td><td>极对数</td><td>2</td></tr>
<tr><td>7</td><td>发电工作转速/(r/min)</td><td>10800~13200</td></tr>
<tr><td>8</td><td>额定效率</td><td>0.9</td></tr>
<tr><td>9</td><td>冷却方式</td><td>油冷</td></tr>
<tr><td>10</td><td>质量/kg</td><td>55.4</td></tr>
<tr><td>11</td><td>平均故障间隔时间/h</td><td>30000</td></tr>
</table>

ASG 发电工作时转速变化范围较小,属于恒频发电机。每台 ASG 配有发电机控制器(AGCU)、发电机断路器(AGCB)和发电机中线继电器(AGNR),形成一条发电通道。AGNR 发电工作时是闭合的,使电机为三相四线制输出,起动 APU 工作时断开 AGNR,成为三相星接电枢绕组。由于 APU 上有两台 ASG,形成两条 ASG 发电通道。变频交流起动发电机、发电机控制器、发电机断路器、发电机中线继电器构成变频交流发电通道。4 台 VFSG 构成 4 条独立的发电通道。

图 2.1(a)是大型多电飞机机上设备分布图,图 2.1(b)是典型电气系统图。电气系统图中上侧的 7 个圆代表 7 台发电机,左侧两台变频交流起动发电机(VFSG)用 L1 VFSG 和 L2

VFSG 表示，右侧用 R1 VFSG 和 R2 VFSG 表示，中间为辅助动力装置 APU 的起动发电机 L ASG 和 R ASG。L1 VFSG 和 L1 GCU(图中未画出)、L1 GCB 和 L1 GNR 构成左 1 发电通道，向 L1 235Vac Bus(L1 235Vac 汇流条)供电。相应地，L2、R1 和 R2 等发电通道，分别向 L2 235Vac Bus、R1 235Vac Bus 和 R2 235Vac Bus 供电。L ASG 发电通道给左连接汇流条(LTB)供电，R ASG 给右连接汇流条(RTB)供电。6 个发电通道分别向 6 条 235V 交流汇流条供电。

由于发电机工作频率不同，故只能单独向相应的 235Vac Bus 供电。正常工作时汇流条连接断路器(BTB)均不闭合，形成相互独立的 4 条主发电通道和 2 条 ASG 发电通道。任一发电通道发生故障，脱离其供电的 235V 交流汇流条后，其余的 5 条正常发电通道均可通过 BTB 的接通使故障发电通道的 235V 交流汇流条供电，仅当 6 条发电通道均故障时，235V 交流汇流条才失电，使得所有 235V 交流汇流条都不能向用电设备供电。例如，L1 VFSG 故障，L1 GCB 断开，L1 235Vac Bus 失电：①若 R ASG 此时处于发电状态，则只要接通 L1 BTB，L1 235Vac Bus 即可得电；②若 R ASG 未工作，L2 VFSG 处于发电状态，则接通 L3 BTB，L1 235Vac Bus 即可得电；③若 R ASG 和 L2 VFSG 未工作，而 L ASG

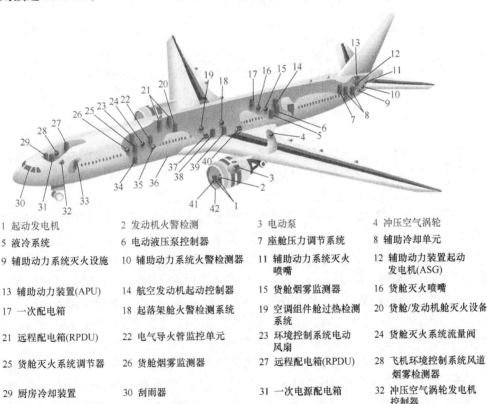

1	起动发电机	2	发动机火警检测	3	电动泵	4	冲压空气涡轮
5	液冷系统	6	电动液压泵控制器	7	座舱压力调节系统	8	辅助冷却单元
9	辅助动力系统灭火设施	10	辅助动力系统火警检测器	11	辅助动力系统灭火喷嘴	12	辅助动力装置起动发电机(ASG)
13	辅助动力装置(APU)	14	航空发动机起动控制器	15	货舱烟雾监测器	16	货舱灭火喷嘴
17	一次配电箱	18	起落架舱火警检测系统	19	空调组件舱过热检测系统	20	货舱/发动机舱灭火设备
21	远程配电箱(RPDU)	22	电气导火管监控单元	23	环境控制系统电动风扇	24	货舱灭火系统流量阀
25	货舱灭火系统调节器	26	货舱烟雾监测器	27	远程配电箱(RPDU)	28	飞机环境控制系统风道烟雾检测器
29	厨房冷却装置	30	刮雨器	31	一次电源配电箱	32	冲压空气涡轮发电机控制器
33	座舱压力控制系统	34	货舱加热和空气调节器	35	货舱灭火喷嘴	36	座舱空气压缩和入口防冰系统
37	座舱空气压缩机	38	空气调节组件	39	氮气发生系统	40	电动泵
41	发动机齿轮箱(R.R Trent 1000发动机)	42	发动机防冰设备				

(a) 机上设备分布图

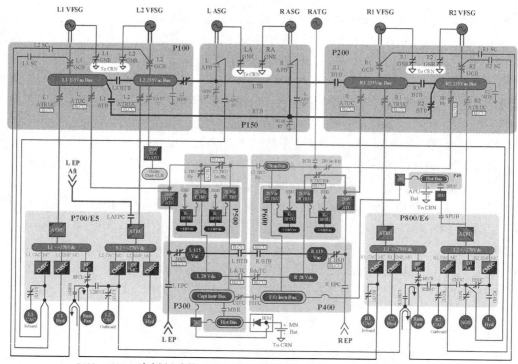

P100、P200-一次电源配电箱；P150-APU电源配电箱；P300、P400-二次电源配电箱；
P500、P600-二次电源设备柜；P700、P800-±270V直流电源配电柜；P49-APU蓄电池电起动配电箱

(b) B787飞机电气系统

图 2.1　B787飞机电气系统图

处于发电状态，则接通 L2 BTB 和 L3 BTB，即可使 L2 235Vac Bus 和 L1 235Vac Bus 都得电；④若 R2 235Vac Bus 此时有电，则接通 R2 BTB 经连接汇流条 RTB，再接通 L1 BTB 就可使 R2 VFSG 向 L1 235Vac Bus 供电；⑤R1 235Vac Bus 可通过 LTB 经 L2 235Vac Bus 向 L1 235Vac Bus 供电。显然，L1 235Vac Bus 供电的最高优先级是 L1 VFSG，第二优先级是 R ASG，第三优先级是 L2 VFSG，第四优先级是 L ASG，第五优先级是 R2 VFSG，第六优先级是 R1 VFSG。

由此可见，辅助动力装置发电机起着辅助电源的作用，4 台 VFSG 中任意一台故障从而脱离相应的 235V 交流汇流条时，L ASG 和 R ASG 即可通过闭合一个 BTB 使失电的 235V 交流汇流条得电，仍保持 4 条发电通道的 235V 交流汇流条有电。由图 2.1(b)可见，连接汇流条 LTB 或 RTB 上也接有大功率机翼防冰系统(WIPS)，若 L ASG 或 R ASG 故障不能向 WIPS 供电时，任一正常工作的 VFSG 发电通道也可向 LTB 或 RTB 供电。

可见，6 个发电通道均可向 6 个 235V 交流汇流条中的任意一个供电。该供电网有很高的余度和运行可靠性。高可靠性的前提是任一 235V 交流汇流条自身不出现故障，这也是大型多电飞机电源系统的典型主电源和辅助电源的配置方式，B787 和 A380 飞机都采用这种配置。

2.2　多电飞机地面电源插座

设计大型多电飞机时，考虑到其可在现有机场条件下起降，而现有国际机场大都配备

有 90kV·A 或以上的 400Hz 115/200V 地面电源，可实现飞机起降。大型多电飞机上有三个地面电源插座，两个在前电气设备舱，称为前地面电源 L Fwd EP 和 R Fwd EP，一个在后电气设备舱，称为左后地面电源 L Aft EP。地面电源又称外电源。

由图 2.1 可见，L Fwd EP 和 R Fwd EP 的电连接器插上飞机后，若电能质量合格，地面电源接触器 L EPC 和 R EPC 即闭合，115V 交流电通过自耦变压器(ATU)升压后，在 L ATUC 或 R ATUC 闭合条件下，L1 235Vac Bus 和 R1 235Vac Bus 即可得电。

通过接通与断开 BTB，可使 L EP 或 R EP 向 235Vac Bus 的任意一条供电，但 L EP 或 R EP 不能同时接到某一 235V 交流汇流条上。

2.3　多电飞机二次电源

大型多电飞机的二次电源有：

(1) 三相自耦变压器 ATU 2 台，实现 115/235Vac 电能的双向变换，每台额定容量为 90kV·A，工作频率为 360~800Hz。

(2) 变压整流器(TRU)4 台，用于将 235V 交流电转换为 28V 直流电，额定输出电流为 240A。

(3) 机轮制动用直流变换器 E-BPSU 4 台，将 28V 直流电转为±130V 直流电，向机轮制动伺服电动机的变换器供电。

(4) APU 电起动用 SPU 1 台，将 APU 起动蓄电池的 28V 直流电转换成 360~800Hz、115/200V 三相正弦交流电，在起动 APU 发动机时用。

(5) 蓄电池充电器 2 台，将 28V 直流电转为电压 32.2V、电流为 46A 的直流电给飞机主蓄电池和 APU 蓄电池充电。

(6) 自耦变压整流器(ATRU)4 台，将 235V 交流电转为±270V 直流电，向大功率变速电动机的直流交流变换器供电。其中，L2 ATRU 也可将地面电源的 115V 400Hz 交流电转为±270V 直流电。ATRU 为 18 脉冲三相自耦型变压整流器，输入电流接近正弦波，输入端功率因数接近 1.0，输出直流电压脉动小。表 2.3 是 ATRU 的主要技术数据。

表 2.3　自耦变压整流器(ATRU)技术数据

序号	技术指标	数据	备注
1	输入功率/(kV·A)	150	L1 ATRU、R1 ATRU、R2 ATRU 的技术数据；L2 ATRU 外加电压为 235/400V 的技术数据
	输入电压/Vac	235/400	
	输入频率/Hz	360~800	
	输入电流/Aac	223(额定) 255(最大)	
	输出电压/Vdc	±250(最小) ±280(额定) ±320(最大)	
	输出电流/Adc	0(最小) 234(额定) 306(最大)	

续表

序号	技术指标	数据	备注
2	输入功率/(kV·A)	65	L2 ATRU 外加电压为 115/200V 时的技术数据
	输入电压/Vac	115/200	
	输入频率/Hz	380～430	
	输入电流/Aac	200(额定) 225(最大)	
	输出电压/Vdc	±250(最小) ±280(额定) ±320(最大)	
	输出电流/Adc	0(最小) 119(额定) 133(最大)	
3	冷却方式	液冷	
	最小流量/(kg/min)	6.8	
	冷却液最高温度/℃	96	
	冷却液压力/Pa	9～22.5	
4	质量/kg	45	

2.4　115V 交流汇流条

B787 飞机上有左右两条 115V 交流汇流条，每条交流汇流条均由两个方向供电，参见图 2.1，每条 115V 交流汇流条的供电入口都有 BSB 和 BTB，飞机在地面上由前外电源供电时，接通 L BSB，左前外电源 L Fwd EP 即向 L 115Vac Bus 供电，接通 R BSB，右前外电源经 R BSB 向 R 115Vac Bus 供电，此时 L BTB 和 R BTB 处于断开状态。若仅有左前外电源接 L 115Vac Bus，则应接通 L BSB、L BTB 和 R BTB，以使左右 115V 交流汇流条都由左外电源供电。仅有右前外电源时情形类似。

飞机飞行中 L1 VFSG 发电，L1 235Vac Bus 有电，接通 L ATUC 和 L BSB，L 115Vac Bus 可由该起动发电机经 L ATU 降压后供电。若 L BTB 的左侧失电，则可接通 L BTB 和 R BTB，由 R 115Vac Bus 向 L 115Vac Bus 供电。飞行中，R 115Vac Bus 的供电情形和左侧相同，正常时由 R1 235Vac Bus 经 R ATU 降压后向其供电。

2.5　28V 直流汇流条

B787 飞机上有 4 条 28V 直流汇流条。L 28Vdc Bus 由 L TRU 供电，R 28Vdc Bus 由 RTRU 供电，两 28V 直流汇流条间有 LdcTC 和 RdcTC 两接触器连接。可见这两个直流汇流条均为两个方向供电。

领航员仪表汇流条 Capt Instr Bus 由三个方向供电，驾驶员仪表汇流条 F/O Instr Bus 由两个方向供电，说明这两条 28V 直流汇流条上的用电设备大多为重要回路设备。

Capt Instr Bus 的第一路电来自 C1 TRU 供电，第二路是 F/O Instr Bus，第三路是主蓄电池热汇流条 Hot Battery Bus(简写为 Hot BB 或 HBB)。

飞行时，正常情况下，C1 TRU 由 L1 235Vac Bus 供电，这时 L TRU Rly 闭合，L TRU 工作，L 28Vdc Bus 得电。同时 C1 TRU Iso Rly 接通，C1 TRU 工作，Capt Instr Bus 得电。

若 L2 235Vac Bus、R1 235Vac Bus 和 R2 235Vac Bus 均失电，则 L1 235Vac Bus 的电能经 L3 BTB 到 L2 235Vac Bus，经 L2 BTB 通过 LTB 和 R1 BTB 到 R1 235Vac Bus，再经 R3 BTB 到 R2 235Vac Bus，接通 BB Rly 和 BB Iso Rly 使备份汇流条 Bkup Bus 带电，接通 C1 TRU Rly 使 C1 TRU 工作，恢复 Capt Instr Bus 的供电。

应急情况下，4 台 VFSG 和 2 台 ASG 均不工作，则由主蓄电池 MN Bat 向 Capt Instr Bus 供电，并立即放下冲压空气涡轮发电机(RATG)，当 RATG 正常工作后，MN Bat 不再向 Capt Instr Bus 供电，而由 RATG 经 C1 TRU 向 Capt Instr Bus 供电，或由 RATG 经 C2 TRU、F/O Instr Bus 向 Capt Instr Bus 供电。

正常情况下，F/O Instr Bus 由 R2 235Vac Bus 经 BB Rly、BB Iso Rly 送电到 Bkup Bus 使 C2 TRU 工作，F/O Instr Bus 得电。若出现 R2 235Vac Bus 失电，则接通 LATUC、C1 TRU Iso Rly 和 C1 TRU Rly，L1 235Vac Bus 给 Bkup Bus 通电，让 C2 TRU 恢复工作，给 F/O Instr Bus 供电。相应地，若 4 台 VFSG 和 ASG 均故障，则 MN Bat 通过 Capt Instr Bus 经 CITC 和 FITC 向 F/O Instr Bus 供电。当 RATG 释放后正常供电时，C2 TRU 由 Bkup Bus 供电，向 F/O Instr Bus 供电，CITC 和 FITC 接通，Capt Bus 得电，同时让 MN Bat 脱离 Capt Instr Bus。

由此可见，无论正常情况下，还是 VFSG 出现故障，或 VFSG 和 ASG 都出现故障时，MN Bat 和 RATG 保证了 Capt Instr Bus 和 F/O Instr Bus 的连续不中断供电。在 RATG 供电时，主蓄电池即断开，防止蓄电池电能的消耗。

主蓄电池和 APU 蓄电池分别由接于 Capt Instr Bus 和 F/O Instr Bus 上的蓄电池充电器 BC 充电。

2.6　±270V 直流汇流条

±270V 直流汇流条的电能来自 ATRU，ATRU 的输出滤波电容由两个电容串联构成，两串联电容的中间点接地，故串联电容的正端对地为+270V，串联电容负端对地为−270V。这种接法减小了对地电位最大值，有利于抑制高空稀薄大气时的电晕。

4 台自耦变压整流器(ATRU)分别由 4 条 235V 交流汇流条供电，ATRU 的输出分别接到 ±270V 直流汇流条，4 条±270V 直流汇流条分别向大功率 DC/AC 电力电子变换器供电，见图 2.1。DC/AC 电力电子变换器又称通用电动机起动控制器(CMSC)。

每条±270V 直流汇流条上接 2 台 CMSC 和 1 台 RFMC 变换器或 OJMC 变换器。CMSC、RFMC 和 OJMC 均为 DC/AC 变换器，用于将±270V 直流电转换为频率可控的三相交流电，用于大功率三相电动机的调速控制。

表 2.4 列出了 CMSC 的主要技术数据，表 2.5 表示了 CMSC 的几种电动工作模式及典

型工况，MES 为发动机起动工作，AES 为 APU 发动机起动工作，CAC 为电动压气机工作，CAC 是飞机环境控制系统(ECS)的主要部件。EMP 是电动泵，NGS 是氮气发生器中的驱动电动机，RAF 是冲压空气管路中的电动风扇，正常时由 RFMC 驱动，加强通风时改由 CMSC 驱动。

表 2.4 通用电动机起动控制器(CMSC)技术数据

序号	技术指标	数据
1	输入电压/Vdc	±270
2	输出电压/Vac	0~235(三相正弦波)
	输出电压频率/Hz	0~1400
3	额定输出功率/kW	110
	过载输出功率/kW	150(3min)
4	冷却方式	液冷
5	体积/cm³	25.4×43.2×48.3
6	质量/kg	52

表 2.5 CMSC 控制的电动机

序号	电动机	功用	工作电流/A	工作频率/Hz	电机转速/(r/min)
1	VFSG	发动机起动(MES)	450	340	6800
2	ASG	APU 发动机起动(AES)	120	207	6210
3	CAC	环控空气压缩机	240	1409	42270
4	RAF	环控冲压空气风扇	70	395	—
5	EMP	电动泵	120	207	5500
			190	174	3300
			205	144	2700
6	NGS	氮气发生器	135	1367	82020

图 2.2 是 B787 一次飞行过程中 8 台 CMSC 随飞机飞行阶段不同而做不同运行的情况。由图 2.1 和图 2.2 可见，仅 L1_EMP_MC、L2_EMP_MC 和 R1_EMP_MC 向液压泵驱动电机供电，其余 5 台 CMSC 都可分时承担 2~3 个不同的任务。通过接触器的转换，有的 CMSC 还有互为备份的作用。8 台 CMSC 的硬件是相同的，软件是按该 CMSC 在电源舱机架上的位置不同而灌入的。这种方式便于生产、测试、使用和维修。

序号	飞行阶段	地面准备			滑行	起飞爬升	巡航	下降	滑行
		AES	L MES	R MES					
1	L1_CAC_MC	AES	MES			ECS/MES/AES			
2	L2_CAC_MC	ECS		MES		ECS/MES			
3	R1_CAC_MC	ECS	MES			ECS/MES			
4	R2_CAC_MC	AES	ECS	MES	ECS/MES/AES			NGS/AES	ECS/MES/AES
5	R2_EMP_MC	AES	NGS/AES			EMP	NGS/AES	EMP	NGS/AES
6	L1/L2/R1_EMP_MC	EMP							

注:
(1) ECS/MES/AES表示此阶段CMSC主要给ECS的CAC供电,若发动机停车或APU再起动,则CMSC短期处于MES或AES工作状态。
(2) L1/L2/R1_EMP_MC在整个飞行阶段仅用于驱动电动液压泵的电动机。

图 2.2　CMSC 的工作方式

2.7　辅助动力装置的电起动

CMSC 给 ASG 供电,使 ASG 工作于电动机状态,可实现 APU 的电起动。APU 的电起动有两种电源供电模式:一是蓄电池供电起动;二是由地面电源或 VFSG 发电机供电起动。

大多数飞机都要求能不依赖机场供电设备自主飞行,用 APU 蓄电池起动 APU 就实现了这个要求。APU 起动后转为发电工作,转而为航空发动机的电起动创造条件。B787 飞机发动机的电起动首选的电源就是 APU 发电机。

由 APU 蓄电池供电起动 APU 时,SPU 先将蓄电池 APU Bat 的 28V 直流电转为 115/200V 三相 360~800Hz 交流电,该交流电一小部分送入 R ASG 的励磁机绕组,大部分进入 R2 ATRU,转为±135V 直流电提供给 CMSC,CMSC 产生频率从零逐步增高的三相交流电送入 R ASG 的电枢绕组,形成旋转磁场,带动 R ASG 转子旋转,起动 APU。该 APU 起动过程中消耗功率约 10kW。起动结束后,ASG 转为发电工作。

借助机场电源起动 APU 时,左前外电源 L Fwd EP(图 2.1)经 L ATU 将电能送入 L1 235Vac Bus,L1 ATRU 将 235Vac 400Hz 交流电转为±270V 直流电,经 L1 CMSC 转为三相变频交流电送入 L ASG 的电枢绕组,地面电源的一部分电能送入 L ASG 的励磁机绕组,使 L ASG 工作于电动机状态,起动 APU。APU 正常工作后,L ASG 和 R ASG 均转为发电工作。

APU 起动时,CMSC 和 GCU 配合,断开 GNR,接通起动接触器 SC。起动结束后,接通 GNR,断开 SC,接通辅助电源断路器(APB),使 ASG 向飞机电网供电。

飞机飞行时,借助 L1 VFSG 发出的电能,也可用于起动 APU。

用 APU 蓄电池 APU Bat 作电源起动 APU 和用地面电源或 VFSG 起动 APU,CMSC 的电源电压是不同的,用 APU 蓄电池时为±135Vdc,用地面电源或机上电源时为±270Vdc。故 CMSC 的控制规律也不相同。APU 的 ASG 用于起动 APU 时由 CMSC 供电,采用磁场定向控制方式。

2.8　航空发动机的电起动

航空发动机电起动的首选电源是 APU 的 ASG，在地面时也可由地面电源供电起动，也可由已工作发动机上的 VFSG 发出的电能起动未工作的发动机。用地面电源起动航空发动机时，至少要有两个前外电源，且只能用来起动右发动机，右发动机起动后，借助 R VFSG 发电工作才能起动左发动机。

航空发动机起动时，要求该发动机上的两台 VFSG 均处于电动工作状态，仅一台电机起动时，起动时间较长。起动时，除 VFSG 外，发电机控制器(GCU)、汇流条功率控制器(BPCU)、发动机电子控制器(EEC)、ATRU 和 CMSC 均处于工作状态。GCU 用于给 VFSG 400Hz 交流励磁，断开 GNR，配合 CMSC 接通起动接触器。BPCU 接收起动开关的起动信号，将起动信号发送到 GCU、CMSC 和 EEC，与 GCU 一起控制起动回路中相应接触器和继电器。EEC 给出 CMSC 的电流给定信号，并控制起动燃油流量，给出点火指令，监控起动状态，实现起动故障保护，发送起动过程参数给飞行员仪表板上的发动机指示和机组告警系统(EICAS)，EICAS 还显示一些起动过程中的重要参数。整个起动过程是自动进行的，不受人工干预。

由 ASG 供电起动左发动机的供电过程如下：

L ASG 的电能经 L APB、LTB、R1 BTB 到 R1 235Vac Bus，经 R1 ATRUC、R1 ATRU 到 R1_CAC_MC，经 L2 SC 向 L2 VFSG 的电枢绕组供电。L2 VFSG 的三相励磁由 L2 GCU 供给。R ASG 的电能经 R APB、RTB、L1 BTB 到 L1 235Vac Bus，经 L1 ATRUC、L1 ATRU 到 L1_CAC_MC，经 L1 SC 向 L1 VFSG 的电枢绕组供电。L1 VFSG 的三相励磁由 L1 GCU 供给。

由 ASG 供电起动右发动机的供电过程和上述电路类似。

由 ASG 供电时，也可同时起动左发动机和右发动机。此时 L ASG 向 R1 235Vac Bus 供电，R1 ATRU 和 R1 CMSC 得电，向 L2 VFSG 电枢绕组供电，R ASG 向 L1 235Vac Bus 供电，L1 ATRU 和 L1 CMSC 得电，向 L1 VFSG 电枢绕组供电。L1 GCU 向 L1 VFSG 的励磁供电，L2 GCU 向 L2 VFSG 的励磁供电。L1 VFSG 和 L2 VFSG 同时电动工作起动左发动机。同时 L ASG 向 L2 235Vac Bus 供电，L2 ATRU 和 L2 CMSC 得电，向 R1 VFSG 电枢供电，R ASG 向 R2 235Vac Bus 供电，R2 ATRU 和 R2 CMSC 得电，向 R2 VFSG 电枢供电。R1 VFSG 和 R2 VFSG 的励磁分别由 R1 GCU 和 R2 GCU 供给，R1 VFSG 和 R2 VFSG 同时电动工作起动右发动机，实现双发同时起动。可见，APU 和 ASG 的功率必须满足两台航空发动机同时起动的要求，且不宜延长起动航空发动机的时间。

2.9　应　急　电　源

飞机在空中时，如果失去了所有交流电源，飞机主蓄电池和 APU 蓄电池即投入，使 Capt Instr Bus 和 F/O Instr Bus 有电，同时手动控制或自动放下冲压空气涡轮，让其驱动的发电机和液压泵提供应急电功率和液压功率，RAT 正常工作后，主蓄电池和 APU 蓄电池退出工作。

主蓄电池和 APU 蓄电池都为额定容量 50A·h 的锂离子电池，额定电压为 28Vdc。

主蓄电池仅在以下情形时给 Capt Instr Bus 和 F/O Instr Bus 供电：

(1) 飞机在地面，没有其他电源时；

(2) 燃油加油控制板上的电源开关接通时；

(3) 当空中 Capt Instr Bus 失电时。

B787 飞机锂离子电池电压大于 30.1V 为充满电状态，电压在 29.7～30.1V 时，只能放出约 50%的电能，若电压低于 29.7V，电池宜充电。飞机起飞前电池必须处于充满电状态。

冲压空气涡轮发电机额定容量为 10kV·A，额定电压为 235Vac，最低工作频率为 380Hz。冲压空气涡轮(RAT)在以下条件下自动放下：

(1) 2 个发动机均失效；

(2) 所有 3 个液压系统的压力均小于要求值；

(3) Capt Instr Bus 和 F/O Instr Bus 失电；

(4) 飞机着陆进场时，4 个电动液压泵失效；

(5) 飞机起飞时，4 个电动液压泵失效和 1 台发动机故障。

冲压空气涡轮发电机与其控制器 RATG GCU 协同工作，GCU 使电机频率不低于 380Hz，使得相电压为(235±4)Vac。RATG GCU 的保护功能有欠频保护、过压保护和高相电压限制。发电机内有永磁发电机向 GCU 供电，使该发电机不依赖于飞机上其他电源自行独立工作。

如图 2.1 所示，RAT 放下，发电机输出电压正常后，RATG GCU 接通 RCB 断路器，发电机向 235Vac 备份汇流条 Bkup Bus 供电。C2 TRU 将 235V 交流电转为 28V 直流电向 F/O Instr Bus 供电，若此时 CITC 和 FITC 接通，Capt Instr Bus 也得电。同时 BB Iso Rly 和 C1 TRU Iso Rly 必须断开，防止电能供给其他用电设备。应急电源只能供给飞行控制、导航和通信等重要设备。RATG 向 Capt Instr Bus 和 F/O Instr Bus 供电后，主蓄电池继电器(MBR)即断开，以免电池继续向 Capt Instr Bus 放电。

2.10　电源配电箱

B787 飞机上有两个电气设备舱：前电气设备舱和后电气设备舱。后电气设备舱内有：P100、P200 为左、右主电源配电箱(又称一次电源配电箱)，P150 为 APU 电源配电箱，P700、P800 为±270Vdc 配电箱，P49 为辅助电源 APU 起动配电箱。

前电气设备舱内有：P500、P600 电源变换器柜和 P300、P400 二次电源配电箱。

1) 主电源配电箱 P100 和 P200

P100 内有 235V 交流汇流条：L1 235Vac Bus 和 L2 235Vac Bus。L1 235Vac Bus 通过 L1 GCB 与 L1 VFSG 连接，经 L3 BTB 与 L2 235Vac Bus 相连，经 L1 BTB 与 R2 235Vac Bus 相连。通过 L1 ATRUC 向 L1 ATRU 供电，通过 L ATUC 向 L ATU 供电。L1 235Vac Bus 上还接有 235V 大功率交流用电设备。L2 235Vac Bus 上接有 L2 VFSG，并有 L2 ATRU 等设备。

P200 右一次电源配电箱内有 R1 235Vac Bus 和 R2 235Vac Bus。R1 235Vac Bus 经 R1

GCB 与 R1 VFSG 相接，经 R3 BTB 与 R2 235Vac Bus 相接，经 R1 BTB 与 L2 235Vac Bus 相接，通过 R ATUC 接 R ATU，通过 R1 ATRUC 接 R1 ATRU。R2 235Vac Bus 接 R2 VFSG，经 R2 BTB 与 L1 235Vac Bus 相连。汇流条上的 R2 ATRUC 用于控制向 R2 ATRU 供电，BB Rly 用于正常情况下向 235V 交流备份汇流条 Bkup Bus 供电。

4 条 235V 交流汇流条上都接有三相 235V 交流大功率用电设备。

P100 和 P200 主电源配电箱中的发电机控制器(GCU)实际上也是配电箱的智能控制器。

2) 辅助电源配电箱 P150

内有左右连接汇流条 LTB 和 RTB，分别由 L ASG 和 R ASG 通过 L APB 和 R APB 向 LTB 和 RTB 供电。LTB 通过 BTB 与 L2 235Vac Bus 和 R1 235Vac Bus 相接，RTB 通过 BTB 与 L1 235Vac Bus 和 R2 235Vac Bus 相接，这两条汇流条上还接有机翼电气防冰设备用大功率接触器 WIPS LT 和 WIPS RT。L APU GCU 和 R APU GCU 也在 P150 配电箱内。

3) 高压直流配电箱 P700 和 P800

每个配电箱内的设备有：

(1) 2 台自耦变压整流器(ATRU)；

(2) 4 台通用电动机起动控制器(CMSC)；

(3) 1 台冲压空气风扇电动机控制器(RFMC)；

(4) 1 台超控放油电动机控制器(OJMC)。

以上为大功率电力电子装置，工作时必须用液体冷却。飞机上有专用的电力电子设备液冷系统(PECS)，主要用于冷却 P700 和 P800 配电箱内的设备。

4) 电源变换器柜 P500 和 P600

变换器柜内的设备有：

(1) 自耦变压器(ATU)1 台；

(2) 变压整流器(TRU)2 台；

(3) 机轮电制动电源设备(E-BPSU)2 台；

(4) ±130V 直流汇流条(±130Vdc Bus)2 条。

E-BPSU 的输入端的一路由 28V 直流汇流条通过热断路器(TCB)供电，另一端接主蓄电池热汇流条(HBB)，保证供电不中断，可见机轮制动的重要性。

5) 二次电源配电箱 P300 和 P400

P300 和 P400 是 115V 交流与直流配电箱。在 P300 内有：

(1) 115V 交流汇流条；

(2) 28V 直流汇流条；

(3) 领航员仪表汇流条 Capt Instr Bus；

(4) 主蓄电池热汇流条(HBB)。

左前地面电源接触器 L EPC 也在 P300 内。P300 内还有二次电源配电箱(SPDU)，SPDU 是智能配电箱，既可对小功率的 28V 直流负载供电，也可向电流达 50A 的 28V 直流负载供电，其连接的 115V 负载为座舱玻璃电加热设备。SPDU 机箱内有 18 块模板，其中 2 块为微处理器板，另外 16 块为功率模板。功率模块由微处理器控制，两微处理器板一块工作，另一块备份。功率模板有 5 种类型：2 种 AC 模块，3 种 DC 模块。AC1 模块实际上是 1 个

45A 交流固态功率控制器(SSPC)。AC2 模板内有 2 个 22.5A 交流 SSPC。DC2 模板内是 2 个 50A 直流 SSPC,DC4 模板内有 3 个 35A 直流 SSPC、1 个 15A 直流 SSPC,DC19 模块由 2 个 10A 直流 SSPC、5 个 5A 直流 SSPC 和 12 个 2.5A 直流 SSPC 构成。每个 SPDU 都检测所有 SSPC 的状态,检测其输入电压和输出电压、输出电流,对 SPDU 自身实现健康监控。SSPC 具有配电线过流保护和电弧故障保护功能。SPDU 的微处理器模块有通信功能,接收由 BPCU 发来的控制指令,并将运行状态信息向上级计算机传送。

P400 电源配电箱和 P300 类似,内有 115V 交流汇流条、28V 直流汇流条、F/O 直流汇流条(即 F/O Instr Bus)、R EPC 和 R SPDU。R SPDU 和 L SPDU 结构相同,但内部功率模块不同,其配电的用电设备不同。

6) 远程配电箱

B787 飞机内有远程配电箱(RPDU),分布于飞机各个舱段负载集中处,实现分布式配电。其中,1 号舱门区(飞机前舱区)有 6 个 RPDU,2 号舱门区有 2 个 RPDU,3 号舱门区有 6 个 RPDU,4 号舱门区(飞机尾部)有 3 个 RPDU。

RPDU 机箱内有 2 块微处理器模板和 6 块功率模板。功率模板由额定电流小于或等于 10A 的交流或直流 SSPC 组成,交流 SSPC 电压为 115V,直流 SSPC 电压为 28V。每块交流功率模板 AC12 内有 3 个 2.5A SSPC,3 个 5A SSPC,3 个 7.5A SSPC 和 3 个 10A SSPC,可构成三相、两相或单相开关。两块 28V 直流功率模块 DC19 内有 2 个 10A SSPC,5 个 5A SSPC 和 12 个 2.5A SSPC。所有 SSPC 均有过流保护和电弧故障保护功能。交流 SSPC 在交流电压过零时接通,在电流过零时断开。直流 SSPC 均为软接通和软断开。SSPC 通过配电线与所控制负载相接。远离前电气设备舱的 RPDU 中有 115V 交流输入馈电线的差动保护电流互感器(DPCT),有的还有 28V LPU。

17 个 RPDU 分为 4 组,每组中有一台 G RPDU 和多台 S RPDU。G RPDU 的微处理器模块既可和上级计算机经 CDN 总线通信,也可借助 TTP/C 总线与本组的 S RPDU 通信。S RPDU 的微处理器模块只有 TTP/C 通信口。表 2.6 是 RPDU 的技术数据,包括每台 RPDU 的代号、输入电源、通信口、保护项目和机内位置。

表 2.6　RPDU 的技术数据

序号	RPDU 的代号	输入电源				通信口		保护项目		机内位置
		115Vac	28Vdc	F/O Instr Bus	Capt Instr Bus	CDN	TTP/C			
1	G RPDU 72		50A	50A		CDN	TTP/C			前电气设备舱
2	S RPDU 74		50A	35A			TTP/C			前电气设备舱
3	S RPDU 76		50A				TTP/C			前电气设备舱
4	S RPDU 22		50A				TTP/C	DP	LPU	右 2 号门
5	G RPDU 82	0	50A	35A		CDN	TTP/C		LPU	右后货舱
6	S RPDU 92		50A				TTP/C	DP	LPU	后电气设备舱
7	S RPDU 32		35A				TTP/C	DP	LPU	右 3 号门

续表

序号	RPDU 的代号	输入电源				通信口		保护项目		机内位置
		115Vac	28Vdc	F/O Instr Bus	Capt Instr Bus	CDN	TTP/C			
8	S RPDU 34		50A				TTP/C	DP	LPU	右 3 号门
9	S RPDU 42		50A				TTP/C	DP	LPU	右 4 号门
10	G RPDU 71		50A		35A	CDN	TTP/C			前电气设备舱
11	S RPDU 73		50A		50A		TTP/C			前电气设备舱
12	S RPDU 75		50A				TTP/C			前电气设备舱
13	S RPDU 21		50A				TTP/C	DP	LPU	左 2 号门
14	G RPDU 81	0	50A		35A	CDN	TTP/C		LPU	后电气设备舱
15	S RPDU 33		50A				TTP/C	DP	LPU	左 3 号门
16	S RPDU 31		35A				TTP/C	DP	LPU	左 3 号门
17	S RPDU 41		50A				TTP/C	DP	LPU	左 4 号门

注：(1) 右一组 72、74、76、22；右两组 82、92、32、34、42；左一组 71、73、75、21；左两组 81、33、31、41。

(2) 直流电源是指 SPDU 中向 RPDU 供电的 SSPC 额定电流值，右组取自 R 28Vdc Bus，左组取自 L 28Vdc Bus。RPDU 72、74、82 还自 F/O Instr Bus 获取 28Vdc。RPDU 71、73、81 自 Capt Instr Bus 取 28Vdc。

(3) G RPDU 有两个通信口：CDN 口和 TTP/C 口。S RPDU 仅一个 TTP/C 口，与 G RPDU 通信。

(4) DP 是指设于 RPDU 内的 115Vac 馈电线差动电流保护器。

(5) LPU 是指设于 RPDU 内的 28Vdc 过压保护器。

(6) RPDU 中的 AC12 功率模块内的 12 个 115Vac SSPC 中，4 个接 115Vac 电源 A 相，4 个接 115Vac 电源 B 相，4 个接 115Vac 电源 C 相。每个 SSPC 的输入和输出都接有 EMI 滤波器。

(7) RPDU 中的 6 块功率模板按所控制的用电设备用电要求选取 AC12 或 DC19 模板。

固态功率控制器(SSPC)的功能有接通/断开负载、导线过流保护、短路故障瞬时跳闸、导线电弧故障保护、负载电压电流和电源电压监控、自检测和有非易失储存器、有双余度 TTP/C 通信口。

SSPC 与机电式开关电器不同，后者断开电路是物理断开。SSPC 无论交流还是直流均由功率场效应管构成，其导通与截止取决于控制极的电压大小。截止时，实际上电路未完全切断，有漏电流和漏电压。B787 飞机的 115V 交流 SSPC 的漏电流为 2~15mA，漏电压为 18~30V，28V 直流 SSPC 的漏电流为 0.1~2.0mA，漏电压为 6~14V。漏电流大小和器件的电流定额及工作温度有关。

SSPC 和 RPDU 内的功率模板与 SSPC 的控制指令来自上级计算机，即汇流条功率控制器(BPCU)和飞机公共计算机(CCR)，CCR 通过 CDN 总线向 G RPDU 发送指令，P RPDU 的指令来自 G RPDU，与此同时，SSPC 的状态信息和运行参数通过 CDN 总线送入 CCR，并在 EICAS 显示器或多功能显示器上显示。

2.11　多电飞机用电设备

B787 飞机用电设备按电源电压分为 235V 交流用电设备、115V 交流用电设备、28V 直流用电设备、±270V 直流用电设备和±130V 直流用电设备。其中，±130V 直流用电设备为飞机机轮电气制动机构所用电压，±130V 直流电来自机轮制动 DC/DC 变换器 E-BPSU，分别由 TRU 供电，同时也由主蓄电池热汇流条(HBB)供电，保证供电不中断。

接于 235V 交流汇流条上的都是大功率用电设备，如 ATRU 的额定功率为 110kW，TRU 的额定功率为 7.2kW。机翼的电防冰功率也相当大。表 2.7 列出了除 ATRU 和 TRU 以外的 235V 交流用电设备，都为大功率用电设备，其中又以驱动风扇和泵的异步电动机居多，风扇和泵用异步电动机在变频交流电源供电时，大多工作于转差较大的状态下。

表 2.7　235V 交流供电的用电设备

序号	名称		数量
1	设备舱供气风扇	supply fan	4
2	设备舱排气风扇	exhaust fan	2
3	厨房风扇	galley fan	2
4	多功能风扇	miscellaneous fan	2
5	空气再循环风扇	recycle fan	3
6	真空排风扇	vacuum blower	2
7	前货舱风扇	forward cargo fan	1
8	组合冷却系统压缩机	ICS compressor	4
9	货舱制冷压缩机	refrigerator compressor	2
10	CAC 升压风扇	boost fan	1
11	燃油升压泵	boost pump	4
12	PECS 冷却泵	liquid pump	4
13	组合冷却系统泵	ICS pump	2
14	货舱制冷泵	cargo refrigerator pump	1
15	flap 电动机控制器	flap MC	2
16	扰流板电动机控制器	spoiler MC	4
17	稳定器电动机控制器	stabilizer MC	2
18	机翼电防冰	WIPS	4
19	厨房变压器	galley ATU	1

115V 交流用电设备均通过 SPDU 和 RPDU 向用电设备供电。其中 6 个驾驶舱玻璃防冰和防雾的电加热器直接由 SPDU 配电，约 150 个 28V 直流负载也由 SPDU 配电，这 156 个

负载消耗电流都在 10~50A，属中等功率用电设备。

17 个 RPDU 供电的负载都是电流小于或等于 10A 的小负载。若负载电流为 10A，电压为 115V，单相输入交流功率仅 1.15kV·A，实际交流负载都小于此值。对于 28V 直流电则更小，最大输入功率仅 280W。故由 RPDU 配电的用电设备均为小功率用电设备，总计约900 个。

由±270V 直流电供电的有 8 台 CMSC，2 台燃油放油泵电动机驱动器和 2 台冲压空气通道中的电动风扇控制器，均属大功率调速电动机的控制器。由此可见，B787 的用电设备总共约 1100 台。

2.12　本　章　小　结

随着多电飞机的发展，飞机供电系统的重要性不断提升，可靠性要求不断提高。目前大型多电飞机主发电机数为 4 个，辅助发电机数为 2 个，主电源和辅助电源总数为 6 个，这已成为标准配置。B787 和 A380 都是这样。只要有 1 台主电源或辅助动力装置发电机工作正常，B787 的 6 条 235V 交流汇流条均可获得电能，从而使 115V 交流汇流条和 28V 直流汇流条也可获得电能。多余度电源显著地提高了飞机的可靠性和安全性。

飞机飞行时，4 台 VFSG 和 2 台 APU 发电机均故障的概率非常小。为了飞机的安全，B787 还备有蓄电池和冲压空气涡轮发电机，以让飞机安全进场和着陆。飞机电网的设计保证在冲压空气涡轮发电机工作时只通过 C1 TRU 和 C2 TRU 向 Capt Instr Bus 和 F/O Instr Bus 供电，切除其他 28V 直流汇流条，从而保证飞行关键用电设备的供电。由于主蓄电池也接于 Capt Instr Bus 上，进一步提高了供电可靠性和连续性。

B787 供电网的监测和控制是由发电机控制器(GCU)和汇流条功率控制器(BPCU)自动实现的，飞行员也可操控。

B787 飞机供电系统服务对象就是机上的 1100 个左右的用电设备，这些用电设备的工作随飞机的不同飞行阶段和乘员的需要而异，它们可以由人员操控，但更多的是由飞机上的计算机网络自动管理。表 2.8 列出了 B787 飞机供配电装置中使用的处理器，共 48 台，这些处理器通过 CDN 和 TTP/C 总线形成计算机网络，对电源和配电系统实行监控。其中一个重要任务就是保证在任何情况下，用电设备的功率总是小于相应电源的功率，这种负载管理思想进一步提高了供电系统的可靠性。

表 2.8　B787 电源和配电装置中的处理器

序号	名称		单台数	总数
1	VFSG 与 ASG 用发电机控制器	GCU	1	6
2	汇流条功率控制器	BPCU	2	4
3	二次配电箱	SPDU	2	4
4	远距配电箱	RPDU	2	34
	小计			48

计算机网络的应用也为飞机电气系统运行状态和参数的可视化提供了方便，飞行员可借助仪表板上的 EICAS 和多功能显示器(MFD)了解当前飞机供电系统的运行状态，一旦发生故障，即有音响和灯光报警，以便飞行员及时处理。地勤人员可以借助飞机上的维护计算机了解上次飞行中飞机电气系统的故障情况，以便及时排除故障，从而改善维修性，提高飞机出勤率。多电飞机的电气系统由电力部分和数字数据网络两部分构成，后者使飞机电源和配电系统实现自动化与可视化，并大幅度减少了信号线和控制线，减轻了飞机电网的重量，提高了供电的可靠性。由此可见 B787 飞机的电源和配电系统的智能化、先进性与可靠性。

第3章 变频交流起动发电机

3.1 概　　述

　　B787飞机是世界上首次采用大容量变频交流起动发电机的大型客机。变频交流起动发电机(VFSG)是三级式无刷交流同步电机，由主电机、励磁机、旋转整流器和永磁副励磁机组成。主电机为旋转磁极式同步电机；励磁机为旋转电枢式同步发电机；旋转整流器将励磁机电枢产生的三相交流电转为直流电向主电机转子的励磁绕组供电，从而消除了电刷与滑环，成为无刷发电机；永磁副励磁机产生的三相交流电经整流后给励磁机提供励磁功率并向发电机控制器(GCU)供电。这样只要传动发电机的发动机转速处于正常工作转速范围内，变频交流发电机就不依赖于飞机上的其他电源，能独立发电，并在 GCU 中电压调节器作用下，使发电机输出调节点的电压不因转速和负载的改变而变化，达到变频恒压输出。图 3.1(a)是三级式 VFSG 电路图，图 3.1(b)是 VFSG 外形图，图 3.1(c)是 VFSG 剖面图。

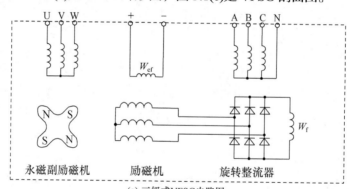

(a) 三级式VFSG电路图

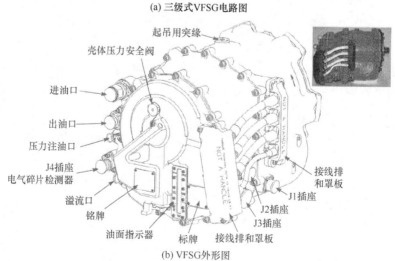

(b) VFSG外形图

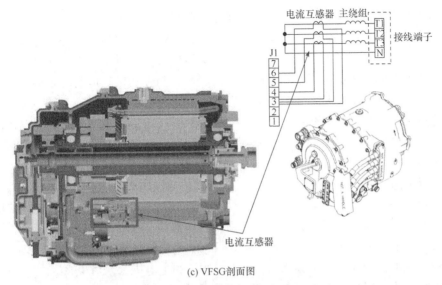

(c) VFSG 剖面图

图 3.1　B787 的变频交流起动发电机

　　VFSG 是在变频交流发电机基础上发展改进的，一是有旋转变压器，旋转变压器转子和交流发电机转子同轴旋转，即 VFSG 转子上有 4 个部分：旋转变压器转子、永磁副励磁机永磁转子、励磁机电枢铁心组件和主电机转子组件。二是励磁机励磁绕组 W_{ef} 不同，发电工作时，W_{ef} 中通直流电，起动航空发动机工作时，W_{ef} 中通交流电，此时，可以通三相交流电(应为三相励磁绕组)，也可通单相交流电。B787 的 VFSG 在起动航空发动机时，在低速时由三相 400Hz 交流电供电，转速高到一定值时转为单相 400Hz 交流供电。因为起动航空发动机工作时，电机转速自零上升，在零转速时，若通入直流电，主电机的励磁绕组 W_f 得不到电流，无法获得转矩，仅当通交流电时，励磁机处于变压器工作方式，主电机励磁绕组 W_f 中才有电流。显然，此时该主电机实际上为电动机工作状态，其电枢电流也由外电源供给。

　　VFSG 就是借助电机的可逆原理，由同一台电机实现发动机的电起动，发动机正常工作后反过来传动 VFSG 发电。

　　VFSG 的使用代替了空气涡轮起动机，简化了发动机附件机匣，减少了空气涡轮起动机的空气管路，不再需要由 APU 提供起动用压缩空气，APU 只要传动发电机发电，简化了APU，航空发动机也不必再提取引气来实现发动机的交叉起动。B787 飞机采用电环境控制系统，也就不再需要发动机引气，取消了调节阀、管路和冷却器，减小了 ECS 预冷器的能量损失，显著节省了发动机燃油。

3.2　变频交流起动发电机电气性能的特点

　　起动发电机既要能起动航空发动机，又要能向用电设备提供合格的电能，必须有优良的电气性能。

　　变频交流发电机有两类：一类是窄变频发电机，另一类是宽变频发电机。对于由直升机主减速器驱动的发电机和由涡轮螺旋桨发动机驱动的发电机,由于原动机转速变化量仅为其额定转速的±5%,因而此类交流发电机被认为是一种窄变频发电机。此外,由APU传动的发电机也属这一类窄变频发电机。另一种窄变频发电机是通过发动机附件机匣内安装的自动变速机构实现的。发动机工作在低转速区时,电机与发动机间传动比较小,发动机工作于高转速区时,传动比变大,从而在发动机工作转速变化范围(即最高工作转速与最低工作转速之比)为2:1时,发电机的工作转速比降为1.5:1左右,此时对应的发电机的频率为300~450Hz。B787和A380飞机的VFSG属宽变频发电机,附件机匣内没有变转速机构,故发电机的工作频率为360~800Hz,与航空涡扇发动机的工作转速相对应。

频率范围为360~800Hz是比较合理的选择。若低频太低,必使变压器和电机的重量加大,若高频太高,会使变压器和电机磁性材料损耗加大,导体涡流损耗加大,使得发电机电枢绕组不能用有利于提高槽满率的截面积大的扁铜线,频率高使馈电线电抗增加,导线压降增加,为了限制线路压降,要加大馈电线导体截面积,从而加大馈电线重量。

从频率和电机转速间的关系来看,B787 VFSG的主电机为三对极,频率为360~800Hz时,电机转速为7200~16000r/min;若为两对极电机,电机转速为10800~24000r/min,A380飞机的VFSG就是这个转速;若$p=1$,即一对极电机,则转速为21600~48000r/min,由于航空发动机在飞机巡航阶段都工作于高速区,一般在$90\%n_{max}$(n_{max}为发动机最高工作转速)附近,这对大容量发电机来说,在目前条件下长期在40000r/min转速下运行,对转子结构强度和轴承寿命来说都是不利的。故若进一步提高频率,发电机转子结构上的难点将更多。

同时360~800Hz的频率区和现有飞机恒频交流发电系统的频率400Hz也是相应的,故400Hz用电设备仅需做较小的改动,即可适应在变频电源下工作。400Hz电源与配电系统用的开关电器与配电元件也完全适用于360~800Hz变频交流电源。

因为飞机三相交流电为三相四线制,飞机交流发电机不仅要求线电压为正弦波,也要求相电压为正弦波。由于发电机的气隙大多为均匀气隙,因此转子磁极形成的气隙磁场为礼帽形,只能借助电枢分布绕组来削弱谐波电动势。$p=2$和$p=3$的飞机发电机都采用120°相带的电枢绕组,$p=1$的发电机则采用60°相带1/3短距的绕组,以消除相电动势中的3次谐波和其倍数次谐波。120°相带绕组常用每对极每相槽数来衡量绕组的分布,槽数多则分布好,电动势中高次谐波少。为此,大容量飞机交流发电机每元件匝数均取1,以减小匝间短路的可能性。与此同时,还采用短距来进一步削弱5次和7次谐波。

B787的VFSG主电机电枢绕组为120°相带,每对极每相串联匝数等于6,表3.1列出了该电机的谐波含量,其中单次谐波含量均小于1.5%,总谐波含量小于3%,满足技术条件要求。

提高每对极每相串联匝数,在每元件为1匝时,改善了分布系数,有利于降低总谐波含量。反之,减小每对极每相串联匝数,即减小电机槽数,不利于降低谐波含量,当每对极每相串联匝数为1时,成为集中绕组,若非短距,则电动势波形和气隙磁场波形相同,谐波含量急剧加大。

表3.2是250kV·A VFSG在其他参数不变时,仅将主电机槽数由$Z=54$降为$Z=45$时电机的单次谐波含量和总谐波含量,均小于1.5%和3%。这说明120°相带绕组在每对极每相串联匝数为5时,电压谐波仍满足要求。

表 3.1　B787 VFSG 相电压波形(满载)

谐波次数	谐波频率/Hz	谐波有效值/V	谐波含量/%
基波	400	231.9	100
3	1200	0.453	0.195
5	2000	1.368	0.590
7	2800	1.168	0.503
9	3600	0.188	0.08
11	4400	0.137	0.059
13	5200	0.256	0.110
15	6000	0.198	0.085
17	6800	0.466	0.201
19	7600	0.200	0.086
21	8400	0.188	0.08
23	9200	0.067	0.028
总谐波含量	2.95(空载), 0.92(满载)		

表 3.2　VFSG(250kV·A, Z=45)相电压波形

谐波次数	谐波含量/%		
	空载(未斜槽)	半载(斜槽)	满载(斜槽)
基波	100	100	100
5	0.11	0.5	0.77
7	0.55	0.4	0.53
11	0.57	0.17	0.16
13	0.03	0.01	0.01
17	0.14	0.01	0.03
19	0.25	0.05	0.07
21	0.03	0.01	—
总谐波含量	0.85	0.67	0.95

　　恒速恒频交流发电机对电机相电压对称性有严格要求：空载和额定三相对称负载时，相电压不平衡度小于 0.5%，相角应在 120°±0.6°电角度范围之内；1/6 不平衡负载时，相电压不平衡度小于或等于 1.0%，相角应在 120°±1°电角度范围之内；1/3 不平衡负载时，相电压不平衡度小于 2.0%，相角应在 120°±2°电角度范围之内；2/3 不平衡负载时，相电压不平衡度小于 4.0%，相角应在 120°±4°电角度范围之内。

　　而对于大功率 VFSG，如 B787 上 250kV·A VFSG，在对称额定负载时，三相电压不平衡度很小，U_a=232.8V，U_b=232.8V，U_c=232.9V。在该电机制造厂的公开数据中也未见到电

机不对称负载时的电压的不平衡度要求。从 B787 的负载状况来看，多数为三相对称负载，如 150kW 的 ATRU、7.2kW 的 TRU、大功率的机翼电防冰设备、235Vac 汇流条上的风扇和泵的驱动电动机均为三相异步电动机，也为三相对称负载，飞机上的 235V 和 115V 加热器多数也是三相对称负载。并且，B787 发电机的额定容量大，相对而言不对称负载的占比显得更小。可见，在大型多电飞机上，不对称负载并不是引起大功率 VFSG 电压不平衡的关键因素。

在 B787 中导致三相不平衡的因素主要是交流输配电线不对称短路，如相地短路和相间短路。由于大量 115V 交流配电线都由固态功率控制器(SSPC)保护，不到数十微秒即可切除短路，即使由热断路器(TCB)保护的电路，其短路保护时间也都在 1s 以内，不会导致长期的三相电流不平衡，故 B787 的 VFSG 没有专门的不对称负载要求。

恒速恒频交流发电机的技术指标中明确规定了功率因数 $\cos\varphi$ 为 0.75(滞后)～1.0，但 250kV·A VFSG 却规定该电机的 $\cos\varphi$ 为 0.85(滞后)～1.0。这表明 B787 飞机的用电设备大多为高功率因数负载，如 ATRU 的功率因数接近 1.0，电防冰、电加温设备的功率因数也多在 0.95 以上。低功率因数的设备主要是风扇与泵用的异步电动机，但占比不大。

从额定容量为 250kV·A 的 VFSG 来看，$\cos\varphi$ =0.85 对应的无功功率达 130kV·A，已能满足异步电动机等用电设备对无功的需求，故 VFSG 没有要求把功率因数降到 0.75。

恒频飞机交流发电机要求 50%过载 5min，100%过载 5s，300%的额定短路电流 5s，组合传动发电机(IDG)由于喷油冷却效果好，其额定容量常标示成 30/40kV·A，这表示该电机额定容量为 30kV·A，但可在 40kV·A 条件下长期工作，50%过载为 45kV·A，允许工作 5min，100%过载为 60kV·A，允许工作 5s。

250kV·A VFSG 的额定容量为 250kV·A，允许在 25%过载 312kV·A 下工作 5min，在 75%过载 437kV·A 下工作 5s。短路电流不大于 750A。

和飞机恒频交流发电机比较，VFSG 的过载能力降低了，短路电流也减小了。由于发电机额定容量的增加，大功率用电设备相对减少。通用电动机起动控制器(CMSC)是该机上最大的用电设备，额定功率为 110kW，过载最大功率为 150kW，但它是电力电子变换器，无论用于驱动电动压气机、电动液压泵还是用于起动航空发动机，其电动机的起动过程都是软起动，即电动机转速自零逐渐增加，再加上电动机起动过程都是限流的，电动机消耗的电流是随电机转速的增加而逐渐增加的。尽管 B787 上也有几十台异步电动机驱动的风扇和泵，但这些异步电动机的功率与 VFSG 相比，占比不大。同时，电气负载管理系统也不会让这些异步电动机同时起动，导致大的起动电流。如果发生电网接地短路故障，供电电压会急剧下降，短路切除后电压回升，运行于网络上的所有异步电动机转速提升，有的甚至会再起动，VFSG 75%的过载能力也足够。

这表明大容量 VFSG 的发电技术要求将显著不同于额定容量数十千伏安的恒频交流发电机。

大多恒频交流电源的额定电压为 115/200V。250kV·A 发电机的额定电压增加一倍约为 235/408V，电压的提升，使馈电线的电流小了一半，有利于减小飞机电网的重量。但是电压的升高容易导致高空稀薄大气条件下的电晕效应。B787 飞机的 ATRU 输出电压不是 540V 直流，而是±270V 直流，其输出滤波电容由两个电容串联而成，电容中点接地，从而使直流电的正和负端对地电位均为 270Vdc，显著降低了电晕发生的可能性。在±270Vdc 高压直流配电箱内都设置了高压警告灯，防止人员受到伤害。

3.3　变频交流起动发电机发电特性

表征飞机交流发电机的特性有空载特性、外特性和调节特性。空载特性是电机转速恒定时，发电机空载相电动势与励磁电流间关系。外特性是发电机转速恒定时，在一定励磁电流下，发电机相电压和相电流间关系，通常用两条曲线表示，一条是负载功率因数 $\cos\varphi=1.0$ 的曲线，另一条是 $\cos\varphi=0.85$ 的曲线。调节特性是在发电机转速为额定值，相电压为额定值时，励磁电流与相电流间关系。对于变频交流发电机，通常都用最低工作转速、最高工作转速和中等工作转速下的三条曲线来表示其特性。

图 3.2 是 250kV·A VFSG 的空载特性曲线 $E=f(I_{ef})$，其中 I_{ef} 是励磁机的励磁电流，三条曲线对应的转速 $n_1=7200\text{r/min}$，$n_2=12000\text{r/min}$ 和 $n_3=16000\text{r/min}$。表 3.3 是 250kV·A VFSG 的空载特性数据。

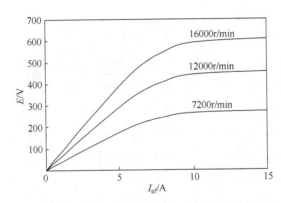

图 3.2　VFSG 的空载特性(空载相电动势 E 与励磁机的励磁电流 I_{ef} 之间的关系)

表 3.3　VFSG 空载特性 $E=f(I_{ef})$

$n=7200\text{r/min}$	I_{ef}/A	0.5	1.2	2.4	5.6	7.0	8.0	9.2	11.4	15.5
	E/V	20	43.2	87.1	193.6	228.7	245.5	262	269.4	274
$n=8000\text{r/min}$	I_{ef}/A	1.2	1.4	4.8	6.0	7.4	8.4	9.4	10.6	12.4
	E/V	52.4	102.5	194	233.3	268	284	293	298	299.7

由表 3.3 可见，励磁电流 I_{ef} 小于 6A 时，空载相电动势 E 随励磁机励磁电流 I_{ef} 线性增长，为非饱和区，I_{ef} 大于 8A 后，E 增长很慢，为饱和区，I_{ef} 在 6～8A 为过渡区。

该电机转速为 7200r/min，$I_{ef}=14.7\text{A}$，负载 $\cos\varphi=0.85$，$I_a=372\text{A}$ 时，电压为 235V，故 $I_{ef}=14.7\text{A}$ 为电机额定励磁电流，此时空载电动势 $E=273\text{V}$，由此可得，额定励磁电流时的空载电动势与额定电压 235V 的比值为 1.16，这比恒频飞机发电机的比值 1.3 小了很多。说明变频交流发电机最低工作转速时的磁路饱和程度较高，以减小最高工作转速时的空载电动势。

通常的空载特性是指发电机空载电动势 E 和其主电机励磁电流 I_f 间的关系, 图 3.3 和表 3.4 是 VFSG 的 E 和主电机励磁电流 I_f 间的关系。可见三级式发电机有两类空载特性: $E=f_1(I_{ef})$ 是可测量得到的; $E=f_2(I_f)$ 是测不到的, 只能计算得到。

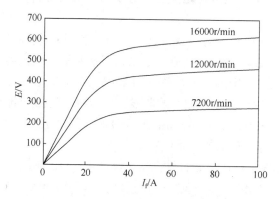

图 3.3　VFSG 的空载特性(空载电动势 E 与主电机励磁电流 I_f 之间的关系)

表 3.4　VFSG 空载特性 $E=f(I_f)$

励磁电流 I_f/A	空载电动势 E/V			
	7200r/min	8000r/min	12000r/min	16000r/min
0	0	0	0	0
10	93.1	103.5	155.2	207
20	182.5	202	304	405
30	234.7	260	391	521
40	253.1	281.2	421	562
50	259.7	288.6	432	577
60	264.9	294.3	441	588
70	269.2	299	448	598
80	272.9	303	454	606
100	279.1	310	465	620

宽变频交流发电机空载特性的另一特点是高转速时空载电动势相当大, I_f=40A, n=16000r/min 时, E=562V, 已超额定电压 235V 的一倍以上。当 n_{min}=7200r/min 时, 额定电压附近空载电动势的变化率 dE/dI_f=18.4V/A; 当 n_{min}=16000r/min 时, dE/dI_f=198V/A, 后者是前者的 10 倍以上。这也是宽变频交流发电机的一个重要特点。

比较表 3.3 和表 3.4 可见, 在相同转速、相同空载电动势下得到 I_f/I_{ef}=4.34, 即交流励磁机的电流放大系数为 4.34 左右, I_f 是主电机的励磁电流, I_{ef} 是同一转速和电动势时励磁机的励磁电流, 均为直流电流。这是三级式发电机励磁系统的重要参数之一。

图 3.4 和表 3.5 是 VFSG 在 n=7200r/min、$\cos\varphi$=0.85 时的外特性。由图可见，额定电流为 361A 时，电压为 235V，I_a=0 时电压上升到 273V。由最低工作转速时的外特性，有两点值得关注：一是空载电动势 E=274V 与额定电压 U_N=235V 的比值为 1.16，这表明该电机工作于高饱和状态；二是电压调整率：

$$\Delta u = \frac{E - U_N}{U_N} \times 100\% = \frac{274 - 235}{235} \times 100\% \approx 16.6\% \tag{3.1}$$

恒频飞机交流发电机的电压调整率通常为 30% 左右，而该电机电压调整率只有 16.6%，是 VFSG 的又一重要特点。

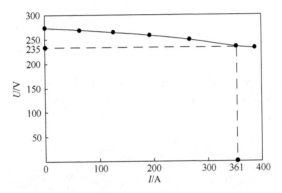

图 3.4　VFSG 的外特性曲线(n=7200r/min，$\cos\varphi$=0.85)

表 3.5　外特性(n=7200r/min，$\cos\varphi$=0.85，I_{ef}=14.8A)

U/V	273	269	264	258	249	235	232
I_a/A	0	63	126	193	266	361	386

图 3.5 和表 3.6 是 VFSG 在 n=8000r/min 时的外特性。该电机在 n=7200r/min 不要求能过载，n=8000r/min 要求能过载。为了在此时能够过载 25% 和 75%，不仅电枢电流要相应加大，而且励磁电流也必须相应加大，才能使调节点电压为 235Vac。表 3.6 中的测试数据是在电机与 GCB 间馈电线较短时获得的，对于飞机上长的馈电线，所需励磁电流更大。这说明电机过载时，电枢和励磁铜耗急剧加大，发热量大增，是非常严酷的工况。

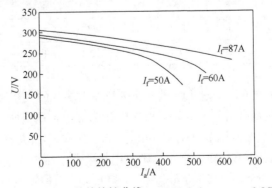

图 3.5　VFSG 的外特性曲线(n=8000r/min，$\cos\varphi$=0.85)

表 3.6　外特性(n=8000r/min，$\cos\varphi$=0.85)

I_f=50A									
U/V	288	274	264	247	233	224	210	206	190	171
I_a/A	0	128	205	307	361	382	409	416	442	467

I_f=60A									
U/V	294	281	271	257	247	242	234	231	218	200
I_a/A	0	130	210	319	383	413	454	466	508	544

I_f=87A									
U/V	306	295	287	273	264	260	253	251	242	231
I_a/A	0	137	222	339	410	443	491	506	563	628

　　图 3.6 和表 3.7 是 VFSG 在 n=7200r/min 时的调节特性，图 3.6 中一条曲线对应于负载功率因数 $\cos\varphi$=1.0，另一条曲线对应于 $\cos\varphi$=0.85。$\cos\varphi$ 较低时，为使相电压为 235V，所需励磁电流 I_{ef} 比 $\cos\varphi$=1.0 时要大一些。

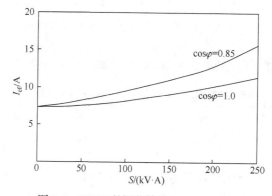

图 3.6　VFSG 的调节特性(n=7200r/min)

表 3.7　VFSG 的调节特性(n=7200r/min)

$\cos\varphi$=1.0	P/kW	0	30	60	90	125	160	200	250
	I_{ef}/A	7.3	7.35	7.63	8.0	8.64	9.3	10.18	11.45
$\cos\varphi$=0.85	S/(kV·A)	0	30	60	90	125	160	200	250
	I_{ef}/A	7.3	7.77	8.47	9.26	10.26	11.34	12.8	15.7

　　VFSG 的调节特性也可用主电机励磁电流 I_f 与输出功率的关系表示，获得了 n_{min} 和 n_{max} 两种转速下的调节特性就可得到为保持发电机电压为额定值所需励磁电流 I_f 的最小值 I_{fmin} 和最大值 I_{fmax}，得到励磁电流调节范围 $\Delta I_f = I_{fmax} - I_{fmin}$。其中，$I_{fmax}$ 是在电机转速为 8000r/min、$\cos\varphi$=0.85、75%过载条件下获得的，I_{fmin} 则是电机空载、n=16000r/min 时获得的。VFSG 的调节特性也应有 7200r/min、12000r/min 和 16000r/min 三种转速下的三族曲线，图 3.6 仅

为转速 7200r/min 下的曲线。

负载功率因数 $\cos\varphi$ =0.85 时，在相同额定电流下，I_d 相对较大(图 3.7)，因而直轴电枢反应磁势 $I_d W$ 比 $\cos\varphi$ =1.0 时大，由于去磁磁势的增大，不同 $\cos\varphi$ 时的调节特性不同。

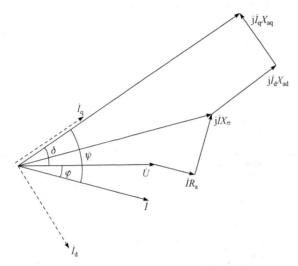

图 3.7　VFSG 凸极同步发电机相量图

电枢反应磁势不仅与电机的额定电流相关，也和每对极每相串联匝数成正比。额定容量相同的电机串联匝数少，电枢合成磁势小，当负载 $\cos\varphi$ 相同时，直轴电枢反应去磁安匝少，所需励磁电流小，励磁损耗小。

250kV·A VFSG 主电机的结构参数说明，只要适当加大磁极极身宽度，其他结构参数不变情况下，每对极每相串联匝数从 6 匝改为 5 匝，也能获得 250kV·A 额定电能。这表明大功率变频交流发电机有灵活的优化设计空间。

表 3.8 比较了 Z=54 和 Z=45 时 VFSG 的励磁电流，由于每相串联匝数减少，Z=45 电机的空载励磁电流大于 Z=54 电机的空载励磁电流，但负载条件下，Z=45 电机的励磁电流减小了，因为 Z=45 电机电枢磁势和直轴去磁磁势较小，见表 3.9。由表 3.10 可见，额定负载时，两电机的铁心磁感应强度差别不大，由于槽数减少，槽形未改，故对于定子齿的磁感应强度，Z=45 电机比 Z=54 的电机小了近 10%。由表 3.11 可见，Z=45 电机由于每相串联匝数减少，电枢铜耗和励磁铜耗均有减小，但有效材料总质量稍大。

表 3.8　Z=54 和 Z=45 VFSG 的励磁电流(n=8000r/min, $\cos\varphi$ =0.85, U=235V)

Z=54	相电流/A	0	355	442	628
	励磁电流/A	28	56	46	92
Z=45	相电流/A	0	367	462	645
	励磁电流/A	30	54	61.5	78

表 3.9　Z=54 和 Z=45 VFSG 的额定负载电枢磁势

电枢槽数	54	45
负载电流/A	361	361
功率因数 $\cos\varphi$	0.85	0.85
电枢磁势/A	2401	2026
直轴电枢磁势/A	1697	1259
交轴电枢磁势/A	1699	1587
内功率因数角/(°)	44.9	38.4

表 3.10　Z=54 和 Z=45 VFSG 的各部分磁感应强度(n=8000r/min, $\cos\varphi$ =0.85)

电枢槽数	54	45
相电压/V	236	236
相电流/A	354	367
励磁电流/A	56	54
平均气隙磁感应强度/T	0.906	1.01
定子齿磁感应强度/T	2.23	2.07
定子轭磁感应强度/T	1.90	2.19
转子轭磁感应强度/T	1.83	1.48
转子极磁感应强度/T	2.18	2.13
转子极靴磁感应强度/T	3.58	4.11

表 3.11　Z=54 和 Z=45 主电机额定负载时的铜耗

电枢槽数	54	45
电枢每相电阻/(Ω, 180℃)	0.0119	0.00995
励磁绕组电阻/(Ω, 180℃)	2.579	2.597
电枢铜耗/(W, 180℃)	4693	3919
励磁铜耗/(W, 180℃)	8090	7573
总铜耗/(W, 180℃)	12784	11493
主电机有效材料总质量/kg	40.3	40.9

　　三级式同步起动发电机的重量主要取决于主电机的重量，其优化设计重点是发电状态的优化。

　　发电机设计的优化目标是提高功率密度和减小损耗。对于三级式无刷发电机，减小转子损耗尤为重要，转子的电磁、机械和热应力均很大，且转子结构十分复杂，降低发电机的励磁损耗有助于提高电机可靠性。

对三级式航空发电机来讲，每相串联匝数是一个重要参数，其和电动势波形、三相电压对称性、发电机的重量和损耗等多个因素相关。若将 VFSG 的主电机每对极每相串联匝数由 6 匝提高到 7 匝，在电机电枢内径不变时，可减小电机铁心长度，从而降低电机有效材料重量，但同时电机的励磁势必将加大，励磁损耗加大，电枢铜耗也相应加大。在这里更关心的是转子损耗的加大。主电机是一个多结构参数电机，每个参数都对电机的性能有影响，多参数优化是关键，不仅要考虑电磁特性，还应充分重视机械与结构强度以及损耗发热冷却和温升，更要关注新材料的发展和应用。

20 世纪六七十年代是恒速恒频交流电源发展的关键时期，IDG 的诞生大幅度提高了三级式无刷电机的功率密度，其中有三个重要因素：一是高饱和磁感应强度材料铁钴钒合金的诞生和应用；二是聚酰亚胺绝缘材料的应用，不仅耐高温且不受油雾的侵蚀，从而为喷油冷却创造了条件；三是油冷技术的应用使飞机发电机的转速从 6000r/min 和 8000r/min 增加到 12000r/min，甚至 24000r/min。由于这三个因素的作用，在提高三级式无刷电机功率密度的同时，不仅没有降低效率，而且还加大了电机的过载能力。由此可见，随着电工科技的发展，三级式无刷电机也在不断进步。

3.4　交流发电机的励磁机

励磁机和旋转整流器的组合为主电机提供直流励磁，调节励磁机的励磁电流 I_{ef} 改变主电机的励磁电流 I_f，可调节发电机电压，使变频发电机在转速和负载变化时保持调节点电压为额定值。

250kV·A VFSG 在 n=16000r/min、空载时，I_f=14A，U=235V。若此时电机处于-60℃环境下，主电机励磁绕组的电阻为 1.09Ω，消耗功率为 213W，励磁电压 U_f=15.3V。在 8000r/min、175%过载、U=235V 时，I_f=87A，180℃时的主电机励磁绕组电阻为 2.46Ω，U_f=214V，P_f=18619W。励磁机的最大输出功率应在最低工作转速、最大负载和高温条件下满足主电机励磁需求。

特别值得注意的是，主电机处于工作状态时，内部温度变化很大，使得励磁绕组电阻变化范围很大，从-60℃时的 1.09Ω 到 180℃时的 2.46Ω，同一转速和负载条件下，主电机励磁电压 U_f=I_f·R_f 的变化范围较大。希望在 R_f 和 U_f 变化时，I_{ef} 的变化尽量小，即达到 I_{efmax}/I_{efmin}=I_{fmax}/I_{fmin} 这种理想情况，这要求励磁系统有线性电流放大器的特性。为此，励磁机的电枢绕组应有高电抗，在工作区内不应出现饱和，电机气隙宜小，极上不加阻尼绕组。

VFSG 仅在 n≥8000r/min 时才要求有过载能力，励磁机应以 8000r/min 为设计基速，设计后验算 7200r/min 和大于 8000r/min 时的励磁特性。图 3.8 和表 3.12 是励磁机的空载特性，即使在 n=7200r/min 时，励磁机空载电动势也远大于过载所需励磁电压 U_f= 214V。

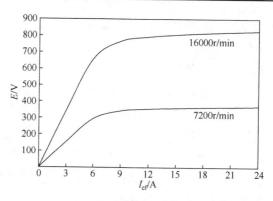

图 3.8　励磁机空载特性

表 3.12　励磁机空载特性(空载电动势为直流值)

励磁电流 I_{ef}/A		0	3	6	9	12	15	18	21	24
电动势 E/V	7200r/min	0	156	296	344	356	361	365	368	371
	16000r/min	0	347	659	765	791	804	813	820	826

　　图 3.9 和表 3.13 是励磁机在 n=8000r/min 时的负载特性,即主电机励磁电流 I_f 与励磁机励磁电流 I_{ef} 的关系,由图 3.9 可见,这是一条较理想的直线,表明由励磁机旋转整流器构成的励磁系统有线性电流放大器特性,当电机励磁绕组温度从$-60℃$变化到 $180℃$ 时,主电机励磁绕组电阻 R_f 变化量超过一倍,从而使励磁电压变化一倍以上时,在一定 I_{ef} 时相应的 I_f 改变量很小,表明该励磁系统具有电流源特性,即内阻抗相当大。

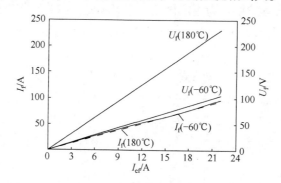

图 3.9　励磁机的负载特性

表 3.13　励磁机的负载特性(n=8000r/min)

主电机励磁绕组 温度为$-60℃$, R_f=1.09Ω	励磁电流 I_{ef}/A	0	6	9	12	15	18	21	22
	主电机励磁电流 I_f/A	0	27.27	40.4	53.3	64	77.2	92.4	96.7
	主电机励磁电压 U_f/V	0	29.2	43.9	57.9	72	86.4	100.5	105.2
主电机励磁绕组 温度为 $180℃$, R_f=2.46Ω	主电机励磁电流 I_f/A	0	25.4	38.3	51.1	63.9	76.9	89.8	94.1
	主电机励磁电压 U_f/V	0	62.5	94	125.6	156.8	188.8	220.6	231

比较励磁机的空载特性和负载特性可见，励磁系统内部存在深度负反馈，它来自励磁电枢反应的强去磁作用。深度负反馈不仅使 $I_f=f(I_{ef})$ 曲线线性化，也显著降低了励磁系统等效时间常数。

随着发电机工作转速的增大，励磁机电枢绕组电抗也增大，电枢反应去磁作用加强，负反馈作用也更强。由此可见，变频交流发电机的励磁机通常在最低工作转速条件下进行设计，只要在此转速下具有线性电流放大器特性，高速时也能保证此特性。

现代飞机三级式交流发电机的旋转二极管都构成三相桥式电路，用 6 只二极管。美国 U-2 飞机曾用三相半波整流电路，仅用 3 只二极管。但是三相半波整流电路与励磁机的组合难以得到电流线性放大器特性，导致励磁机励磁电流 I_{ef} 变化范围加大，电机动态性能变差。

表 3.14 是励磁机铁心各部分的磁感应强度，均在 2T 以内。励磁机铁心材料为 IJ22，饱和磁感应强度为 2.4T。这表明该电机在输出功率最大，输出电压最高时仍未进入饱和区，这是励磁系统具有线性电流放大器特性的又一内部因素。

表 3.14　8000r/min 发电机 175%过载时励磁机的铁心磁感应强度

序号	部位	数值/T
1	气隙	0.623
2	转子齿	1.95
3	转子轭	1.56
4	定子齿	2.0
5	定子轭	1.60

3.5　永磁副励磁机

在恒频交流电源中，永磁副励磁机仅给发电机控制器(GCU)供电，GCU 内的电压调节器检测发电机调节点电压，通过调节励磁机励磁电流 I_{ef} 保持电压为额定值。GCU 同时用于发电机故障保护，其保护动作就是断开发电机励磁控制继电器(GCR)和发电机断路器(GCB)。GCR 用于断开发电机励磁机的励磁电路，GCB 用于断开发电机与发电机汇流条的连接电路。电压调节点在 GCB 的发电机侧。

由于变频交流发电机是航空发动机直接驱动的，因此可以使永磁副励磁机的工作转速范围大于主电机的工作转速范围，扩大其工作转速区间。同时，电机内可以设置多套相互独立的三相绕组，其中一组向 GCU 供电，其他可以作为飞行控制系统或发动机控制系统的专用电源。互相独立，是指各三相绕组之间没有电磁和热之间的联系，是物理上隔离的。

永磁副励磁机也必须为高阻抗设计，即其短路电流必须限制在额定电流的 150%左右，以免发生短路故障烧毁电机，危害飞机的安全。

B787 VFSG 内的永磁副励磁机设有两套独立三相绕组，一套用于 GCU，另一套用于飞控系统。永磁副励磁机为 9 对极，电枢绕组为 60°相带绕组，它的一组三相电枢绕组向 GCU

供电,同时也作为 GCU 检测电机转速的信号。该电机的永磁副励磁机设于电机的非传动端,在非传动端轴承的外侧。这种装配方式可借助永磁副励磁机判定非传动端轴承的故障。如果轴承滚珠破裂,电机转子发生偏心,永磁副励磁机的定转子间发生机械磨损,使永磁副励磁机电枢绕组短路,输出电压大幅度降低,GCU 检测输出电压的大小,即可判断出是否有轴承故障。由此可见,永磁副励磁机有四个功能,这是 B787 的 VFSG 设计的又一个特点,体现了电机系统的功能复用与集成理念。

3.6　变频交流起动发电机的工作方式

250kV·A VFSG 有 4 种工作方式:

(1) 发动机冷开车;

(2) 发动机电起动;

(3) 发电机工作;

(4) 起动发电过渡方式。

发动机冷开车工作方式,又称 VFSG 电动机工作方式。VFSG 电动机工作,励磁机交流 400Hz 励磁,用于传动发动机,但发动机不喷油点火。这种工作方式主要用于冷却发动机。电机输出转矩约 204N·m。

航空发动机的电起动工作方式。VFSG 电动运行传动发动机,电动机转速为 0～6780r/min,相应的频率为 0～339Hz。当 n 为 0～700r/min 时,旋转变压器提供电机转子位置信号给 CMSC 变换器。当 n 为 700～6780r/min 时,CMSC 检测电机电压、电流进入无位置传感器工作方式。若发现无传感器工作方式有故障,即返回有旋变工作方式。这样,有旋变和无传感器工作形成电动控制的双余度。电动工作时,转速为 0～3900r/min,GEC1 与 GEC2 均接通,励磁机的励磁绕组由 235Vac 400Hz 三相电源供电,该励磁绕组为三相对称绕组,送入三相对称正弦交流电时,形成圆形旋转磁场,因励磁机极对数为 4,故旋转磁场相对于励磁机定子的转速为 6000r/min。电机转向和旋转磁场转向相同,电机转速达 3900r/min 后,通过 GEC1 断开一相,电动机进入 400Hz 单相励磁方式,直到起动终止转速。图 3.10 是 VFSG 电动工作时励磁机励磁供电电路和主电机电枢供电电路原理图。电动工作时,起动接触器 SC 接通,主电机电枢由 CMSC 供电。起动结束后断开 SC 和 GEC2。转速达 7200r/min 时,GCU 接通 GEC3,转入发电工作状态。励磁机励磁绕组由永磁副励磁机经整流器 RD 整流后供电(中间有电压调节器末端开关管串入直流励磁电路,图中未画出)。

发电工作转速范围为 7200～16000r/min。发电工作时,GCU 内的数字式电压调节器检测调节点电压,与数字基准电压比较得到电压误差信号,以此改变励磁机的直流励磁电流,使调节点电压保持在允许范围内。表 3.15 列出了不同转速和负载时的允许调压误差。在整个发电工作转速区间,若电机输出容量在额定范围内,则调节点电压应在 235^{+3}_{-2} V 范围内,这说明调压误差不受电机转速的影响。当 n=7200～7400r/min 时,发电机允许 25%过载 10s,调压精度为 235^{+4}_{-3} V,由于电机转速低,过载时主电机的励磁电流 I_f 很大,转子损耗和发热较多,故允许过载时间仅为 10s。电机转速 n=7400～16000r/min 时,允许 25%过载时间为

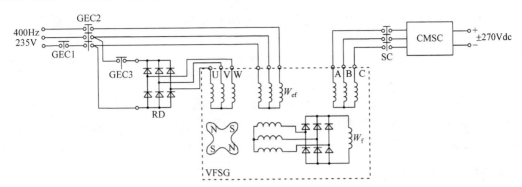

图 3.10　VFSG 电动机工作时主电机电枢绕组和励磁机励磁绕组的供电原理图

5min，调压精度仍为 235^{+4}_{-3} V。当 n=7400～16000r/min 允许 5s 过载 75%时，调压精度为 235^{+5}_{-15} V，这表示在低转速时，若发生 75%的过载，发电机调节点电压允许降低到 220V。

表 3.15　VFSG 发电工作时不同工况下的调压误差

序号	工作转速/(r/min)	频率/Hz	最大允许发电容量/(kV·A)	调压精度/V
1	7200～16000	360～800	250(100%)	235^{+3}_{-2}
2	7200～7400	360～370	312.5(125%)10s	235^{+4}_{-3}
3	7400～16000	370～800	312.5(125%)5min	235^{+4}_{-3}
4	7400～16000	370～800	437.5(175%)5s	235^{+5}_{-15}

n=6780～7200r/min 是电动与发电过渡区，在此区间电机交流励磁已断开(GEC2 断开)，直流励磁继电器 GEC3 未闭合(GEC3 常称发电机励磁控制继电器)，但电机转子在发动机传动下旋转，电机处于既非电动也非发电的过渡区。仅当发动机转速升高，电机转速达 7200r/min 时，GEC3 才接通，电压调节器工作，发电机调节点电压达 235V，进入发电状态。

3.7　400Hz 交流电励磁的励磁机

250kV·A VFSG 电动工作时，由 400Hz 235V 交流电给励磁机的励磁绕组供电，励磁机的励磁绕组和电枢绕组都是三相对称绕组。励磁绕组加对称三相交流电时，该励磁绕组中有三相对称电流，形成圆形旋转磁场，其转速：

$$n_s = \frac{60f}{p_{ef}} \tag{3.2}$$

式中，n_s 为励磁磁场转速；f 为交流电频率；p_{ef} 为励磁机极对数。当 f=400Hz，p_{ef}=4 时，旋转磁场对定子的转速 n_s= 6000r/min，若转子不旋转，即 n=0，则旋转磁场相对转子转速也为 6000r/min，该旋转磁场就在转子上的电枢绕组中感应出三相对称电动势。这时，对励磁机的工作和三相变压器相同，理想情况下，电枢绕组中的感应电动势和绕组匝比及所加电源电压 U_{ef} 成正比：

$$E_{ex} = \frac{W_{ex}K_{ex}}{W_{ef}K_{ef}}U_{ef} \tag{3.3}$$

式中，E_{ex} 为励磁机电枢绕组中的感应电势有效值；U_{ef} 为励磁绕组所加外电源相电压有效值，均指相绕组的电势与电压；W_{ex} 为励磁机电枢绕组每相串联匝数；W_{ef} 为励磁绕组每相串联匝数；K_{ex} 和 K_{ef} 为励磁机电枢和励磁绕组的绕组系数。E_{ex} 的表达式是近似的，即忽略了绕组的漏磁。

3.7.1　三相交流励磁的励磁机

三相交流励磁时有两种情况：一是转子转向和旋转磁场同向，二是转子转向和旋转磁场反向。转子旋转后交流励磁机可以看成异步电机，它和鼠笼型异步电机的不同之处在于转子绕组不是短接，而是通过旋转整流器接到主电机的励磁绕组 W_f。

1) 转子转向和旋转磁场同向

转子转向和旋转磁场同向时，相当于异步电动机起动工作，在电机转速 $n=0$ 时转差率 $s=1$，转子中电流很大。$n=n_s=6000$r/min 时，转差率 $s=0$，转子电枢绕组没有感应电势，主电机励磁电流降为零，此时定子励磁绕组的电流仅为励磁电流，绝大部分为无功功率分量。励磁机产生的转矩方向与转子旋转方向相同，加大了电机总转矩。励磁机电枢绕组中感应电动势 E_{ex} 与转差率 s 间关系为

$$E_{ex} = \frac{W_{ex}K_{ex}}{W_{ef}K_{ef}}U_{ef}s \tag{3.4}$$

$$s = \frac{n_s - n}{n_s} \tag{3.5}$$

当 $n=0$ 时，$s=1$，此时 E_{ex} 如式(3.3)所示；当 $n=n_s$ 时，$s=0$，$E_{ex}=0$，可见，W_{ex} 的感应电势随 n 的增加线性减小，主电机的励磁电流 I_f 也随之减小。

交流励磁时，励磁机一直处于负载状态。当 $n=6000$r/min 时，$E_{ex}=0$，$I_f=0$，$U_f=0$，励磁机转子电枢的铜耗和铁耗均为零。表 3.16 中(对应图 3.11)励磁机在 $n=6000$r/min 转速下，其输入功率消耗在励磁机的励磁绕组(铜耗)和定子铁心中。此时，$I_{ef}=3.68$A，输入视在功率 $S=3×230×3.68≈2539$(V·A)，绝大部分为无功功率。转速低于 6000r/min 时，在励磁机输入功率中，第一部分为励磁机定子和转子绕组铜耗 P_{Cu}，第二部分为定转子铁心损耗 P_{Fe}，第三部分为旋转整流器损耗 P_d，故主电机转子实际消耗功率，即励磁功率为 $P_f=P_{in}-P_{Cu}-P_{Fe}-P_d$，其中 P_{in} 为励磁机输入交流有功功率。

表 3.16　励磁机励磁磁场与转子同向旋转时 I_{ef} 和 n 的关系(U_{ef}=235V, 400Hz)

电机转速 n/(r/min)	500	2000	3000	3900	5000	6000	7200
转差率 s	0.91	0.66	0.5	0.35	0.166	0	−0.2
励磁电流 I_{ef}/A	9.73	8.17	6.56	5.79	4.3	3.68	4.39
励磁功率因数 $\cos\varphi$	0.693	0.685	0.674	0.549	0.399	0.044	0.365
励磁绕组输入功率/W	4652	3861	3050	2373	1183	111	1080

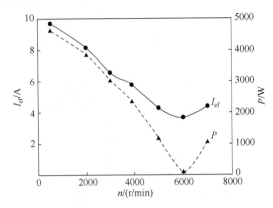

图 3.11 同向旋转时 I_{ef} 和 n 的关系

电机转速 n=7200r/min 时,转子处于超同步状态,励磁机从电动机工作状态转入空载状态(n=6000r/min,s=0)到异步发电状态(s=-0.2),故 s=-0.2 时主电机励磁功率 P_f 又加大了。

三相励磁电源的功率因数 $\cos\varphi$ 在 n<4000r/min 时大于 0.5。当转子转速 n=6000~7200r/min 时,$\cos\varphi$<0.4。当 n=5000~6000r/min 时,$\cos\varphi$ 从接近 0.4 急剧降到 0.044,这也是主电机励磁在此期间急剧下降的一个因素。参见表 3.16。

变压器空载时,原绕组的励磁电流与电源电压间的关系接近铁心材料的磁化曲线,分为三段:线性段、饱和段和过渡段。通常为了限制过大的励磁电流,变压器常工作于线性段和部分过渡段。交流励磁机是有气隙的变压器,故空载磁化电流比变压器大,但仍宜工作于线性段。表 3.17 和图 3.12 是几种不同转速下,励磁机励磁电流 I_{ef} 与电源电压 U_{ef} 的关系,值得注意的是,此关系是在接有主电机励磁绕组时得到的,不是空载关系。

表 3.17 励磁磁场和转子转向相同时 I_{ef} 和 U_{ef} 的关系(电源频率为 400Hz)

励磁电压 U_{ef}/V			40	60	80	115	150	180	200	235
电机转速/(r/min)	500	励磁电流 I_{ef}/A	1.52	2.34	3.21	4.49	5.83	7.0	8.87	9.73
	2000	励磁电流 I_{ef}/A	1.31	1.96	2.65	3.79	4.99	5.92	6.61	8.17
	3000	励磁电流 I_{ef}/A	1.04	1.61	2.24	3.25	4.22	5.08	5.91	6.56
	3900	励磁电流 I_{ef}/A	0.86	1.15	1.64	2.68	3.42	4.55	5.12	5.79

不同转速条件下,U_{ef}=235V 时的 I_{ef} 比 U_{ef}=115V 的 I_{ef} 大一倍多,这是由以下原因导致的:一是电压加大,无功励磁电流加大;二是 U_{ef} 加大,励磁机副边感应电势加大,导致主电机励磁电流 I_f 加大。但可确认的是,即使在相电压达 235V 时,励磁机仍未进入饱和工作区间。

2) 转子转向和旋转磁场反向

三相励磁的第二种工作情况是电机转子转向和旋转磁场转向相反,从异步电机的角度考察电机进入反转制动状态:一是转差率 s>1,二是电机转矩反向。此时的励磁机电枢绕组的空载电动势如式(3.4)所示。

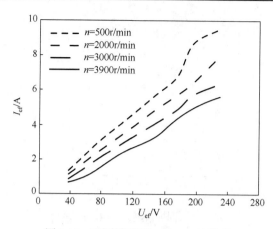

图 3.12　不同转速下 I_{ef} 和 U_{ef} 的关系

图 3.13 是 VFSG 转速 n 和励磁机工作转差率 s 的关系，转向相反后，$s>1.0$，励磁机电枢绕组的空载相电势 E_{ex} 随转速 n 的加大而加大。若 $n=-3000\mathrm{r/min}$，则 $s=1.5$，E_{ex} 比 $n=0$ 时加大 50%，$s=2.0$，E_{ex} 比 $n=0$ 时加大 100%。若励磁电源频率为 400Hz，在 $n=0$，$s=1.0$ 时，励磁机电枢绕组电势的频率也为 400Hz。当反转转速 $n=3000\mathrm{r/min}$ 时，$s=1.5$，励磁机电枢绕组电势的频率 $f_{ex}=600\mathrm{Hz}$；当反转转速 $n=6000\mathrm{r/min}$ 时，$s=2.0$，励磁机电枢绕组电势的频率 $f_{ex}=800\mathrm{Hz}$，励磁机电枢绕组的电抗也随 s 和 f_{ex} 的加大而增加。故主电机励磁电流 I_f 并不随转速的加大而正比增加。

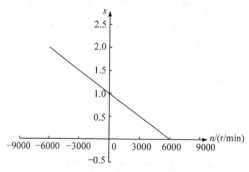

图 3.13　VFSG 励磁机转速 n 和转差率 s 的关系

表 3.18 列出了励磁转子转向与旋转磁场反向时的两组数据，励磁电源电压 $U_{ef}=235\mathrm{V}$，频率为 400Hz，转子转速为 500r/min 和 2000r/min。转子转向相反后，I_{ef} 明显增大，表明 E_{ex} 的确加大了。和表 3.16 相比，励磁机输入的有功功率也加大了。但是励磁机输入的有功功率并未因转差率 s 的加大而增大。因为励磁机的功率因数 $\cos\varphi$ 随 s 的加大而下降。$s>1$ 时，励磁机电枢感应电势的频率也加大($n=0$ 时，E_{ex} 的频率为 400Hz；$n=500\mathrm{r/min}$ 和 $2000\mathrm{r/min}$ 时，E_{ex} 的频率为 433Hz 和 533Hz)，励磁机电枢电抗也相应加大，限制了 I_f 的增大。

表 3.18　励磁机励磁磁场与转子反向旋转时 I_{ef} 和 n 的关系($U_{ef}=235\mathrm{V}$, 400Hz)

电机转速 n/(r/min)	转差率 s	I_{ef}/A	$\cos\varphi$	励磁绕组输入功率/W
500	1.083	9.93	0.735	5036
2000	1.33	10.6	0.683	4995

　　电机转向与旋转磁场反向时，由于励磁机结构参数不变，在 $U_{ef} \leqslant 235V$ 时，励磁机仍在线性区工作。

3.7.2　单相交流励磁的励磁机

　　单相交流励磁的励磁机有两种结构：一种是隐极结构，另一种是凸极结构。B787 的 VFSG 励磁机为隐极结构，因为它既要三相励磁，又要单相励磁，三相励磁时励磁绕组为三相对称分布绕组，单相励磁时断开一相绕组电源，400Hz 235/408V 线电压加于励磁机励磁绕组任两相接线端，该励磁机的这两相绕组组成一个等效单相绕组。凸极结构的励磁机是指励磁机的磁极为凸极结构，每个磁极上有一个集中式励磁绕组，其结构和凸极同步电机相同。这两种结构励磁机的电枢绕组仍为相对称分布式绕组。

　　若转子转速为零，励磁机定子绕组(励磁绕组)加上单相交流电时，它的电枢绕组中就因变压器关系感应出交流电动势。设交流励磁电压 $U_{ref} = \sqrt{2}U_{ef}\cos\omega t$，则励磁电枢绕组中感应电势：

$$E_{exa} = KU_{ef}\cos\theta \tag{3.6}$$

$$E_{exb} = KU_{ef}\cos(\theta + 120°) \tag{3.7}$$

$$E_{exc} = KU_{ef}\cos(\theta + 240°) \tag{3.8}$$

$$K = \frac{K_{ex}W_{ex}}{K_{ef}W_{ef}} \tag{3.9}$$

式中，E_{ex} 为励磁机电枢绕组 W_{ex} 感应电动势有效值；U_{ef} 为励磁机励磁绕组 W_{ef} 所加交流电压有效值；K 为变压器的变比；K_{ex} 和 K_{ef} 为励磁机电枢绕组系数和励磁绕组系数，对于凸极电机 $K_{ef}=1$；θ 是励磁机励磁绕组 W_{ef} 和 A 相电枢绕组 W_{exa} 间的电角度，如图 3.14(a)所示。

　　当 $\theta=0°$ 时，见图 3.14(b)，$\cos\theta=1$，A 相电枢绕组感应电动势 E_{exa} 达最大值，而 E_{exb} 和 E_{exc} 仅为 E_{exa} 的 1/2，在三相电动势作用下，D_1、D_2、D_6 导通，主电机励磁绕组 W_f 中有电流 I_f。此时，$E_{exab} = E_{exac} = 1.5KU_{ef}$。

　　若励磁机转动 90°电角度，如图 3.14(c)所示，则 $\theta =90°$，$\cos90°=0$，$E_{exa}=0$，$E_{exb}=E_{exc}=\dfrac{\sqrt{3}}{2}KU_{ef}$，$E_{exbc}=\sqrt{3}KU_{ef}$，故 D_3、D_2 导通，W_f 中有电流 I_f。

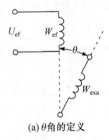

(a) θ 角的定义

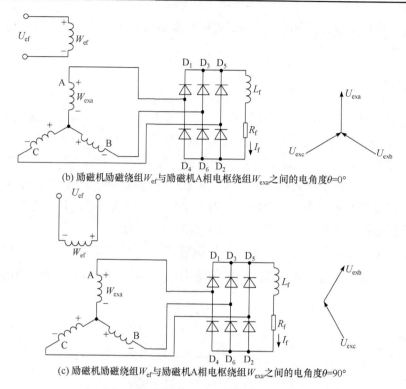

(b) 励磁机励磁绕组W_{ef}与励磁机A相电枢绕组W_{exa}之间的电角度$\theta=0°$

(c) 励磁机励磁绕组W_{ef}与励磁机A相电枢绕组W_{exa}之间的电角度$\theta=90°$

图 3.14　单相励磁系统电路原理分析图

由于三相对称，在不同θ时，作用于整流桥输入端的线电动势总是在$(1.5\sim1.732)KU_{ef}$间变化，这种电路结构使主电机励磁绕组两端电压变化较小，在U_{ef}一定时，U_f和I_f的平均值也一定，与转子角度θ关系不大，是单相励磁系统的特点。

交流电压U_{ef}加于励磁绕组W_{ef}上后，形成电流I_{ef}，产生励磁磁势$I_{ef}W_{ef}K_{ef}$，对于凸极电机$K_{ef}=1.0$。按电机学原理，单相脉振磁势$I_{ef}W_{ef}K_{ef}$可分为两个旋转磁势F_{efp}和F_{efn}，F_{efp}为正转磁势，与电机转向相同，F_{efn}为反转磁势，转向与转子转向相反，磁势幅值：

$$F_{efp} = F_{efn} = \frac{1}{2} I_{ef} W_{ef} K_{ef} \tag{3.10}$$

在该旋转磁势作用下，形成正反两个旋转磁场：

$$\Phi_{efp} = \Phi_{efn} = F_{efp} / R_m = F_{efn} / R_m \tag{3.11}$$

式中，R_m为励磁机励磁磁路磁阻，对于隐极励磁机，磁阻R_m与旋转磁场转角θ无关，对于凸极励磁机，R_m是角度θ的函数，当F_{efp}或F_{efn}处于磁极中心线时，$R_m(\theta)$达最小值，Φ_{ef}达最大值；当F_{efp}或F_{efn}转到两极之间时，R_m达到最大值，Φ_{efp}或Φ_{efn}达到最小值。这说明旋转磁通Φ_{ef}是转子角度θ的函数。

正转磁场Φ_{efp}切割励磁机电枢三相对称绕组导体，感应出旋转电势E_{exa}、E_{exb}和E_{exc}，对于隐极式励磁机，若设Φ_{ef}为正弦分布，则当电机转子转速为零$(n=0)$时，有

$$E_{exap0} = 4.44 f K_{ex} W_{ex} \Phi_{ef} \tag{3.12}$$

式中，E_{exap0}为$n=0$时励磁机电枢A相绕组感应电动势有效值；f为交流励磁电源频率。相应

地，E_{exbp0} 和 E_{excp0} 的有效值与 E_{exap0} 相同，相位差 $\theta=120°$ 电角度，形成单相合成电动势。

当转子转速 n 等于正转旋转磁场的转速 n_{s} 时，旋转磁场 Φ_{ef} 不再切割电枢绕组导体，于是 $E_{\text{exap}}=E_{\text{exbp}}=E_{\text{excp}}=0$。式中，$n_{\text{s}}=60f/p_{\text{ef}}$，$f$ 为励磁电源频率，p_{ef} 为励磁机励磁绕组极对数。由此可得电枢绕组感应电动势 E_{exp} 和电机转子转差率 s 的关系：

$$E_{\text{exp}} = E_{\text{exp0}} \cdot s \tag{3.13}$$

$$s = \frac{n_{\text{s}} - n}{n_{\text{s}}} \tag{3.14}$$

$$n=0, \quad s=1, \quad E_{\text{exp}} = E_{\text{exp0}} = E_{\text{exap0}} = E_{\text{exbp0}} = E_{\text{excp0}} = 4.44 f K_{\text{ex}} W_{\text{ex}} \Phi_{\text{efp}} \tag{3.15}$$

$$n=n_{\text{s}}, \quad s=0, \quad E_{\text{exp}} = E_{\text{exp0}} \cdot 0 = 0 \tag{3.16}$$

由正转磁场导致的主电机励磁电流 $I_{\text{fp}}=0$，电机转速等于同步转速的 2 倍，即

$$n=2n_{\text{s}}, \quad s=-1, \quad E_{\text{exp}} = -E_{\text{exp0}} \tag{3.17}$$

电机反向旋转，转速

$$n=-n_{\text{s}}, \quad s=2, \quad E_{\text{exp}} = 2E_{\text{exp0}} \tag{3.18}$$

由此可见，在正转旋转磁场作用下，励磁机电枢的电动势是电机工作转差率的函数。考察电动势的频率，$n=0$ 时，励磁机为一台变压器，其副边电动势频率与原边相同，即 f_{exp} 等于电源频率 f，$f_{\text{exp}}=f$。$n=n_{\text{s}}$，$E_{\text{exp}}=0$，$f_{\text{ex}}=0$。于是有 $f_{\text{exp}} = f \cdot s$，表明励磁机电枢绕组电动势的频率也是转差率 s 的函数。相应地，励磁机三相电枢绕组的电抗 $X_{\text{exp}} = 2\pi f_{\text{exp}} L_{\text{exs}} = 2\pi f L_{\text{exs}} \cdot s$ 也是 s 的函数。由于励磁机为高阻抗设计，在 s 较大时，电抗较大，尽管此时 $E_{\text{exp}} = E_{\text{exp0}} \cdot s$ 也较大，但主电机励磁电流受 X_{exp} 的约束。

对于反转磁场 Φ_{efn}，也在励磁机电枢绕组中产生电动势 E_{exn}。当 $n=0$ 时，有

$$E_{\text{exn0}} = 4.44 f K_{\text{ex}} W_{\text{ex}} \Phi_{\text{en}} \tag{3.19}$$

当 $n \neq 0$ 时，有

$$E_{\text{exn}} = E_{\text{exn0}} \cdot s \tag{3.20}$$

$$n=0, \quad s=1, \quad E_{\text{exn}} = E_{\text{exn0}}, \quad f_{\text{exn}} = f \tag{3.21}$$

$$n=n_{\text{s}}, \quad s=2, \quad E_{\text{exn}} = 2E_{\text{exn0}}, \quad f_{\text{exn}} = 2f \tag{3.22}$$

$$n=2n_{\text{s}}, \quad s=3, \quad E_{\text{exn}} = 3E_{\text{exn0}}, \quad f_{\text{exn}} = 3f \tag{3.23}$$

励磁机电枢绕组中任一相的电动势 E_{ex} 是正转磁场和反转磁场产生的电动势 E_{exp} 和 E_{exn} 的合成。可见仅当 $n=0$ 时，E_{exp} 和 E_{exn} 的频率才等于电源频率 f，电枢绕组三相电流的频率也为 f，$f_{\text{ex}}=f$。在 $n=n_{\text{s}}$ 时，$E_{\text{exp}}=0$，$E_{\text{exn}}=2E_{\text{exn0}}$，$f_{\text{ex}}=2f$，即励磁机电枢电流频率为电源频率的 2 倍。在 $n=-n_{\text{s}}$ 时，$f_{\text{exn}}=0$，$E_{\text{exn}}=0$，$f_{\text{exp}}=2f$，励磁机电枢电流中只有 $2f$ 的成分。除了 $n=0$，$n=n_{\text{s}}$ 和 $n=-n_{\text{s}}$ 三个转速之外，励磁机电枢电流中同时存在两个不同频率的分量，一个正转分量 $f_{\text{exp}} = f \cdot s$，另一个反转分量 $f_{\text{exn}} = f \cdot (2-s)$，故主电机励磁电流 I_{f} 是正转磁场产生的电流和反转磁场电流的合成，正转电流频率为 $f \cdot s$，反转电流频率为 $f \cdot (2-s)$。由此可见，单

相励磁的优点是防止了在 $s=0$ 时励磁电流 $I_f=0$ 的固有问题。

B787 的 VFSG 在起动航空发动机时为电动运行状态，为三相交流励磁，转子转向和旋转磁场方向相同，同步转速 $n_s=6000\text{r/min}$，而起动要求电机转速高达 6700r/min，于是不得不在低转速时用三相励磁，转速近 4000r/min 时改为单相励磁，以免在 6000r/min 时无法感应生成励磁电流。

表 3.19 是 VFSG 单相励磁时，励磁电流 I_{ef} 和转子转速 n 的关系，和表 3.16 比较可见，单相励磁在同步转速 $n=6000\text{r/min}$ 时，励磁绕组输入功率为 1370W，比三相励磁显著加大。从表 3.19 和表 3.16 还可见，在 $n=3900\text{r/min}$ 附近，三相励磁输入功率和单相励磁输入功率已逐步接近，这表明两种励磁下主电机励磁电流 I_f 已相近，故在此转速下实现三相到单相励磁的切换不会导致 I_f 较大的变化，减小了起动转矩的突变。

三相励磁和单相励磁的应用，导致 VFSG 的励磁电流随转速而变化，若欲使起动转矩在 0~3000r/min 区间不变，则电机电枢电流即 CMSC 的输出电流必须随转速做相应的变化，起动控制更复杂。

表 3.19　单相励磁时励磁电流 I_{ef} 和转子转速 n 的关系(U_{ef}=407V，400Hz)

电机转速/(r/min)	500	2000	3000	3900	5000	5500	6000	7000
励磁电流/Arms	7.29	6.12	6.14	5.65	5.34	5.24	5.12	5.13
输入功率因数 $\cos\varphi$	0.923	0.917	0.892	0.826	0.817	0.695	0.669	0601
输入有功功率/W	2674	2257	2190	1866	1533	1456	1370	1235

3.8　通用电动机起动控制器

VFSG 电动机工作时由 CMSC 提供三相变频交流电，故 CMSC 实际上是输出三相对称交流电的 DC/AC 电力电子变换器，如图 3.15 所示，由 6 只 IGBT 和反并联的二极管构成。变换器采用空间矢量调制方法(SVPWM)控制，将直流电转为频率、电压和相位均能平滑变化的三相对称交流电，以实现电动机的磁场定向控制。由于 CMSC 由 ATRU 供电，ATRU 的最高输出直流电压达 630Vdc，故应用 1200V 耐压的 IGBT。6 只 IGBT 和 6 只二极管封装于一个模块内，以减小功率器件的结构重量，同时减小直流母排的电感，从而抑制 IGBT 关断时的电压尖峰。关断电压尖峰应限制在 100Vdc 以内。精心挑选模块内的开关器件和二极管，使其通态压降、开通和关断时间达到一致，目的是减少器件参数不对称导致的直流分量输出，同时 IGBT 的驱动电路控制信号也应一致。三级式电机中的主电机为同步电机，不允许电枢电流中有大的直流电流。由于电机相绕组电阻和起动馈电线的电阻均很小，很小的直流电压分量就会导致大的直流电枢电流，从而引起电机转子发热。

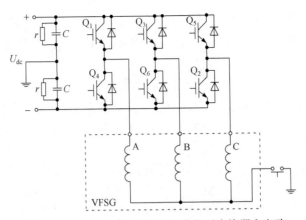

图 3.15　CMSC 中的 DC/AC 电力电子变换器主电路

图 3.16 是 CMSC 的输入共模滤波器和输出滤波器。DC/AC 变换器开关管以脉宽调制 (PWM)方式工作时，引起器件两端的电压变化率 dV/dt 和器件中的电流变化率 di/dt 都很高，再加上二极管反向恢复导致的 di/dt 变化率，是一个大的干扰源。输入滤波器抑制 CMSC 到 ATRU 馈电线上的干扰信号，输出滤波器抑制 CMSC 到 VFSG 的馈电线上的干扰电平。其中 L_4、L_5、L_6 和 C_9、C_{10}、C_{11} 构成差模滤波器，使馈电线和电机端的电流与电压为正弦波，L_7 和 C_{12} 构成共模滤波器。

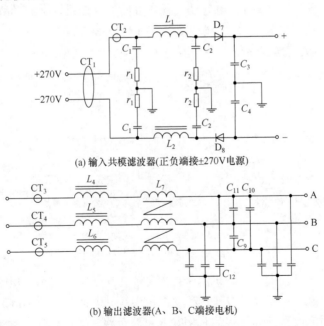

(a) 输入共模滤波器(正负端接±270V电源)

(b) 输出滤波器(A、B、C端接电机)

图 3.16　CMSC 的滤波器

差模滤波器消除了 PWM 开关频率分量，使 CMSC 的输出电压中仅有基波分量，一方面可降低馈电线和电机的高频损耗，另一方面为不用屏蔽馈电线创造了条件，因为 CMSC 到 VFSG 的馈电线有几十米，用屏蔽线时重量会增加。CMSC 的输出端电压为正弦波，这也为无位置传感器的应用创造了条件，大幅度简化了电机转子无位置信号的获取。

差模滤波电感对开关频率 f_{sw} 的感抗为 $X_L=\omega L_4=2\pi f_{sw}L_4$，差模滤波电容 $C_9\sim C_{11}$ 并于 A、B、C 端，构成三角形接法，要转换为星形接法，成为 $C_9'\sim C_{11}'$，其对开关频率的容抗为

$$X_C=\frac{1}{\omega C_9'}=\frac{1}{2\pi f_{sw}C_9'} \tag{3.24}$$

若 $X_L=100X_C$，则可将开关脉冲信号衰减 100 倍。通常 LC 滤波器的特性都用频率特性来表示，这是更确切的表示方法，因为开关信号中不仅有基波还有谐波。但从上面的表述来看，可更清楚地看到提高开关频率 f_{sw} 对降低 LC 的价值，LC 值小了，其体积重量也相应减小。由于 CMSC 研制起动于 20 世纪 90 年代，那时只有 Si IGBT 有那么高的电流与电压容量。尽管 Si IGBT 已经过几代的发展，性能不断提高，但其关断电流拖尾和 Si 二极管关断时的反向恢复损耗无法消除，从而限制了 CMSC 开关器件开关频率的提高，导致滤波器较重，达 20kg。滤波器重量的加大，要求加强 CMSC 的机箱结构材料，这也导致机箱重量的增加，而大的 LC 也导致散发的热量较多，散热要求提高。

大功率 Si 电力电子变换器的有效冷却方法是水冷，但水的冰点为 0℃，且冰的密度比水低，故水中必须有低冰点的液体注入，以使液体结冰温度降低，液冷使电力电子装置的功率密度和效率均得到提升。

CMSC 内的微处理器对 DC/AC 变换器实现数字控制，有自检测功能，NVM 存储器用于存储运行参数和故障信息。CMSC 不仅自身有完善的故障检测和保护功能，在和 VFSG 配合起动航空发动机或 APU 时，对起动过程全程监控，如果发生起动故障即予以保护。

CMSC 内的通信口可和 CDN 总线相接，图 3.17 是 CMSC 在起动航空发动机时与 BPCU、GCU、EEC 和飞行员前面仪表板上多功能显示器(MFD)的通信关系。

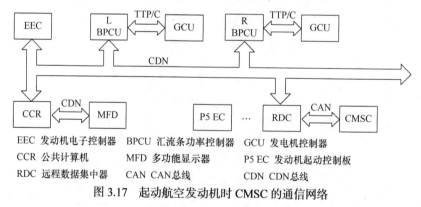

EEC 发动机电子控制器	BPCU 汇流条功率控制器	GCU 发电机控制器
CCR 公共计算机	MFD 多功能显示器	P5 EC 发动机起动控制板
RDC 远程数据集中器	CAN CAN总线	CDN CDN总线

图 3.17　起动航空发动机时 CMSC 的通信网络

航空发动机起动过程中，发动机电子控制器(EEC)给出 CMSC 的电流参考信号，GCU 控制励磁继电器 GEC1、GEC2、GEC3 和发电机中线继电器 GNR，BPCU 发布 CMSC 工作方式指令，实现用电设备管理，起动时切除非重要负载，CMSC 通过远程数据集中器 RDC 将起动过程信息送 CCR，并在多功能显示器 MFD 上显示起动运行状态及参数。

无论航空发动机起动、APU 起动，还是 CMSC 向电动压气机 CAC 供电、向电动液压泵供电，工作方式均为磁场定向控制，也就是说，CMSC 给电动机提供的三相对称交流电进入电机三相电枢绕组中形成圆形旋转磁场，该电枢磁场总是领先于转子磁场 90°电角度，从而使电动机达到最大转矩电流比，减小电动机运行时的消耗电流。由于 VFSG 的主电机

是凸极转子结构，交轴电枢磁场作用使气隙合成磁场扭曲，故实际电角度将偏离 90°才能达到最大转矩电流比。起动航空发动机时，仅在 0～3000r/min 为恒转矩区，3000～6780r/min 为恒功率区，即在此转速范围内起动转矩随转速的升高而降低，由于 VFSG 起动时励磁电流 I_f 不可控，故只能借助减小 CMSC 的输出电流来减小电机转矩。在恒转矩区，随着发动机转速的增加，电动机的反电动势也相应增加，CMSC 的输出电压将随输出频率的升高而增大，基本上接近 f/U 为常数的控制。在恒功率区，EEC 给出的电流参考信号减小，从而降低 VFSG 的输出转矩。

图 3.18 是磁场定向控制框图。旋转变压器输出和 VFSG 转子转角 θ 相关的正弦及余弦模拟信号，经解码芯片转为数字信号送数字处理器，数字处理器同时接收 EEC 的交轴电流 i_q 给定信号 i_{qref}，i_{qref} 与电机交轴电流反馈信号 i_q 之差送交轴电流调节器，得到交轴电压给定信号 u_{qref}，并与直轴电流调节器给出的直轴电压给定信号 u_{dref} 一起经 $dq/\alpha\beta$ 信号转换器转成定子坐标系的 $\alpha\beta$ 信号，即 $u_{\alpha ref}$ 和 $u_{\beta ref}$，这两个信号经 SVPWM 变换成 6 个控制 IGBT 的基极驱动信号，使 DC/AC 变换器输出三相交流电，供给电机的电枢绕组。

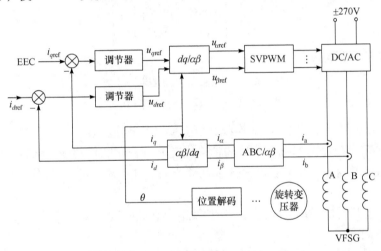

图 3.18　同步电动机磁场定向控制框图

电机相电流被电流传感器检测到后送 ABC/$\alpha\beta$ 变换器，将 ABC 三相电流转换成定子 $\alpha\beta$ 两相坐标系的电流 i_α 和 i_β，其又经 $\alpha\beta/dq$ 变换为转子坐标系的电流 i_q 和 i_d，通过变换将交流电流 i_a、i_b、和 i_c 转换为直流量 i_q 和 i_d，以便和 i_{qref}、i_{dref} 进行减法运算。

由转子坐标系 dq 转为定子坐标系 $\alpha\beta$ 必须有转子位置信号 θ，由解码芯片给出。

由此可见，这是一个具有电流闭环的调速系统，EEC 给出 i_{qref} 是核心控制量，在磁场定向控制中，i_q 和电机转矩成正比(在励磁电流不变时)。

凸极同步电动机的转矩表达式为

$$T = P(\psi_f i_q - (L_d - L_q)i_d i_q) \tag{3.25}$$

式中，T 为电机转矩(N·m)；P 为电机极对数，ψ_f 为合成励磁磁链(Wb)；i_q、i_d 为交轴和直轴电流(A)；L_d、L_q 为主电机的直轴和交轴电感(H)。

当 i_d=0 时，

$$T = P\psi_f i_q \tag{3.26}$$

表明转矩与 i_q 成正比。

凸极同步电动机的 $L_d \neq L_q$，故当 $i_d \neq 0$ 时，产生磁阻转矩：

$$T_R = (L_d - L_q) i_d i_q \tag{3.27}$$

由 ABC 到的 $\alpha\beta$ 的变换式为

$$\begin{bmatrix} i_\alpha \\ i_\beta \\ i_\chi \end{bmatrix} = \sqrt{\frac{2}{3}} \begin{bmatrix} 1 & -\dfrac{1}{2} & -\dfrac{1}{2} \\ 0 & \dfrac{\sqrt{3}}{2} & \dfrac{\sqrt{3}}{2} \\ \dfrac{1}{\sqrt{2}} & \dfrac{1}{\sqrt{2}} & \dfrac{1}{\sqrt{2}} \end{bmatrix} \cdot \begin{bmatrix} i_a \\ i_b \\ i_c \end{bmatrix} \tag{3.28}$$

$\alpha\beta$ 到 dq 的变换式为

$$\begin{bmatrix} i_d \\ i_q \end{bmatrix} = \begin{bmatrix} \cos\theta & \sin\theta \\ -\sin\theta & \cos\theta \end{bmatrix} \cdot \begin{bmatrix} i_\alpha \\ i_\beta \end{bmatrix} \tag{3.29}$$

dq 到 $\alpha\beta$ 的变换式为

$$\begin{bmatrix} u_\alpha \\ u_\beta \end{bmatrix} = \begin{bmatrix} \cos\theta & -\sin\theta \\ \sin\theta & \cos\theta \end{bmatrix} \cdot \begin{bmatrix} u_d \\ u_q \end{bmatrix} \tag{3.30}$$

由式(3.30)可见，dq 到 $\alpha\beta$ 的变换或其反变换必须有电机转子位置信号，故转子位置信号是实现磁场定向控制的基础，信号的精确度越高，控制的精确度也越高。由于磁场定向控制需要完成大量计算，只有在高速数字处理器的条件下才有可能实现，而电机转速越高，要求计算的时间越短。

电机转子位置传感器(即旋转变压器)和发电机在装配时必须正确对相，以提高电机转子位置检测的正确度。

CMSC 是大功率电力电子设备，为了防止其故障导致的严重后果，必须有完善的检测和故障保护，图 3.16 中有 5 个电流传感器 $CT_1 \sim CT_5$ 和两个电压检测电路：直流环节电压检测和 CMSC 输出电压检测。电流传感器 CT_1 用于检测直流侧对地短路电流，没有短路时，正线电流等于负线电流，通过 CT_1 的合成电流为零。无论正线还是负线有接地故障，正、负线合成的电流都不为零，CT_1 输出电流差信号。CT_2 是检测正线电流大小的电流传感器。$CT_3 \sim CT_5$ 用于检测 DC/AC 变换器的输出三相交流电流。图 3.18 中只画了检测 i_a 和 i_b 的 2 个电流传感器，由于电机电枢绕组为星形连接，$i_a + i_b + i_c = 0$，用 2 个传感器可获得三相电流信号，用 3 个传感器可更确切地反映 DC/AC 变换器的故障状态。

CMSC 一旦发生故障，在检测和实现故障保护的同时，CMSC 通过 CDN 总线经 RDC 将故障信号送至公共计算机(CCR)，以便由 EICAS 显示故障信息，告知飞行员和便于地面维修。CMSC 故障保护项目有直流电压过压故障保护、直流电压欠压故障保护、输出电压频率比异常保护、直流汇流条锁定保护、直流侧接地短路保护、温度过高保护、相电流直流分量过高保护、通信故障保护和液冷系统失效保护。

图 3.16(a)中，在直流回路中串有 2 只二极管 D_7、D_8，以阻止电动机制动能量回馈到直流侧，这表明 CMSC 无论向何种电机供电，电动机都不转入再生制动或反接制动状态，故电机能量不会回馈到直流侧，因此直流过压或欠压均由自耦变压整流器(ATRU)导致或由给 ATRU 供电的 235Vac Bus 过压或欠压造成。

若直流过压达 670V，则 CMSC 在 7s 内保护，若电压达 750V，CMSC 在 50μs 内保护。达上述任一过压动作点，CMSC 首先封锁驱动电路，使其停止向电动机供电，同时将过压信号送至 GCU，断开 ATRUC，从而将 ATRU 与 235Vac Bus 断开。

欠电压保护有 4 个动作点：U_{dc} 为 480～520V，延时 10s 动作，U_{dc} 为 430～480V，延时 180ms 动作，U_{dc} 为 400～430V，延时 100ms 动作，$U_{dc}<400Vdc$，延时 1ms 动作。若 ATRUC 再次接通，且输入直流电压大于 520Vdc，则 CMSC 经 50ms 后可以复位。

交流电动机供电电源的电压频率比取决于电机本身的参数，电压频率比 U/f 过高，电机工作于铁心饱和区，无功电流显著加大，U/f 过低，电机输出功率降低，在负载不变时也加大了电机电流消耗。由于 CMSC 面对多种电机，对不同电机有不同的 U/f 指标。B787 飞机的 VFSG、ASG、空气压缩机、电动液压泵、氮气发生器驱动电机和冲压空气用电动风扇电机，尽管它们的工作转速不同，但设计 CMSC 时都按相同的 U/f 要求做，从而 U/f 保护动作值为 3.5V/Hz，其中，3.5V 是线电压的峰值，达到 3.5V/Hz 时，延时 100ms 保护。由此可见，在做 CMSC 和各型电动机设计时必须协调设计参数。

直流汇流条锁定保护是指 ATRU 跳闸使±270Vdc Bus 失电的保护，检测到±270Vdc Bus 失电后延时 100ms，封锁 CMSC 的 IGBT 驱动电路，使 CMSC 停止工作。

直流侧接地短路保护是指在 CT_1 检测到正负线间电流差大于 6A 时延时 2ms，封锁驱动电路。若电流差达 34A，则在 500ns 内保护，与此同时，故障信号送 GCU 断开 ATRUC。

过温保护的检测元件在 IGBT 功率模块内，CMSC 内有两块功率模块并联工作，故有 2 个温度传感器，当温度传感器检测到模块温度达 110℃ 时，延时 250ms 保护，但是若飞机在空中而又要用蓄电池起动 APU，则保护被禁止。空中要用电池来起动 APU，说明这时 4 台 VFSG 已无法供电了，属紧急情况。

相电流直流分量过大保护是指 CMSC 输出相电流直流分量过大，由 DC/AC 变换器故障导致，可能是一只 IGBT 开路或短路，也可能是 IGBT 驱动电路或驱动电源故障，还可能是信号电路故障导致驱动电路失效。直流分量过大导致 CMSC 的输出滤波器、馈电线和电机过热。保护动作电流是当直流电流为–30Adc 或+6Adc 时延时 1.75s 保护，封锁驱动电路。

液冷系统失效保护有两种情况：一是冷却液温度过低(<–20℃)或过高(>70℃)，另一种是冷却系统失效。检测到以上两种情况之一，延时 400ms 封锁 IGBT。在以下场合，上述保护被禁止：①在空中要求起动航空发动机或 APU 时；②CMSC 向冲压空气电动风扇供电时；③飞机在空中或飞机滑跑要求电动液压泵工作时。

CMSC 的 CAN 通信一旦发生故障中断了与其他设备的通信，应延时 2s 保护。对于驱动电动液压泵的 CMSC 通信中断后，CMSC 仍让电动泵在 5500r/min 下继续工作。电动液压泵是飞机操纵系统的动力源，不应停止工作。

CMSC 的保护项目中不少是封锁 DC/AC 变换器 IGBT 的驱动电路，DC/AC 变换器的这种工作方式称为 CMSC 的备份工作方式。在备份方式时有两类保护：一是过流保护，二是直流电压过压保护。若此时 CMSC 的输入直流电流或输出相电流大于 10A，说明驱动电路没有把 DC/AC 变换器真正封锁，则应延时 100ms 断开 ATRUC，使这组 ±270Vdc Bus 失电，该 ±270Vdc Bus 上的 CMSC 驱动的电动机停止工作。若直流电压大于 670V，不允许处于备份工作方式的 CMSC 驱动电动机，但不应断开 ATRUC。当 ±270Vdc Bus 电压回到正常值后，CMSC 应立即传动电动机运行。

完善的保护是电力电子装置安全的基础，能防止发生故障而导致不应有的灾难，多数情况下 CMSC 不会发生故障，也不会用上故障保护电路。

3.9　变频交流起动发电机的损耗发热与冷却

VFSG 的损耗分为发电工作损耗和电动工作损耗两类，由于起动航空发动机的时间常在 1min 以内，起动工作时的损耗主要导致电机温度升高，处于发热的过渡状态。发电工作的时间很长，一般为数小时到十数小时，电机温升达 100℃左右，必须采取有效的冷却方式，防止绝缘材料过热，降低电机使用寿命，甚至使电机故障。

三级式交流发电机的主要损耗是电磁损耗，即铜耗和铁耗，而又以主电机的损耗最大，从前面励磁机部分已看到，发电机在 180℃温度下 175%过载时，主电机的励磁损耗高达 20kW，再加上其定子铜耗、铁耗和涡流损耗，数值相当可观。励磁机的损耗较小，但旋转整流器的损耗也不容忽视，若二极管的通态压降为 1.5V，主电机励磁电流为 I_f，则整流桥损耗近似为 $P_d=2\times 1.5\times I_f$。

电机旋转时的风阻损耗和轴承损耗也不容忽视，按国外文献分析，尽管喷油冷却发电机冷却效果显著改善，但因电机壳体内油气混合气的浓度远大于空气浓度，风阻损耗加大。

VFSG 采用自带油冷系统，油冷系统工作时也带来损耗，导致电机发热。B787 的 VFSG 在额定负载 250kV·A、$\cos\varphi=0.85$ 时，发电机效率为 0.9，即额定损耗为 28kW，因此必须采用有效措施将电机内部热量取走。

交流发电机油冷方式有两种：一种是由航空发动机供油冷却或在恒速恒频交流电源中由恒速传动装置供油冷却，另一种是自带油冷系统。B787 飞机的 APU 起动发电机就由 APU 的滑油系统供油冷却，这种油冷方式的缺点是电机旋转时，轴承的磨损产生的金属碎屑和绝缘材料的颗粒会由冷却油带入发动机内部，降低发动机的工作寿命。250kV·A VFSG 则是自带滑油冷却系统。

图 3.19 是 VFSG 油冷系统图。表 3.20 是油冷系统中主要元件的名称和技术参数。图 3.19 中回油泵将电机壳体最低处油池内的滑油抽出增加压力后，进入涡旋室，滑油在涡旋室内壁圆筒内高速旋转，排出油中空气，然后进入油滤，滤除杂质后进入外部散热器，外部散热器由燃油/滑油散热器和空气/滑油散热器两部分构成，用于散去滑油的热量。温度降低后的滑油从散热器出来进入电机的滑油入口。进入电机的滑油分成两路，一路到发电机的外壳体吸收发电机定子的热量，另一路进入电机空心轴，通过轴上的喷嘴向外喷出，用于冷却电机转子绕组，润滑和冷却轴承，并冷却旋转整流器。冷却发电机转子绕组的油雾，又喷到电机定子绕组的端接部分，用于降低定子绕组的温度。这种既有定子循环油冷又有转子喷油冷却的油冷方式，适合于大容量飞机发电机。

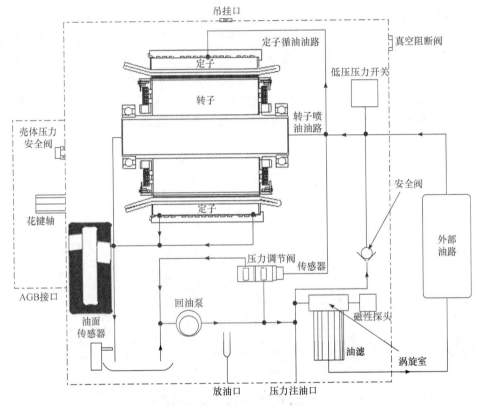

图 3.19　VFSG 油冷系统图

表 3.20　VFSG 油冷系统元件的名称和技术参数

序号	名称	参数
1	油池	
2	回油泵	旋板泵或叶片泵
3	压力调节阀	油滤入口压力为 65.5～75.4kPa
4	压力安全阀	外油路压力限制 27.58Pa
5	真空阻断阀	
6	壳体压力安全阀	
7	低压压力开关	开通 517kPa，关断 310kPa
8	油面指示器	
9	油面传感器	地面时有效
10	磁性探头	检测轴承磨损的金属碎屑
11	油滤	
12	涡旋室	
13	外部散热器	燃油滑油散热器和空气滑油散热器
14	滑油温度传感器	滑油正常工作温度为 40～129℃， 置于外部散热入油口和出油口，温度信号送 EEC

VFSG 中的油池、回油泵、涡旋室和油滤都在电机的下方，故该电机不是圆柱形结构，而是近似椭圆结构(高 368mm，宽 350mm，长 460mm)，如图 3.20 所示。电机采用双壳体结构，主电机、励磁机和永磁副励磁机定子的内壳体为圆柱形，通过内壳体上的凸缘用螺栓固定在外壳体内。主电机、励磁机、旋转整流器、永磁副励磁机的转子和前后轴承构成电机转子组件，装于同一轴上。转子的非传动端有一个小齿轮和一个大齿轮啮合用于传动叶片泵和旋转变压器的转子。叶片泵和旋转变压器位于转子的下方，故涡旋室和油滤也在转子下方。

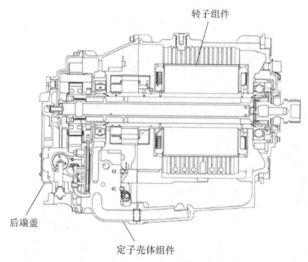

图 3.20　VFSG 双壳体结构图

VFSG 的外壳体由三部分构成：主壳体、中壳体和前端盖。主壳体主要用于固定主电机的内壳体组件，壳体上有传动端轴承室和循油油路。冷却主电机后的滑油沉积在壳体下方，并流向油池。中壳体固定励磁机的内壳体组件、永磁副励磁机内壳体组件、轴承室、固定叶片泵壳体、旋转变压器定子、大齿轮、涡旋室和油滤。油路系统的主要部件和其与外界油接口都在中壳体上。中壳体的滑油入口送入滑油，一路送主壳体冷却发电机定子，另一路送后端盖进入电机转子。后端盖上还有油面指示器、壳体压力安全阀、脱扣机构和脱扣机构复位手柄。电机内部油路都在中壳体、主壳体和端盖内。

图 3.21 是 VFSG 外部接口图，表 3.21 为外部接口列表，主要包含 J1、J2 与 J3 三个接口。其中，J1 接口通过电流互感器对 VFSG 的电枢电流进行采样输出；J2 接口提供了旋转变压器与滑油油面传感器的输入和输出引脚；J3 接口提供了励磁机绕组以及两个永磁发电机电枢绕组等输入输出端口。

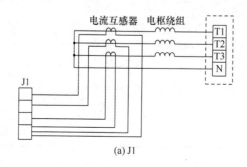

(a) J1

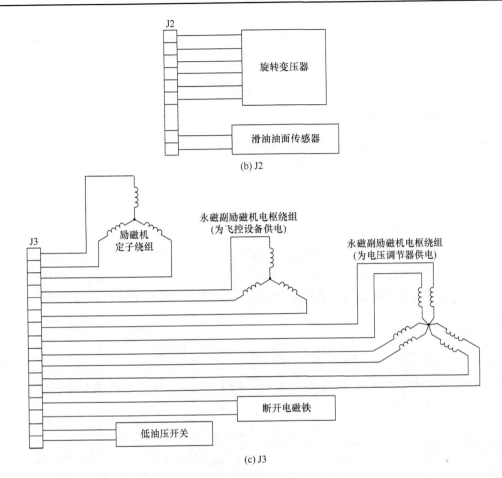

图 3.21 VFSG 外部接口图

表 3.21 VFSG 外部接口

序号	名称	功能
1	滑油入口	接外部散热器
2	滑油出口	
3	压力注油口	
4	溢流口	
5	油滤外罩	
6	壳体压力安全阀	
7	放油口	
8	电连接器 J1	接电流互感器
9	电连接器 J2	接旋转变压器
10	电连接器 J3	接永磁副励磁机

续表

序号	名称	功能
11	电连接器 J4	接磁性探头 ECD
12	接线板	发电机输出 T1、T2、T3
13	吊挂口	
14	脱扣机构复位手柄	
15	油面指示器	
16	剪切颈	防止发动机附件机匣损坏

油冷电机损耗功率 P_l 产生的热量由滑油带走，在带走热量的同时，滑油温度升高，设 VFSG 进口油温为 T_{in}，出口油温为 T_{out}，则油温差为 $\Delta T = T_{out} - T_{in}$。电机总损耗为 P_l 时，滑油流量 Q 增大，则必使油温差 ΔT 减小，故电机损耗 P_l、滑油流量 Q 和滑油温升 ΔT 之间有以下关系：

$$Q = \frac{P_l}{60\gamma C_p \Delta T} \qquad (\text{L / min}) \tag{3.31}$$

式中，γ 为滑油的密度(g/cm³)；C_p 为滑油的比热容(kJ/(kg·℃))；P_l 为电机损耗(kW)。表 3.22 给出了航空滑油 4109 的基本参数。

表 3.22　航空滑油 4109 的基本参数

温度/℃	运动黏性/(10⁻⁶m²/s)	比热容 C_p/(kJ/(kg·℃))	密度 γ/(g/cm³)
50	11.2	1.92	0.958
100	3.7	2.06	0.902

自带油冷系统消耗的功率取决于叶片泵消耗的功率 P_p：

$$P_p = \frac{HQ}{\eta \cdot 60} \qquad (\text{W}) \tag{3.32}$$

式中，H 为泵出口压力(kPa)；Q 为泵打油量(L/min)；η 为泵工作效率。

由带走电机损耗所需油流量表达式(3.32)可见，电机损耗一定时，冷却液的比热容越大，所需油流量 Q 越小，由于滑油的密度远高于空气密度，油冷电机的冷却效果比风冷好很多。若进出口电机液体温差 ΔT 越大，则所需流量 Q 越小，但这必导致电机内部温升提高，不宜选用过小的流量 Q。

在流量 Q 确定后，降低泵出口压力 H，可降低泵消耗功率 P_p。泵出口压力取决于电机内外油路压降和喷嘴将油液变成雾状所需的压力。喷油冷却电机的要点是使电机内腔不积油，电机转子可在油气混合气体中旋转，不宜在油液中旋转。回油泵出口的涡旋室让油在其内腔高速旋转，使油和空气分离，进入油滤的油中所含气体很少。由于回油泵的入口是油气混合体，故泵的实际流量应比上述公式中得到的流量大。

表 3.23 是 VFSG 与外部散热器接口处的油压和流量与电机转速的关系。由于外部散热器和 B787 飞机上的散热器不同，所列数据仅供参考。

表 3.23　VFSG 的出口油压 P_2 和进口油压 P_1 与电机转速关系

电机转速/(r/min)	进口油压 P_1/kPa	出口油压 P_2/kPa	(P_2-P_1)/kPa	流量 Q/(L/min)
4000	339.8	377.2	37.4	22.2
5000	448.6	503.8	55.2	27.4
6000	574.7	650.8	76.1	32.2
7200	645.3	735.4	90.1	34.3
8000	672.9	766.8	93.9	35.4
9000	693.6	790.5	96.9	36.2
10000	712.1	816.6	104.5	37.2
12000	764.4	874.9	110.5	38.5
14000	792.5	905.4	112.9	39.5

3.10　脱机结构和剪切颈

VFSG 的前端盖处有脱机结构，用于将电机转子和发动机附件机匣的传动机构脱开，以免电机发生故障时进一步损坏电机。该电机有两根空心轴，外空心轴用于支承转子和传递扭矩，内空心轴只传递扭矩。内空心轴在传动端与输入小轴啮合，在非传动端有螺纹蜗杆结构，一旦电机低压压力开关 Loop switch 或永磁副励磁机电枢短路，脱机结构的螺管线圈通电，将蜗轮弹出与内空心轴的蜗杆啮合，内空心轴的旋转，迫使内空心轴向非传动端移动，从而使内空心轴与传动端输入小轴脱开，电机转子停止旋转。电机脱扣后不能在空中复位，只能在地面维护人员拉动复位手柄时复位。

在传动端输入小轴上有剪切颈，该处轴的截面积最小，一旦发生电机机械故障，转子卡死时，小轴在剪切颈处被扭断，防止发动机传动机匣损坏。

3.11　本 章 小 结

B787 飞机上的 250kV·A VFSG 是目前世界上单机功率最大的飞机发电机，且具有起动航空发动机的功能，它的一个特点是平均故障间隔时间达 20000h。具有起动功能又自带油冷系统的三级式电机是结构与技术十分复杂的电机，它必须合理又充分地发挥各种材料的潜在性能，以获得高的功率密度和效率。在 VFSG 中占比最大的是主电机，对主电机进行电磁、机械和热应力的完整分析与优化是 VFSG 优化的重点。

双功能起动发电机的另一个特点是励磁机。励磁机在发电工作时为直流励磁，电动工作时为交流励磁，交流励磁时的输入伏安值远大于直流励磁功率，导致励磁机尺寸加大。

B787 VFSG 的励磁机协调了发电和电动两个功能,成功地实现了起动发电双功能。如何更完美地实现它的两种功能还有待进一步研究。

VFSG 的第三个特点是工作转速范围宽广,发电机最高工作转速和最低工作转速之比大于 2,从而导致电机参数的较大变化。该 VFSG 为我们提供了一条合理的思路,发电机用钢量远大于用铜量,电机在 800Hz 时仍有较小的电抗,低速时处于深饱和状态,以致电压调整率仅 16%,以尽量降低高速时的空载电动势。由于该电机发电工作时,绝大部分时间处于高速工作状态,给电压调节器带来了困难,需要设瞬态过压保护器(OVTPU)。

VFSG 采用双壳体,并且外壳体为三分段结构,外壳体材料为铝。这种结构便于电机生产制造和使用维修,也适应自带油冷系统的需要。电机质量达 90 多千克,仍然采用法兰盘方式装到发动机的传动机匣上,工作时一直处于振动条件下,壳体强度和疲劳应力的分析极为重要。

旋转整流器是三级式电机的特有部件,二极管不仅有高的电和热负荷,还要承受高的机械应力。VFSG 的旋转二极管从分立式结构改为模块式结构,采取了有效的冷却方式,简化了外部电路,可靠性得以显著提高。由于电机轴的直径大,模块内外径均较大,该模块能否在更高工作转速(如 24000r/min)下工作值得进一步分析。

250kV·A VFSG 在 B787 飞机上的成功应用,大幅度促进了飞机发电机技术的发展,为大型多电飞机电气系统的发展做出了重要贡献。

第 4 章　发电机控制器和汇流条功率控制器

4.1　发电机控制器和汇流条功率控制器的构成

发电机控制器 GCU 和发电机联合工作, 每台 VFSG 有 1 台 GCU, 每台 ASG 也有 1 台 GCU(称为 AGCU), 另外还有 1 台 RATG 用 GCU, 故 B787 飞机上共有 7 台 GCU, 其硬件结构相同, 也采用接插件的插针编程, 获取与 VFSG 或 ASG 相应的软件。

GCU 由三块电路板构成: A1 板是微处理机板, 将输入信号进行处理后输出; A2 板内有数字调压器、内部电源监控和 A1 板的输入输出信号滤波; A3 板为电源板, 将永磁副励磁机的交流输入电压整流为直流电, 将 28V 直流电转换成所需的不同电压直流电。

全机有两台汇流条功率控制器(BPCU), 互为备份, 其也有三块电路板: A1 板为电源板, 输入 28V 直流电源, 输出离散信号, 控制接触器; A2 板为微处理机板, 输入离散信号和直流模拟信号, 有 TTP/C 通信口 A 和 B; A3 板为微处理机板, 输入交流模拟信号, 有 CDN 通信口 A 和 B。

4.2　发电机控制器和汇流条功率控制器的功能

GCU 的电源主要来自 VFSG 或 ASG 的永磁副励磁机, 永磁副励磁机输出三相交流电, 该三相交流电进入 GCU 转为直流电, 向发电机的励磁机提供励磁, 这样 VFSG 或 ASG 在发电工作时不依赖于飞机上的其他电源而能独立工作。GCU 输入的 28V 直流电作为辅助电源, 仅用于控制, 不向发电机提供励磁功率。

GCU 的主要功能是:

(1) 调节发电机调节点的电压。

(2) 控制励磁继电器 GEC1、GEC2、GEC3, 发电机断路器(GCB), 汇流条连接断路器(BTB), 发电机中线继电器(GNR)。GEC1 是单相交流电器, GEC2 是三相交流接触器, VFSG 或 ASG 电动工作时采用 GEC1 和 GEC2, 发电工作时接通励磁电路采用 GEC3, 如图 3.10 所示。

(3) 进行自检测。

(4) 和 BPCU 通信, 通信系统数据总线为 TTP/C。

(5) 配合 BPCU、CMSC 和 EEC 实现航空发动机的电起动或 APU 的电起动。

(6) 对本发电通道实现故障保护和故障信息存储。

(7) 配合 BPCU 对 235Vac Bus 实现电源优先级转换。

图 4.1 是 GCU 和外部电路与设备间关系图, 图 4.1(a)为 L1 GCU、L2 GCU 和 L AGCU 信号交联的图, 图 4.1(b)为 R1 GCU、R2 GCU 和 R AGCU 信号交联的图。

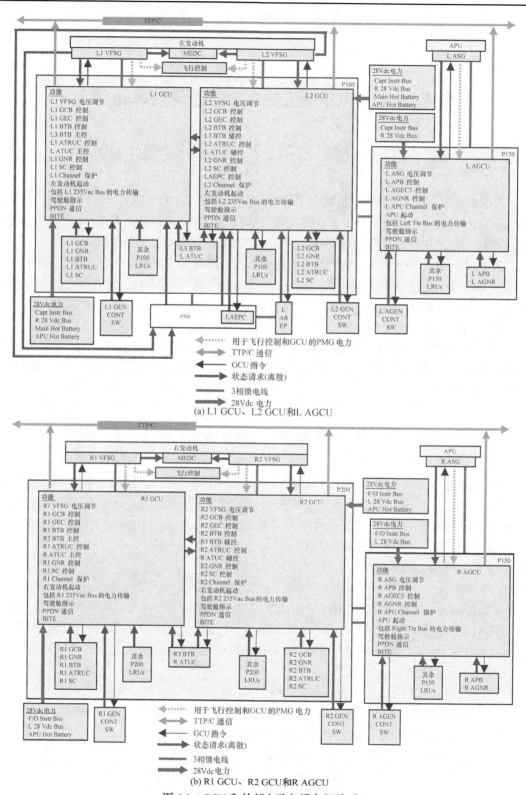

(a) L1 GCU、L2 GCU和L AGCU

(b) R1 GCU、R2 GCU和R AGCU

图 4.1　GCU 和外部电路与设备间关系

观察 L1 GCU，其控制对象为 L1 VFSG，VFSG 中永磁副励磁机的一组独立三相交流电向飞行控制系统供电。GCU 的数据总线为 TTP/C(有时也称为 PPDN 总线)。L1 GCU 输入有 4 路 28Vdc 电源。L1 GCU 控制的继电器和接触器不在 GCU 内部，而是在 P100 配电箱内。L1 GCU 的手动开关 L1 GEN CONT SW 在飞行员前控制板 P5 上，开关上有显示灯。L1 GCU 还和 P100 配电箱内的 LRU 有关联。L3 BTB 和 L ATUC 两个接触器是 L1 GCU 和 L2 GCU 联合控制的，一个为主控，另一个为副控。P700 配电箱内的 ATRU 和 CMSC 在左发动机起动时和 GCU、BPCU 配合工作。

L2 GCU 除有 L1 GCU 的上述关系外，还是左后外电源 L Aft EP 的控制器，用于控制 LAEPC 和对该外电源实现保护。

汇流条功率控制器(BPCU)的主要功能是负责管理飞机电源系统和用电设备，与飞行控制台的接口和汇流条的电源转换。

BPCU 是飞机电源系统和飞机的飞行控制台及飞机其他系统间的通信接口，通过航空电子全双工以太网(AFDX)和公共计算机(CCR)连接，AFDX 总线又称 CDN 总线。

BPCU 和 GCU 间用 TTP/C 总线通信，GCU 发送的数据有上电时 GCU 的硬件和软件组态、GCU 控制的继电器和接触器的状态信息、GCU 所在发电通道的电压和电流、初始测试时的 BIT 信息、发电通道的健康管理和故障信息。BPCU 发向 GCU 的信息有发动机电起动时系统架构指令、汇流条电源转换指令、负载管理指令、初始 BIT 指令。

BPCU 通过 CCR 实现电源系统的健康管理，BPCU 将所有发电、配电箱的健康信息、故障数据和 BIT 信息送 CCR。CCR 又将电源信息送飞行员仪表板上的 EICAS 和 MFD。

BPCU 是航空发动机和 APU 发动机起动控制的主要控制器之一。

BPCU 和 GCU 联合实现 235Vac Bus 的电源优先级转换。

BPCU 的负载管理包括地面作业时的负载管理、地面服务时的负载管理和飞行过程中的负载管理。BPCU 收集所有正在使用的负载并和当前的电源可用容量进行比较分析，使飞机电源稳态时在不过载的条件下运行。

BPCU 对 115Vac 汇流条、28Vdc 汇流条和应急电源汇流条进行监控、故障保护和故障信息存储与发送。

BPCU 对左前、右前外电源进行监控和故障保护。

图 4.2 是左右 BPCU 的接口关系图，BPCU 通过 CDN 总线与 CCR 接口，通过 TTP/C 总线与 GCU 接口。BPCU 还接收燃油开关(Fuel Cut Off Switch)状态信息，接收 P100、P200、P150、P300 和 P400 中接触器继电器的状态信息。L BPCU 还直接控制 L BSB 等 8 个电器并接收状态信息。R BPCU 控制 R BSB 等 8 个电器并接收状态信息。在 8 个电器中 L BSB 等 5 个是 L BPCU 和 R BPCU 共同控制的，一个 BPCU 为主控，另一个 BPCU 为副控。

左、右外电源 L Fwd EP 和 R Fwd EP 入口有专门的 TRU 向 BPCU 提供 28V 直流电。

L BPCU 监控主蓄电池、左前外电源开关 L Fwd EP SW 的状态。L BPCU 还监控燃油加注开关的状态、P300 配电箱内元件的控制和状态。

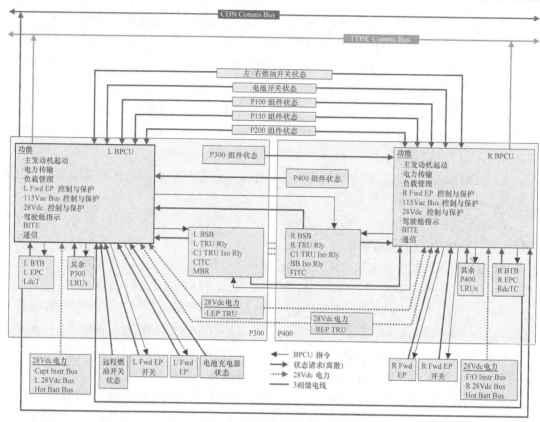

图 4.2　BPCU 的接口关系

　　L BPCU 由 3 条 28Vdc 电源汇流条余度供电。R BPCU 也为余度供电。

　　图 4.3 是 GCU、BPCU、CCR、P5 控制板和多功能显示器间的通信网络。由图可见，GCU 与 BPCU 间的数据总线为 TTP/C，在此总线上还有二次电源配电箱 SPDU 和在 P100、P200、P300、P400、P150 配电箱内的电气负载控制器 ELCU。ELCU 有两种：ELCU_C 和 ELCU_P。ELCU_C 为通信用 ELCU，有 TTP/C 通信口，ELCU_P 用于驱动和保护相应的接触器与馈电线。ELCU_C 与 ELCU_P 间用 CAN 总线通信。

　　BPCU 与 CCR 间的通信总线为 CDN。CCR 通过远程数据集中器(RDC)接收传感器的信号。CCR 通过图像总线与多功能显示器连接。

　　CCR 经过 CDN 网络开关和数据集中器 RDC 与通用电动机起动控制器 CMSC 等电机控制器通信，经网络开关和远程配电箱 RPDU 通信。RPDU 有两种，Gateway RPDU 与 CCR 间通信总线为 CDN，Gateway RPDU 与 RPDU 间通信总线为 TTP/C 总线。

　　B787 的飞机电气系统内有两种网络，即电力网络和通信网络，两者间通过微处理器连通，使整个飞机电气系统可不依赖于飞行员自动运行，在 P5 控制板上有 VFSG、ASG、蓄电池和外电源开关，飞行员可通过 P5 控制板操控这些电源。

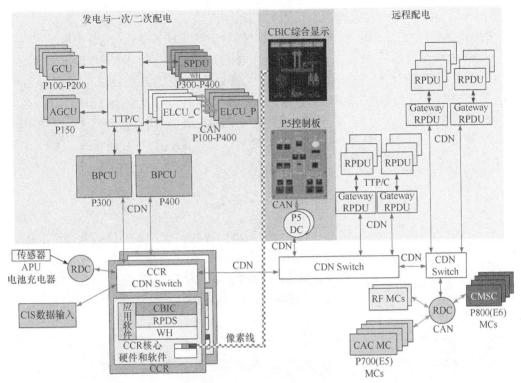

图 4.3　GCU、BPCU、CCR 和 P5 控制板多功能显示器间通信

4.3　数字电压调节器

变频交流起动发电机 VFSG、发电机控制器 GCU 和发电机断路器 GCB 等构成 B787 飞机的变频交流发电系统。GCU 的电压调节器检测变频交流发电系统调节点的三相电压并和基准电压比较，通过改变励磁机的励磁电流 I_{ef}，保持调节点电压为额定值。电压调节器(简称调压器)包含以下环节：三相电压检测、数字电压基准、电压误差信号获取、调节器参数计算和末级开关功率放大器等。数字调压器的控制框图如图 4.4 所示。

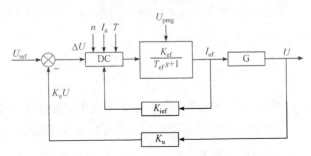

图 4.4　数字调压器控制框图

数字调压器的输入信号除调节点电压 U 之外，还有电机转速 n、负载电流 I_a、滑油入口温度 T。

电压调节器有两个反馈信号：一是励磁电流 I_{ef} 信号，二是调节点电压信号。

电压反馈信号 $K_u U$ 和数字电压基准信号 U_{ref} 之差为电压误差信号 ΔU，电压误差信号 ΔU 与励磁电流反馈信号 $K_{ief} I_{ef}$、转速信号 n、电机负载电流 I_a 和滑油入口温度 T 送微处理器 DC 进行控制参数计算，得到调节器末级开关管 Q_1 的占空比 D，$D = t_{on}/(t_{on}+t_{off})$，其中 t_{on} 为 Q_1 导通时间，t_{off} 为 Q_1 关段时间，通常开关周期 $T = t_{on}+t_{off}$ 在 0.5~1.0ms 范围内。

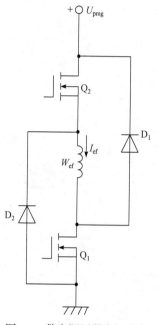

图 4.5 是数字调压器末级功率电路，为不对称半桥电路，在没有大负载突卸时，开关管 Q_2 处于导通状态，仅 Q_1 为脉宽调制工作方式，故有

$$I_{ef} = \frac{U_{pmg}}{R_{ef}} \cdot D \tag{4.1}$$

式中，U_{pmg} 为永磁副励磁机输出桥式整流后的直流电压；R_{ef} 为励磁机励磁绕组的电阻，是工作温度的函数。由式(4.1)可见，在 U_{pmg} 和 R_{ef} 一定时，I_{ef} 和开关管 Q_1 的占空比 D 成正比。

Q_1 导通时，I_{ef} 在 U_{pmg} 的作用下增长：

$$L_{ef}\frac{dI_{ef}}{dt} = U_{pmg} - I_{ef}R_{ef} \tag{4.2}$$

Q_1 关断时，I_{ef} 经二极管 D_1 续流，I_{ef} 下降：

$$L_{ef}\frac{dI_{ef}}{dt} = 0 - I_{ef}R_{ef} \tag{4.3}$$

图 4.5　数字调压器末级功率电路

由于 U_{pmg} 远大于 $I_{ef}R_{ef}$ 的最大值，故 Q_1 导通时的 I_{ef} 增长率比关断时的下降率大得多，即占空比 D 取值较小。L_{ef} 为励磁机励磁绕组电感。

发电机突加负载时，调节点电压下降，$K_u U$ 下降，因 U_{ref} 为数字给定，故 ΔU 为正，调节计算后使占空比 D 加大，I_{ef} 加大，电压恢复。在这个调节过程中，计算占空比的时间越短，I_{ef} 上升速度越快，电压恢复时间也越短，且电压浪涌越小。

突卸负载时，发电机输出电压上升，要求 I_{ef} 快速下降，但因 I_{ef} 下降是在 D_1 续流状态下下降，$\frac{dI_{ef}}{dt}$ 较小，不利于电压恢复。这时当发电机调节点电压高于额定电压的某一值时应使 Q_2 截止，从而使 I_{ef} 经 D_1 和 D_2 续流，有

$$L_{ef}\frac{dI_{ef}}{dt} = -U_{pmg} - I_{ef}R_{ef} \tag{4.4}$$

这时 I_{ef} 在反向 U_{pmg} 电压作用下快速下降，有利于电压快速恢复，末级开关管 Q_1 和 Q_2 同时开通，同时关断，它的缺点是开关管损耗大，励磁电流脉动大。在调节器参数计算中，$\frac{dI_{ef}}{dt}$ 和 $\frac{dU}{dt}$ 计算很重要，实际上一般不直接将 I_{ef} 信号用于调节器计算，而是用 $\frac{dI_{ef}}{dt}$ 和 ΔU，即励磁电流变化率等信号用于调节器占空比计算。

最简单的调节器计算为 ΔU 乘上一个常数 K_p，即 $D = D_0 + K_p\Delta U$，D_0 为负载突变前的

占空比。可见，负载变化大，即 ΔU 大，占空比 D 的变化也大，使电压快速恢复。引入电机转速和负载电流信号的目的是使调节器的控制参数如比例系数 K_p、积分系数 K_i 和微分系数 K_d 随电机转速和负载而改变，因为转速和负载电流直接影响电机模型中的参数。电机参数随转速和负载而变化，要求调节器控制参数同时变化。

由于励磁电流 I_{ef} 和电机转速 n、负载电流 I 和负载功率因数 $\cos\varphi$ 直接相关，在调节点电压为额定值时，I_{ef} 和它们的关系是唯一的，这为占空比 D 的计算提供了有利条件，从而可减小超调和调节过程的多次振荡，加快调节过程，降低电压浪涌。

数字调压器的优点就在于可根据电机的运行状态的变化及时修正控制参数，实现变参数控制。

调压器的另一个重要作用是发电机输出电流的限制和励磁机励磁电流 I_{ef} 的限制。表 4.1 是发电机维修手册中规定的电机相电流和励磁电流的稳态关系。例如，在 $n=8000$r/min，$\cos\varphi=0.85$，$U=235$V 时，若相电流为 337A，则励磁电流应小于或等于 12.88A，若相电流为 372A，则 I_{ef} 可为 14.24A。如果相电流为 337A，$I_{ef}<12.88$A，该电机不合格；同样，相电流为 372A，若 $I_{ef}>14.24$A，电机也不合格。

表 4.1　250kV·A VFSG 励磁电流 I_f 和相电流 I 的关系($\cos\varphi=0.85$)

电机转速/(r/min)	负载状态	励磁电流/A	电压/V	相电流/A
8000	空载	6.6	232～238	0
	额定	12.88～14.24	232～238	337～372
	125%过载	15.44～17.85		421～465
	175%过载	20.38～23.78		540～650
	三相短路	17.9		750～850
	单相短路	8.3		750～850
14000	125%过载	10.48～11.94		426～465
	175%过载	14.51～15.80		590～650
16000	额定	7.07～7.93		337～372

表 4.1 与图 4.6 也为励磁电流的限制提供了依据。VFSG 的最大励磁电流应满足发电机 175%过载要求，即 $n=8000$r/min 时，I_{ef} 限幅值为 23.78A，$n=14000$r/min 时，I_{ef} 限幅值为 15.80A，即 $n=8000\sim14000$r/min 时，I_{ef} 的限幅值为 23.78～15.80A。$n=16000$r/min 时，VFSG 只允许额定输出，I_{ef} 的限幅值明显下降，为 7.93A。

由表 4.1 可见，三相或单相短路时，允许短路电流为 750～850A，但 8000r/min 时对应的励磁电流为 17.9A 和 8.3A，表明 $n=8000$r/min 时仅限制 I_{ef} 并不能限制短路电流，需要检测电机相电流，把检测到的短路电流与允许短路电流比较后送电压调节器，通过减小 I_{ef} 从而限制短路电流。

励磁电流和相电流限制的目的均是让 VFSG 工作于安全区。

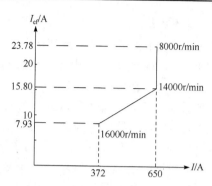

图 4.6　励磁电流 I_{ef} 的最大限制值和发电机相电流的关系

4.4　瞬态过电压限制器

在 B787 的宽变频交流发电系统中设置了瞬态过电压保护器(OVTPU)，本质上，它更确切的名称是瞬态过电压限制器。

飞机恒频交流电源和由 APU 传动的恒速交流发电机中不使用 OVTPU，因为恒速电机设计时空载电压的最大值限制在 145～160V，其额定值为 115V。这时突卸大的负载或电网中发生短路切除导致的瞬态过电压不会超出 145～160V 的范围，过电压发生后在电压调节器作用下，迅速降低励磁电流使电压稳定，国家军用标准要求在 30ms 内电压恢复到额定值。恒频交流电源中的过电压保护用于切除过电压故障。过电压故障是由电压调节器的电压检测线断路或短路导致的，或由电压调节器末级晶体管无法关断导致。其保护特性为反延时特性，过电压越高，保护时间越短，目的是防止用电设备过压损坏。这种反时延特性在瞬态过压的外围，防止瞬态电压导致 GEC3 和 GCB 断开。GEC3 是发电机励磁控制继电器，即 GCR；GCB 是发电机断路器，GCB 是在发电机供电线和电源汇流条之间的电器。

B787 的 250kV·A VFSG 为宽变频交流发电机，频率范围为 360～800Hz。很明显，若该电机仅在 360～440Hz 范围内工作，即转速在 7200～8800r/min 范围内，也不必设置 OVTPU。VFSG 的大负载主要是几种由 CMSC 供电的调速电动机和发动机起动时向 CMSC 供电的第一台 VFSG。由于 CMSC 的软起动和软停电功能，CMSC 对 VFSG 来讲不是一个大的突加突卸负载。B787 飞机上突加突卸的负载功率对 250kV·A 的发电机来讲是较小的，故即使在高转速下突加或突卸这些负载也不会导致大的电压浪涌，显然这也和电压调节器的性能相关。

在 B787 飞机中有大量 235V 和 115V 交流用电设备，它们都由接触器接通和断开，这些设备分布于飞机各处，配电线很长，相对来讲容易发生短路。由于接触器响应慢，一旦发生短路故障，不能迅速切除故障电路，短路导致调节点电压下降，于是电压调节器必加大励磁电流 I_{ef}，以尽量减小电压跌落，这时的 I_{ef} 很可能已达到该转速时的限幅值，短路电流较大，然后接触器保护断开，切除短路故障。当短路故障切除发生在电机高转速时，调节点电压会急剧升高。而电压调节器由于计算延时和励磁机励磁时间常数、发电机励磁时间常数大等因素不可能立即降低发电机的励磁电流，不能快速限制电压的急剧升高，从而危及其他机载用电设备安全。

OVTPU是一台完全由硬件电路构成的调节点电压限制电器,当调节点电压升高到291V时, OVTPU 在 1ms 内使开关管导通, 在调节点接入一个大的负载, 电机电流立即增大, 该电流的电枢反应去磁作用抑制了调节点电压的进一步增长。图 4.7 是两种典型的 OVTPU 主电路。图 4.7(a)是三相半波整流电路、开关管 Q 和负载 R 的组合, Q 导通时流入 R 的电流近似等于相电流的半波, Q 截止时电流为零; 图 4.7(b)由三相桥式整流电路和开关管 Q 构成, Q 导通时相电流自零开始增长, Q 关断时, 相电流为零。这两种电路的开关管 Q 均为脉冲宽度调制工作方式, 当 OVTPU 刚工作时, 占空比接近 1, 当 30～50ms OVTPU 工作终止时, 占空比降到零。这表明接入调节点的等效电阻是不断变化的, 图 4.7(a)中的等效电阻从 R 到无穷大, 图 4.7(b)中的等效电阻从零到无穷大。在 OVTPU 工作的同时, 电压调节器也在工作。由于起始电压为 291V, 调节器的作用是减小励磁电流, 以降低调节点电压。有两种情况, 一种是电压调节器响应快, 在 OVTPU 的占空比未到零时, 调节点电压已恢复到额定值 235V 附近, 这时由于电压恢复, OVTPU 使 Q 的占空比快速降到零, 退出工作。另一种是 OVTPU 已退出, 但调节器尚未使调节点电压恢复到额定值, 还需一些时间才能恢复到额定值。从国家军用标准电能中断时间不大于 50ms 的要求来看, OVTPU 的工作时间应小于或接近 50ms, 在这段时间内, 调压器能够使调节点电压恢复到额定值。

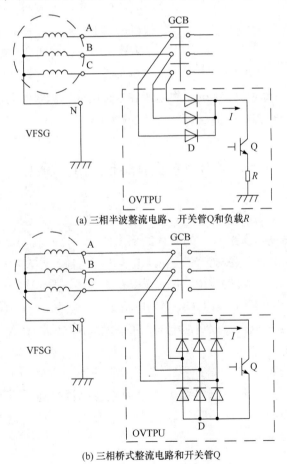

(a) 三相半波整流电路、开关管Q和负载R

(b) 三相桥式整流电路和开关管Q

图 4.7 OVTPU 的主电路原理结构

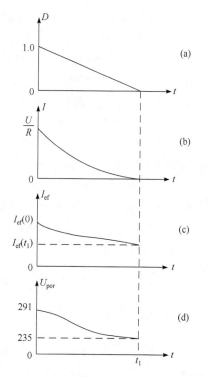

图 4.8　OVTPU 与电压调节器联合工作特性

图 4.8 是 OVTPU 和电压调节器联合工作时相应参数关系。图 4.8(a)为开关管占空比的变化曲线；图 4.8(b)是通过 OVTPU 开关管的平均电流随时间的变化；图 4.8(c)是 I_{ef} 的变化，其滞后于 OVTPU 开关管平均电流的变化；图 4.8(d)是调节点电压的恢复过程。由此可见，OVTPU 的加入抑制了瞬态电压的进一步增大，这是其主要功能，电压调节器无法实现这个功能。图 4.7(b)的优点是省去了电阻负载，在 Q 导通时发电机的电流是瞬态短路电流，主要为无功分量，故能更有效地抑制发电机的电压升高。图 4.7(a)的不足是三相半波整流导致发电机电枢电流中有直流分量，引起转子损耗加大。

OVTPU 在宽变频交流发电机高速工作时才投入使用，是一种电源系统新设备，已有一些文献讨论其工作原理。若采用接触器代替开关管，是不合理的。现有快速接触器的动作和释放时间在 5ms 左右，且不易在脉宽调制方式下工作，从而使 OVTPU 的工作时间达到 200ms，发电机在这段时间内均在低电压下工作，严重损害了供电电能品质，难以满足高性能飞机供电系统的实际需求。

4.5　发电机控制器控制的接触器

发电机控制器 GCU 不仅控制 VFSG 的 3 个励磁继电器 GEC1、GEC2 和 GEC3，还控制发电机断路器 GCB 等开关装置，如表 4.2 所示。

GCU 不仅控制接触器，还对汇流条和馈电线进行监控，如表 4.3 所示。

图 4.9 是控制 VFSG 的接触器电路图，图中有 6 个接触器，其中 GEC3 为发电机励磁控制继电器，GCB 为发电机断路器，GNR 为发电机中线继电器。3 个电器在发电工作时接通。

GEC1 和 GEC2 是交流励磁控制继电器，SC 是起动接触器，在 VFSG 电动工作时接通，GNR 在电动工作时断开。

这 6 个接触器均有 2 个线圈，一个线圈为起动线圈，另一个线圈为保持线圈。起动线圈匝数少、电流大，在该电器刚工作时通电，电器接通后其一对辅助触点即将它断开，同时保持线圈通电，保持线圈匝数多、电流小，维持电器持续导通，消耗的功率小。

表 4.2 GCU 控制的接触器

L1 GCU	L1 GCB	R1 GCU	R1 GCB
	L1 BTB		R1 BTB
	L3 BTB(p)		R3 BTB(p)
	L ATUC(p)		R ATUC(p)
	L1 ATRUC		R1 ATRUC
	L1 GNR		R1 GNR
	L1 SC		R1 SC
L2 GCU	L2 GCB	R2 GCU	R2 GCB
	L2 BTB		R2 BTB
	L3 BTB(s)		R3 BTB(s)
	L ATUC(s)		R ATUC(s)
	L2 ATRUC		R2 ATRUC
	L2 GNR		R2 GNR
	L2 SC		R2 SC
	LAEPC		
L AGCU	L APB	R AGCU	R APB
	L GNR		R GNR
	L ASC		R ASC

注：(p)表示 GCU 主控的接触器；(s)表示 GCU 副控的接触器。

表 4.3 GCU 监控的汇流条和馈电线

L1 GCU	L1 VFSG 馈电线	R1 GCU	R1 VFSG 馈电线
	RTB		LTB
	L ATU 输入侧		R ATU 输入侧
	L1 235Vac Bus		R1 235Vac Bus
	L2 235Vac Bus		R2 235Vac Bus
L2 GCU	L2 VFSG 馈电线	R2 GCU	R2 VFSG 馈电线
	LTB		RTB
	LAEP 馈电线		R ATU 输入侧
	L ATU 输入侧		
	L1 235Vac Bus		R1 235Vac Bus
	L2 235Vac Bus		R2 235Vac Bus
L AGCU	L ASG 馈电线	R AGCU	R ASG 馈电线
	LTB		RTB

这些电器除有主触点外,还有多对辅助触点,其中一对用于向 GCU 报告本电器的状态。有的还用于互锁,如 GEC2 得电线圈通过 GEC3 的辅助触点构成回路,若 GEC3 工作,即 VFSG 处于发电状态,GEC2 就不可能接通,GEC2 仅在电动时才工作。

起动接触器 SC 不受 GCU 控制,仅由 CMSC 控制。

GEC3 是发电工作励磁继电器,其接通应同时满足三个条件:永磁副励磁机频率≥ 1055Hz(对应发电机频率为 352Hz);P5 控制板上的发电机控制开关(GCS)已接通;发电机和

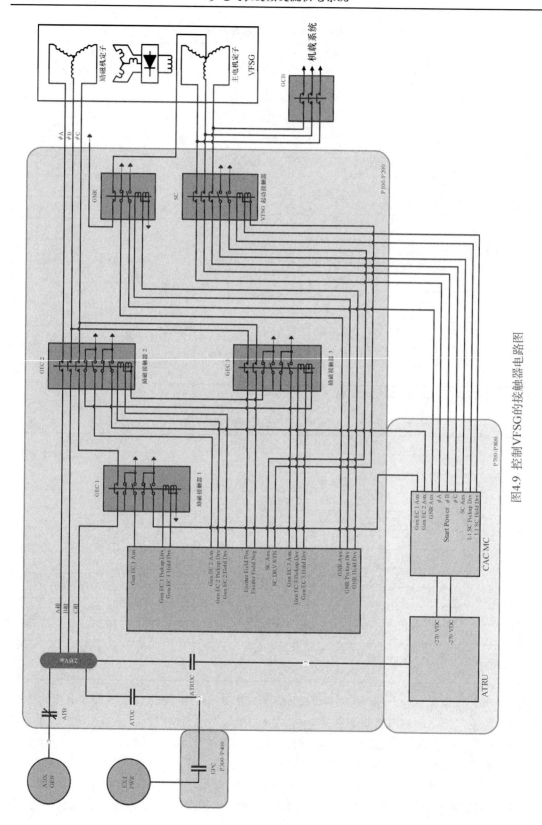

图4.9 控制VFSG的接触器电路图

GCU 没有故障信号。GEC3 在以下任一条件满足时即断开：电压调节器故障或未工作，永磁副励磁机频率小于 1020Hz 或发电机 GCU 出现故障。

GNR 为常闭型电器，仅当起动航空发动机信号出现和永磁电机频率≤825Hz(相当于电机转速 5500r/min)时断开。GNR 在起动航空发动机失效或永磁副励磁机频率≥1050Hz(n=7000r/min)时接通。

GCB 为常开型电器，仅当电机转速 $n \geqslant$ 7200r/min，发电机输出电压为 235_{-2}^{+3} V，电机相序为 ABC 时，才能接通。GCB 的断开条件为发电机或 GCU 发生故障，GEC3 断开或发电机控制开关 GCS 断开。

4.6　235Vac 汇流条的电源转换

B787 飞机上有 6 条 235Vac 电源汇流条，相应地有 4 台 VFSG 和 2 台 ASG。飞机在空中飞行时，只要这 6 台发电机中有一台正常工作，这 6 条汇流条上均有电能供给。

为了讨论方便，仅以 L1 235Vac 汇流条为例说明其电源的转换。汇流条电源转换由 GCU 和 BPCU 共同完成，参看图 2.1(b)。

4 台 VFSG 均正常发电时，分别向 L1 235Vac Bus、L2 235Vac Bus、R1 235Vac Bus 和 R2 235Vac Bus 供电，4 条汇流条间的 BTB 均处于断开状态，这是最基本的发电模式。

一旦 L1 VFSG 故障，L1 GCU 即断开它的 GEC3 和 L1 GCB，使 L1 VFSG 与 L1 235Vac Bus 隔离。L1 GCU 同时将 L1 VFSG 的故障信号报 BPCU，若此时 APU 处于运行状态，则 BPCU 即刻向 R AGCU 发送指令，让 R APB 接通，同时给 L1 GCU 发指令接通 L1 BTB，L1 BTB 接通后，L1 235Vac Bus 即由 R ASG 供电。此时 L2 235Vac Bus、R1 235Vac Bus、R2 235Vac Bus 仍由 L2 VFSG、R1 VFSG 和 R2 VFSG 供电，见图 4.10。

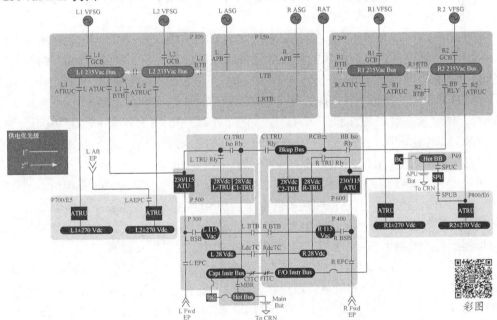

图 4.10　L1 235Vac Bus 由 R ASG 供电路线

　　图4.10中R ASG向L1 235Vac Bus供电有2条线路,一条是绿色路线,这是飞机在空中的供电方式。另一条黄色路线是飞机在地面时R ASG的供电通道,这时要求R ASG同时向4条235Vac Bus供电,BPCU向4台VFSG的GCU发送指令,断开各发电机的GCB,并接通连接235Vac Bus的6个BTB,构成了黄色回路。

　　若R ASG未工作或发生故障,则应由L2 VFSG向L1 235Vac Bus供电。L1 VFSG失效,L1 GCB断开后,L1 GCU向BPCU报告,BPCU向L1 GCU和L2 GCU发送指令接通L3 BTB,L2 235Vac Bus即向L1 235Vac Bus供电。因L3 BTB可由L1 GCU和L2 GCU控制,若L1 GCU无故障,则由L1 GCU接通L3 BTB;若L1 GCU故障则可由L2 GCU接通L3 BTB。L2 VFSG同时给L1 235Vac Bus和L2 235Vac Bus供电,必要时BPCU应卸去一些用电设备,防止L2 VFSG过载。

　　在L2 VFSG向L1 235Vac Bus和L2 235Vac Bus供电时,若APU起动,R ASG发电。此时R AGCU向BPCU发送R ASG工作正常信息,BPCU发送指令给L1 GCU、L2 GCU和R AGCU,断开L3 BTB,接通R APB和L1 BTB,系统又恢复R ASG向L1 235Vac Bus供电,L2 VFSG仅向L2 235Vac Bus供电。R ASG供电后BPCU又将调整用电设备。

　　若L1 VFSG、L2 VFSG、R ASG均故障退出,则BPCU向L2 GCU和R AGCU发送指令,接通L APB和L2 BTB、L3 BTB,由L ASG向L2 235Vac Bus和L1 235Vac Bus供电。如果L ASG不工作,则BPCU向R2 GCU和L1 GCU发送指令,让R2 GCU接通R2 BTB,L1 GCU接通L1 BTB,R2 VFSG此时既向R2 235Vac Bus供电,也向L1 235Vac Bus供电。在这种情况下,L ASG和R2 VFSG向L1 235Vac Bus供电的优先级相同,最好是让L ASG向L1 235Vac Bus供电。

　　若R ASG、L ASG和R2 VFSG发生故障,L1 235Vac Bus只能由R1 VFSG供电,BPCU命令R1 GCU、R2 GCU和L1 GCU接通R3 BTB、R2 BTB和L1 BTB,使R2 235Vac Bus和L1 235Vac Bus都由R1 VFSG供电。

　　由此可见,VFSG和ASG这6台发电机均可向L1 235Vac Bus供电。相似的,任一235Vac Bus可由任一发电机供电。电源的转换必须按优先级排序,某一号的VFSG向其相应的235Vac Bus供电的优先级最高。其次是ASG向故障电源的汇流条供电,因此APU系统最好处于热备份状态。由图4.10可见,若L1 235Vac Bus失电或R2 235Vac Bus失电时,由R ASG补充供电最简单,只需接通一个BTB,同样,若L2 235Vac Bus或R1 235Vac Bus失电,由L ASG供电最简单,也只需接通一个BTB。可见ASG作为第二优先级电源是合理的。仅当APU故障时,才用其他的VFSG向失电的235Vac Bus供电。

　　可以看到,ASG作为第二优先级的电源向故障VFSG的235Vac Bus供电时,不会影响其他三个发电通道的供电,这说明这种情况下,BPCU可以不必卸去次要用电设备。这表明若同时出现2台VFSG故障,但APU正常,则B787的电源系统仍将像4台VFSG都正常时那样运行,说明了B787飞机上应用APU发电系统的意义和价值。

　　APU发电系统的缺点是其发电功率受工作高度的影响,飞得越高,允许发电功率越低,故在APU发电时,BPCU的负载管理仍是必需的,特别当APU失效,由1台VFSG向2条235Vac Bus供电时,或飞机上仅一台VFSG正常时,负载管理就更重要了,发电系统不允许长期过载。

若飞行时 APU 不工作,则当发生三台 VFSG 故障时,系统自动起动 APU,让 ASG 发电并向故障发电机的 235Vac Bus 供电。

从上面的电源管理和 235Vac 电源架构的多种重构方案可见,只有在 GCU 和 BPCU 正常时,这些方案才能实现。这两种电器的可靠性必须足够高,这里 L3 BTB 和 R3 BTB 分别由 L1 GCU、L2 GCU 和 R1 GCU、R2 GCU 同时控制,这也是一个提高可靠性的双余度措施。由于 BPCU 的重要性,故 BPCU 内有 2 台处理器,可以互为备份,同时机上有左右 2 台 BPCU,也可互为备份。

4.7　变频交流发电系统的故障保护

变频交流发电系统的故障包括电机的故障、GCU 的故障和馈电线的故障。故障检测和保护用以防止故障的扩大危害飞机和发动机的安全,也防止发电系统自身的更大毁坏。故障信息存储和诊断是为了分析导致故障的原因与便于维修。

变频交流发电系统的主要故障有:

(1) 过电压;

(2) 欠电压;

(3) 相序错误;

(4) 直流分量过大;

(5) 开相故障;

(6) 频率过高;

(7) 频率过低;

(8) 旋转整流器故障;

(9) 短路差动保护;

(10) 并联馈电线开路故障;

(11) 持续并联故障;

(12) 汇流条过流故障;

(13) 连接汇流条短路故障;

(14) 发电机油冷系统低油压故障;

(15) 电机轴承故障;

(16) GCU 故障等。

1. 过压保护

VFSG 发电运行时本身不会过压,过压的原因是电压调节器检测线断开或短路,或是数字调压器的开关管 Q_1 短路,或是数字调压器输出高电平使 Q_1 处于常通状态。检测线的开路或短路使调压器误认为 VFSG 电压低了,调压器有必要加大励磁电流 I_{ef},使 VFSG 的调压点过压。Q_1 一直处于导通状态也是 I_{ef} 过大的原因。

过电压对用电设备危害很大,特别是航空电子设备对电压十分敏感。发生过电压时,GCU 应让电压调节器退出工作,并断开 GEC3 和 GCB。过压保护应有反延时特性,即过压越高，保护动作时间应越短。合理确定过压保护的动作电压和在此电压时的保护动作延时十分重要，要防止发电机突卸负载或短路切除后电压瞬时上升时断开 GEC3。过压保护同时检测发电机三相电压，以最高相电压作为动作电压点，VFSG 过压保护(常用 OV 表示过电压)动作电压为 240V，延时为 2.8s。表 4.4 是 OV 保护的反时延特性。

表 4.4　过压保护反时延特性

序号	过电压/Vrms	延时/s
1	320	0.03
2	310	0.05
3	300	0.1
4	290	0.2
5	280	0.4
6	270	0.6
7	260	1.0
8	250	1.75
9	240	2.8

2. 欠电压保护

电压调节器末级开关管 Q_1 开路或其驱动信号失去，VFSG 励磁机励磁电路开路或电枢电路开路或发电机励磁绕组与旋转整流器连接断开，都是导致欠电压故障的原因。

欠电压保护也是通过检测三相电压，在一相电压小于 216V 延时 4.5s 后断开 GEC3 和 GCU。若此时 VFSG 输出电流大于 620A 的过流状态，则欠电压保护不应动作。

若此时有欠速保护，欠电压保护也不动作。

如果电压恢复到 224^{+4}_{-3} V，保护即复位。

3. 相序保护

GCU 在电压调节点(POR)处检测发电机上电时的电压相序，若不是 A、B、C 相序，则 GCU 不闭合 GCB。

4. 直流分量保护

理论上，VFSG 本身不会产生直流分量，当负载为线性时，无论阻性、感性或容性，均不会导致直流电。TRU 是一个带有输出整流桥的电器，正常工作时，虽然整流桥中的二极管为非线性负载，但对于桥式整流电路，TRU 的变压器副边绕组没有直流分量电流。若整流桥中有一只二极管开路或短路，整流桥进入不对称运行状态，变压器副边就有直流电流分量流动，但因 TRU 的变压器为有原副边的双绕组隔离变压器，副边绕组中的直流电流不会反射到原边绕组中，故原边绕组中没有直流电流，也不会使 VFSG 三相电枢绕组中出现直流分量。

变频交流供电系统中，ATRU 是自耦变压整流器，自耦变压整流器没有电隔离特性，整流桥的故障会直接导致其三相输入线中出现直流分量，该直流电流进入发电机电枢绕组，将导致转子发热，并使此线路上的电流互感器偏磁饱和而失效。

图 4.11 是三相桥式整流电路的三种工作方式，图 4.11(a)是 6 个二极管均正常时的电压和电流的理想整流波形，直流负载为电阻 R，此时若三相电压为对称正弦波，则三相电流为对称非正弦波，但电流中无直流分量。图 4.11(b)是 D_4 开路时的电流波形，由于 D_4 开路，i_a 只有正半周没有负半周，即 i_a 只有直流分量，交流基波分量减小，因而导致 i_b 和 i_c 中也出现了直流分量。由于三相电流均通过二极管和负载电阻 R，故三相电流仍受电阻 R 大小的限制。

图 4.11(c)是 D_4 短路故障，U_a 为正时，i_a 电流进入整流桥后分为向上和向下两路，向上的一路进入 D_1 管到负载 R，并经 D_6 或 D_2 返回。向下一路则通过 D_6 或 D_2 形成 AB 或 AC 线间短路状态，导致很大的短路电流。于是 i_a 的正半周将远大于负半周，导致大的直流分量。i_a 中大的直流分量也使 i_b 和 i_c 中出现大的直流分量。

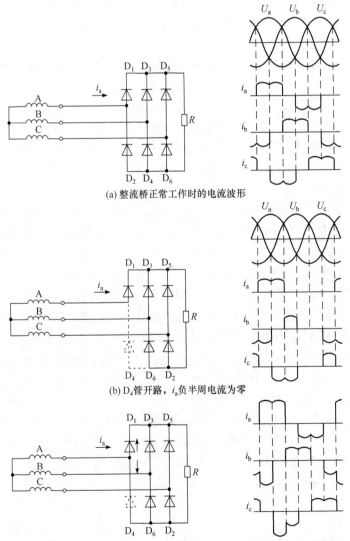

(a) 整流桥正常工作时的电流波形

(b) D_4 管开路，i_a 负半周电流为零

(c) D_4 管短路，U_a 正半周时发生AB或AC相短路(图中忽略电机瞬态短路过渡过程)

图 4.11　三相桥式整流电路理想电流波形(电阻负载)

相电流的直流分量只能用霍尔电流传感器检测，GCU 检测到单相直流分量大于 50A 时延时 175ms 断开 GEC3、GCB 和与该 235Vac Bus 相连的 BTB，从而使该 VFSG 发电通道退出网络。事实上，从故障原因分析，由 ATRU 导致的直流分量过大的更合理保护方法是断开故障 ATRU 的 ATRUC，而不是切除 GCB。GCB 和 BTB 的断开会使该 235Vac Bus 失电，接于该汇流条上的所有负载都停止工作，而仅切除故障 ATRU，只是切除了该 ATRU 供电的 ±270Vdc Bus。

5. 过流保护

过流保护分为两种情况：一种是该发电通道单独工作时，即连接该 235Vac Bus 的两只汇流条连接断路器(BTB)处于断开状态；二是该发电通道不仅给自己的 235Vac Bus 供电，还向其他的 235Vac Bus 供电，这时与该 235Vac Bus 连接的 BTB 至少有一只是接通的。

过流保护电流互感器检测发电机的每相电流，当其中最高相电流超过或等于保护动作值时执行保护。

单发电通道的过流保护动作电流为(375±15)A，当过流超过 620A 时，屏蔽欠电压保护。过流保护最长动作时间为 330s，最小动作延时为 5.1s。发生过流后，GCU 先断开 ATUC，若 ATUC 断开后过流消失，则保护电器不再动作。若 ATUC 断开后，100ms 时过流仍存在，则 GCU 断开 ATRUC，若 ATRUC 断开后过流消失，则说明过流由 ATRU 导致，于是应恢复 ATUC 使其接通，过流保护完成。若 ATUC 和 ATRUC 均断开时仍有过流，则延时 100ms 后必须断开 GEC3 和 GCB。这种保护方式的目的是找到过流的原因并给予保护。

若该发电通道还向其他的 235Vac Bus 供电，过流保护的动作电流仍为(375±15)A，若过流值达 620A，应屏蔽低压保护功能。一旦发生过流，GCU 先断开 Ring Bus(即连接 ASG 的连接汇流条)上的 BTB，若过流消失，系统即恢复正常。若 Ring Bus 的 BTB 断开后仍有过流，则延时(100±20)ms 后断开 Tie Bus 上的 BTB(即连接另一 235Vac Bus 的 BTB)，若该 BTB 断开后过流消失，则表示过流由此导致，则 GCU 再接通 Ring Bus 的 BTB，过流保护结束。若 Ring Bus 和 Tie Bus 上的 BTB 均断开，延时(100±20)ms，过流仍未消失，则 GCU 断开 ATUC，考察过流是否消失，若消失，表示过流由此产生，则 GCU 接通 Tie Bus 上的 BTB 和 Ring Bus 上的 BTB，过流保护结束。若两个 BTB 和 ATUC 断开后过流仍存在，则再延时(100±20)ms 后断开 ATRUC，若 ATRUC 断开后过流消失，表明过流由 ATRU 导致，GCU 再接通 Tie Bus、Ring Bus 上的 BTB 和 ATUC，系统恢复正常供电。若过流故障仍存在，则 GCU 只能断开 GEC3 和 GCB。

由此可见，过流保护的目的是首先找到并排除故障点，仅当该发电通道的外电路上的几条负载通道均切除后仍有过流才断开 GEC3 和 GCB，使该发电机从电网上切除。

对 VFSG 的过载能力要求(175%过载，5s)的一个原因就是排除过流故障。排除过流故障比直接切除发电机要合理得多。

6. 开相保护

发电机开相保护主要用于保护三相用电设备，也保护 VFSG 本身，缺相运行的发电机形成大的逆序磁场，导致电机转子发热。

发电机电流互感器检测三相电流。若最小相电流小于 11A，而第二小电流的相电流大于 55A，电流差大于 44A，延时 4s 断开 GEC3 和 GCB。

7. 发电机内电流互感器检测线开路故障保护

若发电机内某相电流互感器的电流小于 11A，而同相在 GCB 侧馈电线上的电流互感器电流大于 30A，则表明该相发电机内的电流互感器送到 GCU 的信号线中断，GCU 应在 70ms 内断开 GEC3 和 GCB。

8. 旋转整流器短路故障保护

旋转整流器是三级式飞机发电机中机械和热负荷大而又较脆弱的器件，二极管的故障主要是短路故障。

由图 4.11(c)可见，三相桥式整流电路中任意一个二极管的短路必导致电机三相电枢绕组中出现直流分量。在 D_4 管短路时，A 相励磁机电枢绕组中的直流分量是 B 和 C 相绕组中直流分量之和，如图 4.12(a)所示。电枢绕组中直流电流分量导致直流电枢磁场，如图 4.12(b)所示，图 4.12(c)是三相电枢直流磁场的合成。该直流磁通 ϕ_{abc} 相对电枢是不旋转的，但励磁机电枢本身是以转速 n 旋转的，该旋转磁场必在励磁机励磁绕组中感应出频率为 f_{ef} 的电动势：

$$f_{ef} = \frac{p_{ef}n}{60} \tag{4.5}$$

式中，p_{ef} 为励磁机的极对数。感应电动势的大小 $E=C_e\phi_{abc}n$，式中，C_e 为励磁机励磁绕组的电动势常数，C_e 和励磁机励磁绕组匝数成正比。

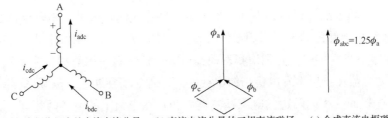

(a) 励磁机电枢绕组中的电流直流分量   (b) 直流电流分量的三相直流磁场   (c) 合成直流电枢磁场

图 4.12 整流桥 D_4 短路时在励磁机三相电枢绕组中的直流电流分量和直流磁场

图 4.13 是电压调节器的末级电路。在旋转二极管发生短路后，励磁机励磁绕组中多了一个交流电动势 E，如图 4.13 所示。在电动势 E 的负半周，电动势 E 经 D_1、D_2 管整流为直流电给电容 C 充电。在 E 的正半周，E 通过 MOS 管的寄生二极管整流为直流电给电容 C 充电。于是电容 C 的直流电压大于副励磁机整流后的电压 U_{pmg}。GCU 借助检测电容 C 两端电压是否大于 U_{pmg} 来判定旋转二极管的短路故障。

显然电容 C 两端电压和电机转速 n 相关，n 越大，电压越高。故旋转整流器短路故障保护动作电压是电机转速 n 的函数，达动作电压后在 15ms 内切除 GEC3 和 GCB。

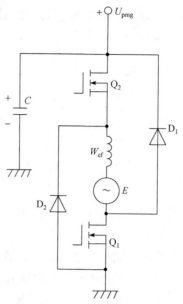

图 4.13　电压调节器在旋转二极管短路时的末级电路

9. 发电机并联馈电线不平衡保护

正常时，发电机各相的两并联馈电线的电流相同，若电流差得大，必有一条馈电线有故障。当两馈电线的电流差达 45A 时，说明有一条馈电线故障，应在 2.75s 内断开 GEC3 和 GCB。若是并联馈电线之一开路故障，直接切除 GEC3 和 GCB 是不够合理的。

10. 差动电流保护

发电机中点附近的三相导线中有 3 个电流互感器检测发电机三相电流，VFSG 从发电机输出端到 GCB 输入端的馈电线采用双线并联方式，三相线有 6 根馈电线，在馈电线与 GCB 连接处有 6 个电流互感器，分别检测每根馈电线电流，每一相的相电流为两互感器原边电流之和。差动电流保护用于发电机与馈电线的短路保护。在两组电流互感器间的保护区内，没有短路时电机同一相的两边的电流互感器副边负载电阻上的电压降相同，因为原边电流相同。发生短路时电机侧和 GCB 侧同一相电流互感器副边电压不相同，因为短路发生在电机绕组或馈电线上，导致两侧互感器原边电流不同。VFSG 的 GCU 检测到电流差大于 30A(发电机相电流小于 450A 条件下)，或大于 45A(发电机相电流大于 450A 条件下)时，在 30ms 内断开 GEC3 和 GCB。

两差动保护电路中用的电流互感器置于发电机同一相电路的两端，要求两互感器特性相同，但要两互感器特性完全相同是不现实的，其误差和原边电流相关。原边电流大，互感器的误差也相应增大，为了防止出现误保护，故差动保护按相电流小于或大于 450A 分为两个保护动作电流更为合理，参见图 4.14(a)和图 4.14(b)，图中 R_b 上电压由 GCU 检测。

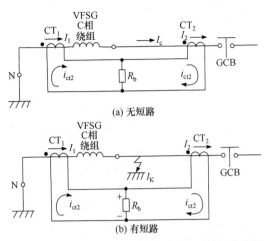

(a) 无短路

(b) 有短路

图 4.14　VFSG 和馈电线差动保护原理(单相线路图)

11. 连接汇流条的差动保护

图 4.14 是 VFSG 和馈电线差动短路保护电路图，图中只画了 VFSG 的 C 相电路。图中 CT_1 是发电机内置于 C 相的电流互感器，CT_2 是馈电线和 GCB 连接处的电流互感器，CT_1 和 CT_2 特性相同。正常时发电机的 C 相电流 I_c 同时通过 CT_1 和 CT_2 的原边绕组，此时 $I_1=I_2=I_c$，故 CT_1 和 CT_2 的副边电流 i_{ct1} 和 i_{ct2} 相等，$i_{ct1}=i_{ct2}$，由于 CT_1 和 CT_2 顺向串联，故 i_{ct1} 和 i_{ct2} 仅在差动保护环路中流动，功率电阻 R_b 上没有电流，$U_{Rb}=0$，GCU 没有差动保护信号输入。

图 4.14(b) 是馈电线或发电机电枢绕组发生短路时的情形，出现短路电流 I_K，此时 CT_1 的原边电流 $I_1=I_c$，CT_2 的原边电流 $I_2=I_c-I_K$，故有 $i_{ct1}>i_{ct2}$，在 R_b 上出现电压降：

$$U_{Rb} = R_b(i_{ct1} - i_{ct2}) = \frac{W_p}{W_s} \cdot R_b i_K \tag{4.6}$$

式中，W_p 和 W_s 是电流互感器原边绕组和副边绕组的匝数。式(4.6)是在两电流互感器没有误差条件下得到的。U_{Rb} 信号送 GCU 用于差动保护。

图 4.15 是连接汇流条差动电流保护电路，ASG 经 APB 向左侧和右侧 235Vac Bus 供电，故 L BTB 和 R BTB 都接通。也可能 ASG 仅向左侧或右侧 235Vac Bus 供电。此时仅一台 BTB 处于接通状态。

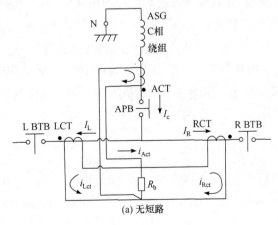

(a) 无短路

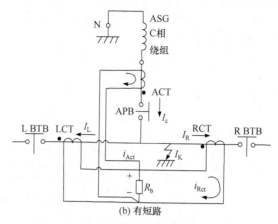

图 4.15　连接汇流条差动电流保护原理

图 4.15(a)是正常工作状态，ASG 向左、右 235Vac Bus 供电，左侧消耗电流为 I_L，右侧负载电流为 I_R，ASG 的 C 相电流为 I_c，有 $I_c=I_L+I_R$。图中的 C 相电路中有三个电流互感器，即 ACT、LCT 和 RCT，若这三个互感器相同，则其副边电流 $i_{Act}=i_{Lct}+i_{Rct}$，由于 i_{Lct}、i_{Rct} 的流动方向与 i_{Act} 相反，故电阻 R_b 上电压为零，即 $U_{Rb}=0$，没有信号送 AGCU。

图 4.15(b)是连接汇流条的 C 相出现接地短路的情形，短路电流 $I_K \neq 0$。ASG 的 C 相电流 $I_c=I_L+I_R+I_K$。由于 $I_K \neq 0$，故三个电流互感器的副边电流关系为 $i_{Act}>i_{Lct}+i_{Rct}$，从而导致 $U_{Rb} \neq 0$，U_{Rb} 正比于短路电流 I_K，使 ASG 的 AGCU 接收到 U_{Rb} 的信号。B787 规定当 $I_K \geqslant 40A$ 时，延时 210ms 断开 ASG 的 APB 和 GEC3。同时发送 TBDP 故障信号给 BPCU，BPCU 向左右发动机控制器发送断开 L BTB 和 R BTB 的指令。当 ASG 仅向左或右 235Vac Bus 供电时，连接汇流条的短路保护和图 4.15(b)类似。

差动保护有两个重要概念：一是差动保护区间，要求尽量拓宽保护区，避免短路发生在保护不到的线段；二是同一相电路用的电流互感器的一致性，避免不一致导致的误保护。差动保护属于短路保护，短路电流足够大后，应快速切除短路点。

12. VFSG 的过频保护

VFSG 的过频保护通过 GCU 检测永磁副励磁机电压的频率，该电机为专用电机，不受电路中各用电设备的影响，且只要电机旋转，总有电压可被检测到，从而可获得发电机的确切频率。B787 的 250kV·A VFSG 永磁副励磁机的极对数为 9，是发电机极对数的三倍。当 $f_{pmg}>2397Hz$(相当于发电机频率为 799Hz)时，延迟 100ms 断开 GEC3 和 GCB。发电机过频是传动发电机的发动机过速导致的，若发动机瞬时过速后又恢复了，则 $f_{pmg} \leqslant 2397Hz$ 时过频保护复位。

13. VFSG 欠速保护

当永磁副励磁机的频率 $f_{pmg}<1083Hz(n<7220r/min)$时，延迟 70ms，GCU 断开 GEC3 和 GCB。若发动机转速又升高，当 $f_{pmg} \geqslant 1095Hz(n \geqslant 7300r/min)$时，GCU 去除欠速保护。

14. VFSG 欠频保护

欠频 UF 保护与欠速 US 保护是一致的。

15. VFSG 火警保护

在 VFSG 附近有 2 只火警传感器，当传感器有信号送至 GCU，且电机转速较低(f_{pmg}≤ (1083±3)Hz 或 f＝(361±1)Hz)时，GCU 断开 GEC3 和 GCB。

16. GCB 不接通故障

GCU 监测 GCB 接通指令、GCB 辅助触点状态和发电机相电流，若接通指令已发，辅助触点已闭合的信号已到 GCU，但在 200ms 时仍未监测到发电机有输出电流，则 GCU 将解除闭合 GCB 的指令。

17. VFSG 滑油压力过低保护

VFSG 的滑油压力过低，必导致滑油流量的减小，散热能力大幅降低，电机温升加大，危及发电机工作安全。

VFSG 内的低滑油压力开关 LOP SW 在低油压时发出信号，送航空发动机数据集中器(MEDC)，参见图 4.16。MEDC 将 LOP 信号经 CAN 总线送至远程数据集中器 RDC，RDC 的信号通过 CDN 总线送至 BPCU，BPCU 又通过 TTP/C 总线送到 GCU。

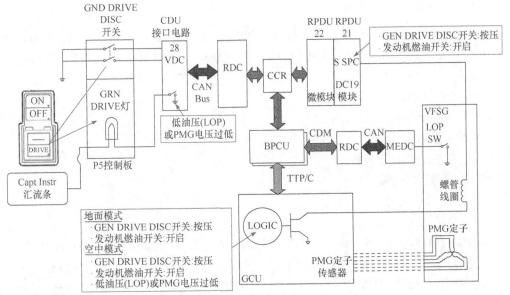

图 4.16　VFSG 滑油压力过低信号传递框图

若发电机非传动端轴承损坏，必导致转子偏心，由于永磁副励磁机气隙较小，转子偏心会导致永磁副励磁机电枢绕组短路，使其电压大幅度降低，表示非传动端轴承有故障，GCU 将通过 TTP/C 向 BPCU 报告轴承故障。BPCU 将低油压故障信号或轴承故障信号通过 CDN 总线送 CCR，CCR 又经 CDN 总线将信号送至电源控制板 P5 和显示器

CDU，CDU 的接口电路上的接地开关接通，使 P5 上的发电机驱动开关的琥珀色信号灯的地接通，该信号灯的电源来自 Capt Instr Bus，灯点燃告知飞行员 VFSG 滑油压力过低，或轴承有故障。

如果飞行员将 P5 上的该发电机脱扣开关接通，该开关接通信号经过显示器 CDU，由 CDN 总线分别通过 RDC、CCR 到 BPCU，BPCU 指令 RPDU 的 SSPC 接通，给脱扣机构的螺管线圈提供 28V 正电，BPCU 给 GCU 发信让 GCU 中的螺管线圈负端接地，于是螺管线圈通电，衔铁动作使脱扣机构断开，发电机停转，同时 GCU 断开 GEC3 和 GCB。

若左侧发电机故障，则 BPCU 指令发送给 RPDU 22；若右侧发电机故障，则 BPCU 指令发送给 RPDU 21。

如果发动机燃油断开开关处于断开位置，则 GCU 禁止脱扣机构断开。

18. 电源持续并联故障

B787 在地面时使用地面电源，若机上有一台发电机投入运行(ASG 或 VFSG)，而此时地面电源未断开，会导致机上电源和地面电源并联。BPCU 检测地面电源的无功功率和有功功率，若无功功率大于或等于 18kvar，或有功功率大于或等于 28kW 时，延时 50ms，BPCU 即断开地面外电源接触器(EPC)、汇流条电源断路器(BSB)和 C1 TRU Iso Rly，BPCU 同时给已运行发电机的 GCU 指令，断开 ATUC，从而切断两电源间的联系。

实际上，也可只切断 EPC，不必如上述那样切断 4 个电器。

19. GCU 故障

GCU 是一个信号处理部件，仅电源模块和电压调节器末级才是功率电路，因电源模块和调压器末级开关管均为脉宽调制工作方式，损耗较小，且 GCU 有风扇冷却，工作温度不高，有高的故障间隔时间。但是 GCU 内部十分复杂，内部故障不可避免，如：

(1) 存储器故障；
(2) 输入输出接口电路故障；
(3) 时钟故障；
(4) 数据和地址总线故障；
(5) 模数和数模转换电路故障；
(6) Watch Dog 故障；
(7) CPU 故障等。

也可能有软件故障，或上电时引脚编程有误，还有 GCU 内部电源的故障等。发现 GCU 发生故障后，需复位发电机控制开关(GCS)，重启系统。GCU 的故障不应导致该发电通道的故障，要求其有故障安全特性。为此，GCU 故障时应中断它控制的继电器接触器驱动电路，使继电器接触器断电，让 VFSG 退出电网。同时解除相应传感器和调压器的工作，中断通信功能等。

由以上保护项目可见，VFSG 发电系统的故障保护项目比恒频交流电源多，各保护项目间是有关联的，本书没有进一步讨论。有的情况下，故障现象在延时动作时间内消失了，就不应再发生保护动作，或保护动作后该故障消失，也应清除该保护。

VFSG 的保护大多数为断开 GEC3 和 GCB，使发电机退出电网。必须防止虚假保护信号使电器动作，保护延时或反延时是防止误保护的重要措施。

4.8　航空发动机的电起动

4.8.1　概述

通常航空发动机电起动时其上的两台 VFSG 同时电动工作，起动电源为 ASG，ASG 将电能送到 235Vac Bus，接通 ATRUC 使 ATRU 输出±270V 直流电，供 CMSC 用。起动右发动机时，R ASG 向 R2 235Vac Bus 供电，R2 ATRU 向 R2 CMSC 供电，让 R2 VFSG 电动工作，同时 L ASG 向 L2 235Vac Bus 供电，L2 ATRU 向 L2 CMSC 供电，让 R1 VFSG 电动工作，共同起动右发动机，左发动机起动时，L1 CMSC 和 R1 CMSC 向 L1 VFSG 和 L2 VFSG 供电。

发动机电起动时工作的控制器有 BPCU、GCU、EEC 和 CCR，电源控制板 P5 上的相应开关和发动机起动控制板上的起动旋钮由飞行员控制。

整个电起动过程不需要飞行员操控，起动过程由多功能显示器显示。起动控制电路框图见图 4.17。

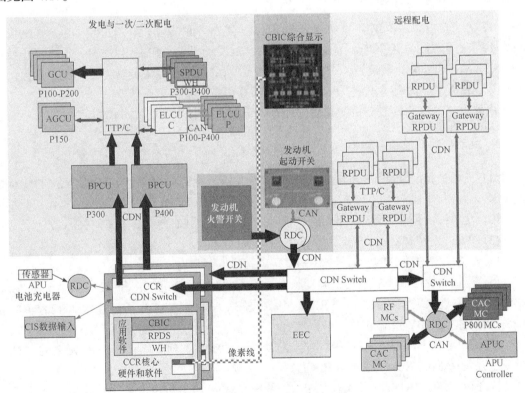

图 4.17　航空发动机电起动控制框图

4.8.2 发动机电子控制器

在起动过程中，发动机电子控制器(EEC)的工作为：

(1) 给 CMSC 发送转矩给定指令；

(2) 控制燃油流量；

(3) 发送发动机点火指令；

(4) 监控起动全过程；

(5) 若发生起动故障，发出停止起动指令；

(6) 起动过程信息送显示器 EICAS 显示。

EEC 向 EICAS 发送的起动信息有：

(1) 燃气涡轮压比 TPR；

(2) 低压压气机转速 N_1；

(3) 排气温度 EGT；

(4) 中间压气机转速 N_2；

(5) 高压压气机转速 N_3；

(6) 燃油流量 FF；

(7) 滑油压力 Oil Press；

(8) 滑油温度 Oil Temperature；

(9) 发动机振动 VIB。

B787 飞机可以装罗尔斯·罗伊斯公司(简称罗罗公司)的发动机，也可装 GE 公司的发动机，不同公司的发动机参数有所不同。罗罗公司的发动机点火转速为 $6\%N_3$，点火终止转速为 $46.7\%N_3$，起动终止转速为 $46.7\%N_3$。而 GE 公司的发动机点火转速为 $15\%N_3$，点火终止转速为 $50\%N_3$，起动终止转速为 $65\%N_3$。N_3 为高压转子最高工作转速。

由此可见，这两种发动机的起动过程有所不同，控制软件也就不相同。

4.8.3 发动机起动过程控制

(1) 飞行员将起动旋钮转向起动位，起动开关信号经 CAN 总线到 RDC，经 CDN 总线到 EEC，再到 CCR、CMSC 和 BPCU。CCR 发送指令给 RPDU 向 EEC 供电。

(2) 发动机火警开关发送 "no fire" 信号给 BPCU、GCU、EEC 和 CMSC。

(3) BPCU 发送 "MES mode" 指令给 GCU 和 CMSC。

(4) BPCU 发送 "RUN" 信号给 CMSC。

(5) 若起动旋钮处于右发动机起动状态，则 GCU 断开 R1 GNR 和 R2 GNR，R2 CMSC 和 L2 CMSC 进入工作状态，接通 R2 SC 和 R1 SC。ASG 向 235Vac Bus 供电，R2 ATRU 和 L2 ATRU 输出 ±270V 直流电。

(6) CMSC 向 BPCU 和 EEC 报告进入发动机起动状态。CMSC 确认 BPCU 发来的"RUN"指令，并发送 MES Ready 信号给 BPCU。

(7) EEC 发送 "RUN" 指令给 CMSC，并向 CMSC 给出转矩指令。如果 EEC 未发出转矩给定指令，则 CMSC 给出最大允许起动转矩工况。CMSC 发出给 VFSG 励磁的信号，BPCU

将此信号送 GCU，GCU 接通 GEC1 和 GEC2，给 VFSG 提供三相励磁，断开 GNR。

(8) CMSC 使 VFSG 电动工作，并向 BPCU 和 EEC 报告进入 MES 状态。在转速 $n<$ 700r/min 时旋转变压器向 CMSC 提供电机转子位置信息，$n>$700r/min 后 CMSC 检测电机端电压进入无位置传感器磁场定向工作模式。如果无位置传感器信息失效，自动转入旋变信息工作状态。此后 CMSC 不断检测电机转速。

(9) 当电机转速达 4000r/min 时，GCU 断开 GEC1，使 VFSG 进入单相励磁工作方式，励磁电压为 400Vac 400Hz。CMSC 不断调整控制电机电流的有效值。当 $n=$6780r/min 时 CMSC 使 DC/AC 变换器输出端电压为零。

(10) CMSC 发信号给 BPCU，VFSG 的励磁可降为零。GCU 接到 BPCU 的指令后即断开 GEC2，断开电机励磁电路。CMSC 同时向 BPCU 和 EEC 报告起动过程终止。

(11) GCU 使 GNR 接通。

(12) EEC 请求起动开关从起动位置回到正常位置。

(13) 起动开关回到正常位置后向 EEC、BPCU 和 CMSC 报告已进入正常位置。

(14) BPCU 向 EEC、CMSC 和 GCU 发送起动终止信号。

(15) CMSC 断开起动接触器 SC。VFSG 此时没有励磁，处于空转状态，飞机电网仍由 ASG 供电。

(16) CMSC 向 BPCU 和 EEC 发送确认起动已结束信号。

(17) 当发电机转速达 7200r/min 时，GCU 接通 GEC3，电压调节器投入运行，使发电机电压达 235Vac，VFSG 进入发电运行模式。

由此可见，整个起动发电过程中，BPCU、GCU、EEC 和 CMSC 不断通过总线交换信息。EICAS 显示起动过程发动机参数，起动过程全自动。

起动过程可进行 3 次，第 3 次结束后，短期内不能再起动。

4.8.4　发动机起动故障保护

发动机起动过程中发生故障，应立即停止起动工作，在 CMSC 复位前不允许其继续工作，故障信息送 EICAS 向飞行员报告故障类型。故障保护项目有：

(1) 过速保护。VFSG 起动航空发动机时转速达 7500r/min，延时 20ms 即停止起动过程。

(2) 欠速保护。起动过程中，电机转速在 200r/min 左右，延时 5s 没有上升时。

(3) 转子锁定保护。电机转速小于 10r/min，15ms 延时内没有上升时。

(4) 起动转矩过大保护。起动过程中转矩达 407N·m，持续时间超过 3min，CMSC 即限制输出电流到 240A。

(5) 反转保护。若发现电机转向相反，当 $n=$50r/min 时延时 100ms 停止起动过程。

(6) 励磁机励磁电流过大保护。在三相励磁时，励磁电流≥20A，延时 1s 保护。两相励磁时励磁电流大于 11A，延时 1s 保护。若励磁电流大于 70A，无论三相励磁还是单相励磁，均延时 50ms 保护。

(7) 电枢电流过大保护。这是反延时保护，过流越大，保护延时越短。若电机相电流达 500A，则保护延时为 100ms；相电流 600A 则延时 40ms；相电流 680A 则延时 10ms；相电流 750A 则延时 50μs。

(8) 励磁电流过小保护。励磁电流小于 4A，延时 10ms 保护。

(9) 相电流不平衡保护。两相电流差达 45A 时，延时 1s 保护。两相电流差达 450A 时，延时 100ms 保护。

(10) VFSG 出口油温过高保护。起动过程中若出口油温达 132℃，延时 2s 保护。

以上 10 项起动保护故障产生原因较复杂，因为航空发动机起动时参与工作的电器很多，无论硬件还是软件的故障均会导致起动进程失效。有的故障原因较易判断，如 VFSG 出口油温过高，肯定是油冷系统或外部散热器出现故障。电机相电流不平衡肯定是 CMSC 的 DC/AC 变换器或电流传感器有故障。

起动故障保护十分重要，持续故障运行会导致 VFSG 故障扩大，CMSC 故障扩大，甚至会影响飞机发动机的安全。

4.9　外电源的监控

4.9.1　概述

B787 飞机的前电气设备舱外部有左右两外电源插板，后电气设备舱左侧有后外部电源插板。插板上有外电源插座和指示灯，插座上有 4 个粗的插针，和地面 90kV·A 电源的插头相配，将地面电源的 115Vac 400Hz 三相四线制交流电引到飞机上。插座上还有 2 根细插针 E 和 F 作为信号接口。插板上的两个信号灯为已连接灯(Connected)和尚未使用灯(Not in Use)。

外电源是飞机停在机场时做起飞前准备的主要电源。

外电源和机上前外电源插板接上后的监控由汇流条功率控制器(BPCU)进行。后外电源通过 L2 GCU 监控。

L BPCU 监控左前外电源，外电源接上后，机上的外电源变压整流器(TRU)将其 115V 三相 400Hz 交流电转为 28V 直流电，作为 BPCU 的电源，BPCU 随即起动工作，同时送 BPCU 的有外电源的三相电压和电流信号。BPCU 检测三相电压，仅当电压、频率和外电源相序均正常时才允许接通外电源接触器(EPC)或相关供电设备。R BPCU 对右前外电源的监控相同。在飞行员前电气控制板 P5 上有 3 个外电源开关，开关上有指示灯。外电源开关的状态通过 CDN 总线送 BPCU，以便飞行员操控外电源。

三个外电源插板后有三个外电源接触器 EPC，前外电源的 EPC 由左右 BPCU 控制，后外电源接触器由 L2 GCU 控制。

外电源插板上的信号灯 Connected 点亮，表示外电源已接到飞机上，Not in Use 灯点亮表示该电源尚未被飞机所使用。P5 上的外电源开关上的指示灯显示可用(Avail)，说明尚未用外电源，仅当显示接通(On)时才表示已使用外电源。

在仅接上一个前外电源时，只能使用以下机上设备：

(1) 飞行操纵台；

(2) 座舱照明和座舱系统(如厕所与厨房通风设备)有限使用；

(3) 电力电子设备冷却系统(PECS)只能使用一个通道。

接有左右前外电源时，机上用电设备增多，有：

(1) 座舱照明；

(2) 厕所和厨房通风设备有限使用；

(3) 乘员娱乐设备有限使用；

(4) 货舱照明和货舱系统主要设备；

(5) 电力电子设备冷却系统 PECS 两个通道均可用；

(6) 氮气发生器(NGS)有限使用；

(7) 电动液压泵有限使用。

以上用电设备的使用均由 BPCU 控制，BPCU 有用电设备自动管理功能，使总用电量不超过外电源允许供电量。

4.9.2　地面作业

B787 在起飞前的第一步工作是进行地面作业(Ground Handling Mode)，即装载货物和油箱加注燃油。

地面作业时前外电源开关不需要拨到 on 位，APU 和发动机均不工作，飞行员不需要进行操作。BPCU 自动接通地面作业所需的接触器或固态功率控制器。若这时起动 APU，则地面作业继续进行，但已不属地面作业模式。

有的地面作业用机上设备不适合在变频交流电源下工作，故地面作业时不宜起动航空发动机。在地面作业时 APU 蓄电池热汇流条不向外供电，主蓄电池的接触器 MBR 不接通，电池处于充电状态。

地面作业时 115Vac Bus、235Vac Bus、28Vdc Bus、Capt Instr Bus 和 F/O Instr Bus 均上电，但不属于地面作业的设备不工作。

地面作业时上电的机上设备有：

(1) 下部显示器；

(2) 左多功能键盘；

(3) 左鼠标；

(4) 公共计算机(CCR)；

(5) 设备冷却风扇；

(6) 发动机和 APU 火警探测器；

(7) 货舱照明；

(8) 货舱舱门作动机构；

(9) 货舱装货设备、照明灯；

(10) 机翼油箱注油控制板；

(11) 电池充电器等。

表 4.5 和表 4.6 列出了地面作业时，BPCU 接通的接触器和继电器，其中 L3 BTB 和 R3 BTB 是 BPCU 指令 GCU 接通的电器，这些电器的接通使左右 115Vac Bus、L1 235Vac Bus、L2 235Vac Bus、左右 28Vdc Bus、Capt Instr Bus 和 F/O Instr Bus 上电。这些汇流条得电使地面作业设备工作，这些设备的工作也由 BPCU 控制，参看图 2.1(b)。

表 4.5　左前外电源供电接通的接触器

接通的接触器	受电设备和汇流条	
L EPC	L ATU	
L BSB		L 115 Vac Bus
L BTB　R BTB		R 115 Vac Bus
R BSB	R ATU	
L ATUC		L1 235 Vac Bus
L ATUC　L3 BTB		L2 235 Vac Bus
R ATUC		R1 235 Vac Bus
R ATUC　R3 BTB		R2 235 Vac Bus
L TRU Rly	L TRU	L 28 Vdc Bus
R TRU Rly	R TRU	R 28 Vdc Bus
C1 TRU Iso Rly	C1 TRU	Capt Instr Bus
C1 TRU Rly	C2 TRU	F/O Instr Bus

表 4.6　两个前外电源供电时接通的接触器

接通的接触器	受电设备和汇流条	
L EPC	L ATU	
R EPC	R ATU	
L BSB		L 115 Vac Bus
R BSB		R 115 Vac Bus
L ATUC		L1 235 Vac Bus
L ATUC　L3 BTB		L2 235 Vac Bus
R ATUC		R1 235 Vac Bus
R ATUC　R3 BTB		R2 235 Vac Bus
L TRU Rly	L TRU	L 28 Vdc Bus
R TRU Rly	R TRU	R 28 Vdc Bus
C1 TRU Iso Rly	C1 TRU	Capt Instr Bus
C1 TRU Rly	C2 TRU	F/O Instr Bus

4.9.3　地面服务

地面作业完成后，机上服务员接通主服务开关板上的地面服务(Ground Service)开关，进入飞机清理等服务工作。

地面服务时，235 Vac Bus、115 Vac Bus、28 Vdc Bus、Capt Instr Bus 和 F/O Instr Bus 均有电，所用负载由 BPCU 按需要接通。

若后外电源插板也接上了外电源，则该外电源经 L2 GCU 监测电能质量和相序正确后，接通 LAEPC，经 L2 ATRU 向 L2 ±270 Vdc Bus 供电，让电动液压泵 L2 EMP 和电动压气机 L2 CAC 工作。该电源也可用于起动左侧发动机，当用 VFSG 起动航空发动机时暂停 L2 EMP 和 L2 CAC 的工作。

断开地面服务开关或外电源故障时中断地面服务。

4.9.4 地面电源常规工作

一个前外电源进入地面作业时，若将另一前外电源的开关接通，可进入地面常规工作模式(Ground General Operation Mode)。在此模式时，235Vac Bus、115Vac Bus、28Vdc Bus、Capt Instr Bus 和 F/O Instr Bus 均有电。

若外电源开关断开或外电源故障，或 APU 的 ASG 投入发电运行，或 VFSG 发电，则地面常规工作中止。

4.9.5 APU 起动电源与起动方式

APU 的起动由其传动的 ASG 电动工作完成。APU 电起动电源有三种：APU 蓄电池、VFSG 的发电工作和前地面电源。飞机在地面时，APU 主要由左或右前地面电源供电起动，ASG 正常发电后，才由其供电起动飞机发动机。

图 4.18 是蓄电池供电起动 APU 的供电框图。APU 蓄电池经 SPU 将 18～33Vdc 电压转为 115Vac 750Hz 三相交流电，经 R2 ATRU 转换为±135Vdc 电压，送原 R2 ±270Vdc Bus，向 R2 EMP MC 供电，R2 EMP MC 也就是通用电动机控制器 CMSC，给 R ASG 提供变频变压交流电，ASG 的励磁由 SPU 提供 750Hz 三相交流电。

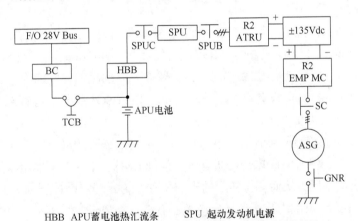

　　HBB APU蓄电池热汇流条　　　SPU 起动发动机电源
　　R2 ATRU 自耦变压整流器　　　R2 EMP MC 通用电动机控制器

图 4.18 蓄电池供电起动 APU 的供电图

由外电源供电起动 APU，外电源向 L1 ATRU 供电，经 L1 CAC MC 向 L ASG 供电起动 APU。通常在外电源常规工作时起动 APU。

VFSG 供电起动 APU 和外电源供电途径相同。

可见，由外电源供电时，115Vac 400Hz 外电源均经 ATU 升压到 235Vac，再经 ATRU 转为±270Vdc 向 CMSC 供电。VFSG 供电起动 APU 时，向 CMSC 供电的电压也为±270Vdc，和由 APU 蓄电池供电时的直流电压差一倍。故由外电源和 VFSG 供电时的 CMSC 控制方式与 APU 蓄电池供电的控制方式不同。

由于 APU 起动的多种方式，保证了 APU 成功起动的可靠性。

APU 起动时用到的控制器有 APU 电子控制器 APUC、APU 发电机控制器 L AGCU 或 R AGCU、汇流条功率控制器 BPCU 和通用电动机起动控制器 CMSC。APU 的燃油供给由公共计算机 CCR 控制，起动过程的图形显示也经 CCR 向多功能显示器发送信息。

APU 的起动时间为 80～130s，包括起动前打开 APU 进气风门的时间。

飞机飞行时若出现 3 台 VFSG 发生故障，APU 将自动起动并投入电网发电。

蓄电池起动 APU 时的 SPU 是一个重要的电能变换设备，将直流电转为 115Vac 360～800Hz 三相变频交流电，额定输出功率为 13.5kW。SPU 内的自检系统仅在自检通过且工作正常后才向 R2 EMP MC 发出信号，接通 SPUB 三相接触器向 R2 ATRU 供电。起动 APU 时，SPU 的输出频率为 750Hz，13.5kW 的一部分向 R ASG 的励磁机的三相励磁绕组供电。由于 ASG 的励磁机为 4 对极，三相对称励磁时励磁机形成的圆形旋转励磁磁场转速为 n_s=11250r/min。ASG 起动 APU 时最大起动转速为 n=6122r/min，故 n/n_s=0.544，这表明该电机三相交流励磁时，若采用 n 和 n_s 同向旋转的励磁方式，在最大起动转速时励磁功率的下降量也远小于 VFSG 起动时的下降量。

由于 SPU 不仅向 ASG 励磁供电，还通过 CMSC 向电枢提供三相变频交流电，但其总功率为 13.5kW，故 APU 的起动功率不大。SPU 还可通过 CMSC，用蓄电池让氮气发生器 NGS 工作。

用外电源起动 APU 时，由 115Vac 400Hz 外电源向 ASG 励磁机的励磁绕组提供单相 200V 交流励磁，单相 400Hz 励磁时，即使电机转速为 6000r/min，仍有足够大的励磁功率，相比之下，VFSG 三相交流励磁时，6000r/min 转速下的励磁功率已降为零。

由此可见，ASG 起动时的交流励磁系统设计优于 VFSG。蓄电池起动 APU 的是 R ASG，外电源或 VFSG 起动 APU 时用的是 L ASG。

ASG 电机中没有设旋转变压器，转子位置检测是借助检测电机的三相端电压实现的，当电机转速大于 500r/min 时端电压已足够大，借助 CMSC 中的差模输出滤波电路，易得到三相端电压的确切波形，从而算得转子的当前位置，为磁场定向控制创造了条件。故 ASG 在 n=500～6122r/min 范围内处于磁场定向控制状态。在 0～500r/min 范围内为开环控制，只要电枢磁场超前转子励磁磁场电机即可带动 APU 转子旋转。

由于 ASG 不用旋变，也省去了旋变到 CMSC 的电缆，既简化了 ASG 的结构，又节省了电缆，减轻了重量。

APU 的起动过程和发动机的起动过程类似。由于 APU 起动功率小，易于实现无位置传感器起动方式。

4.9.6　外电源故障保护

表 4.7 列出了外电源可能发生的故障和保护动作点与保护延时。前外电源故障由 BPCU 监测和保护，L BPCU 保护 L EP，R BPCU 保护 R EP。后外电源由 L2 GCU 监测和保护。

表 4.7　外电源保护项目

序号	保护项目	保护动作点和延时
1	相序保护	相序不为 A、B、C，EPC 不闭合
2	过压保护	最高相电压 ≥ 130V，反延时(最长 10s)断开 EPC
3	欠电压保护	最低相电压 ≤ 104.5V，9s，断开 EPC
4	过频保护	A 相频率 ≥ 429Hz，1s，断开 EPC
5	欠频保护	A 相频率 ≤ 371Hz，1s，断开 EPC
6	过流保护	最高相电流 ≥ 300A，300s 延时，在 0～300s 搜索过流点，若搜索不到断开 EPC
7	开相保护	最小相电流<11A，并且次最小相电流>55A，4s，断开 EPC
8	电源连续并联	无功功率 ≤ -18kvar 或有功功率 ≤ -28kW，50ms，断开 EPC、BSB、ATUC
9	EPC 不接通故障	BPCU 发出 EPC 闭合指令后 150ms，EPC 辅助触点未闭合，相电流小于 11A，BPCU 即撤去该 EPC 闭合指令
10	EPC 不断开故障	BPCU 发出该侧 EPC 断开指令 2s 后 EPC 未断开，则将该侧的 BSB 和 ATUC 断开

外电源故障保护的目的是防止其危害机上用电设备和防止外电源故障进一步扩大。

当外电源最高相电流大于 300A 时，BPCU 即向 GCU 发送指令，断开 ATUC。由于 ATUC 是由同一侧的两个 GCU 共同控制的，故 BPCU 要同时发给这两个 GCU。若该 ATUC 断开后过流故障未排除，则延时 100ms 后断开 BSB。若 BSB 断开后，故障消除，则 BPCU 要求 GCU 接通 ATUC，说明故障发生在 BSB 的那一侧。若 BSB 断开后过流仍存在，则 BPCU 断开 EPC，使外电源退出电网。

过流保护有两个动作点：一是相电流 ≥ 300A，延时 300s；二是电流>326A，延时 5.2s。

EPC 不断开故障由 BPCU 检测 EPC 的保持线圈、EPC 的辅助触点和 ATU 上的电压来判断。当 BPCU 发出该 EPC 断开指令 2s 后，EPC 的辅助触点不断开，ATU 接线柱上仍有电压，则该 BPCU 即发送信息给另一侧的 BPCU 和相应的 GCU，断开故障侧的 BSB 和 ATUC，切断了该电源向 115Vac Bus 和 235Vac Bus 供电的通路。

4.10　主蓄电池的监控

B787 飞机上有 2 台 28V 50A·h 的锂离子电池，每个电池由 8 个 3.5Vdc 的电池单元构成。图 4.19 是主蓄电池的电路图，由主蓄电池、二极管模块(BDM)、蓄电池热汇流条 (HBB)、主蓄电池继电器(MBR)、蓄电池充电器(BC)等构成。HBB 通过 MBR 和 Capt 28V 汇流条连接，使 Capt Instr Bus 和 F/O Instr Bus 为不间断 28V 汇流条。因为 Capt Instr Bus 和 F/O Instr Bus 上接的设备大都是飞行重要用电设备，多数为航空电子设备，要求供电不中断。

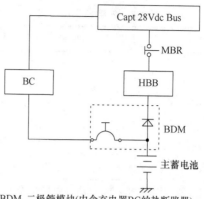

BDM 二极管模块(内含充电器BC的热断路器)
HBB 蓄电池直接汇流条
MBR 主蓄电池继电器
Capt 28Vdc Bus 领航员仪表汇流条

图 4.19 主蓄电池的供电电路

电池箱内有电池管理器(BMU)，其用于监测电池状态，控制各单元电池电压平衡，进行电池测试并将测试结果报送电池充电器(BC)，还有电池过充电和过热保护功能。

电池充电器 BC 将 Capt Instr Bus 的电能或 F/O Instr Bus 的电能转为 32.2Vdc，以 46A 电流给电池充电。BC 还有电池过温保护，并将电池状态经 CDN 总线向 CCR 报送。

BC 仅在电池开路电压小于 31.9Vdc 时才给电池充电，充电时主蓄电池的 MBR 应断开，且电池管理器 BMU 发出电池正常信号时才充电。

二极管模块 BDM 中的二极管串接于电池和 HBB 之间，只允许电池电能向 HBB 馈送，不让 HBB 的电能返回电池，电池仅由 BC 向其充电，以使电池有长的工作寿命。

飞行员前电气控制板 P5 上的蓄电池开关接通信号送 BPCU，BPCU 在无其他电源时接通主蓄电池继电器 MBR，使 HBB 向 Capt Instr Bus 供电，这是蓄电池地面唯一供电模态(On Ground Battery Only Mode)。

飞机飞行时，不需接通 P5 上的蓄电池开关，MBR 由 BPCU 按需要接通。

还有三个开关，第一个是蓄电池测试开关(Battery Test Switch)，第二个是飞机在地面的牵引电源开关(Towing Power Switch)，第三个是燃油加注开关(Refueling Switch)。蓄电池测试开关右侧有 3 个电池充电状态指示灯，接通该开关时按电池状态点亮三个灯中的一个。若电池电压大于或等于 30.1Vdc，则显示 High，表示电池可放电 60min；如果电池电压为 29.7～30.1Vdc，显示 Medium，表示电池可放电 30min；若电池电压小于 29.7Vdc，则显示 Low。

牵引电源开关接通时，不需要接通蓄电池开关，主蓄电池即向机轮制动、领航员语音板和飞行滑行灯供电，APU 蓄电池向飞机航行灯供电。这些都是保证安全牵引飞机的关键设备。

飞机飞行时，所有的交流电源因故障切除后，并且 RATG 应急发电机发电之前，主蓄电池向飞机重要飞行用电设备供电，直到 RATG 应急发电机成功发电。若 RATG 也损坏，则进入蓄电池空中唯一供电模态(Air Battery Only Mode)。

APU 蓄电池主要用于起动 APU，也用于牵引飞机时点亮航行灯。APU 蓄电池的充电器 BC 由 F/O Instr Bus 供电，电池容量可让 APU 起动 3 次。

主蓄电池地面加油工作模式仅在以下条件满足时才进行：燃油加注开关接通，RATG的断路器(RCB)未闭合，所有 VFSG 和 ASG 未工作，各外电源未接上，蓄电池开关未接通。在此情况下，BPCU 发送指令接通 MBR，相关加注燃油的设备工作。

飞机飞行时，仅当 Capt Instr Bus 失电时才接通 MBR，这可能由以下原因导致：VFSG和 ASG 均有故障，或 VFSG 发生故障，ASG 在向故障发电机的 235Vac 汇流条转换过程中导致 Capt Instr Bus 短时失电，或 RAT 未放下前或放下后 RATG 不发电时均会导致 Capt Instr Bus 失电。在这种情况下，蓄电池开关不闭合，BPCU 即自动接通 MBR。

飞机降落滑行结束后，APU 和发动机停止工作，ASG 和 VFSG 不再发电，外电源没有接上，飞机电气系统进入停车过程。BPCU 接通 MBR 20s，让系统完成停车程序，20s 后MBR 断开，CCR 从主蓄电池的 HBB 上取电，持续 11s，进行 CCR 的关闭程序。

两个电池的运行状态均通过电池充电器经 CDN 总线送至 CCR，并由多功能显示器和EICAS 显示。

4.11　115Vac 汇流条和 28Vdc 汇流条的监控

4.11.1　115Vac 汇流条的监控

图 4.20 是 115Vac 汇流条和 28Vdc 汇流条的供电电路。115Vac 汇流条有左、右两条，L ATUC 将 L1 235Vac Bus 的电能通过 L ATU 送 L BSB 的电源侧。L Fwd EP 的电能经 L EPC送 L BSB 的电源侧。L BPCU(图中未画出)不允许 L ATUC 和 L EPC 同时接通。同样地，右通道的 R ATUC 将 R1 235Vac Bus 的电能经 R ATU 送 R BSB 的电源侧，R Fwd EP 的电能经R EPC 送 R BSB 的电源侧。同样，R ATUC 和 R EPC 不能同时接通。若左、右侧 BSB 的电源侧均有电，则接通 L BSB 和 R BSB 之前必须断开 L BTB 或 R BTB。仅当 L BSB 或 R BSB中的一个接通时才能接通 L BTB 和 R BTB，让 L 115Vac Bus 和 R 115Vac Bus 均有电。R ATUC和 L ATUC 所在的 P200 和 P100 电源箱位于飞机的后电气设备舱。L ATU 和 R ATU，L TRU和 R TRU，C1 TRU 和 C2 TRU 所在的 P500、P600 二次电源箱位于前电气设备舱，故从 235Vac汇流条经 ATUC 向 ATU 和 TRU 送电的电缆相当长，为防止电缆短路故障的扩大，该电路必须设置差动保护电路。

图 4.21 是 L ATU 馈电线过流和差动保护电路原理图。图中有两个电源，即 L1 VFSG和 L Fwd EP，两电源不应同时接入电网，即 L1 GCB 和 L EPC 不同时接通。电路中有三个二次电源：L ATU、L TRU 和 C1 TRU。在 L EPC 接通时，外电源向 L ATU 供电，115V 电能经 L BSB 送 L 115Vac 汇流条。115V 电能经 L ATU 升压到 235V 后向 L TRU、C1 TRU 和L1 235Vac 汇流条送电，由接触器 L TRU Rly、C1 TRU Iso Rly 和 L ATUC 控制此 235V 电能的馈送。当 L1 VFSG 发电时，L EPC 断开，L ATUC 接通，235V 电能经 L TRU Rly 送 L TRU，经 C1 TRU Iso Rly 送 C1 TRU，经 L ATU 降压后由 L BSB 送 L 115Vac 汇流条。ATU 是一个双向能量变换器，既可将 115V 交流电转为 235V 交流电，也可将 235V 交流电转为 115V 交流电。

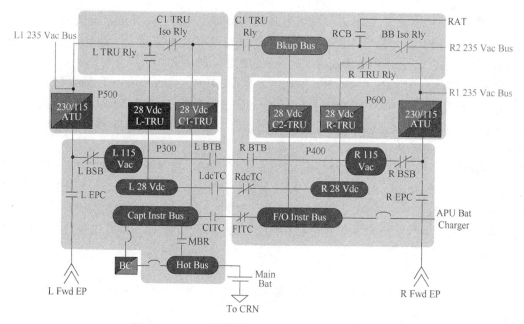

图 4.20　115Vac 汇流条和 28Vdc 汇流条的供电电路

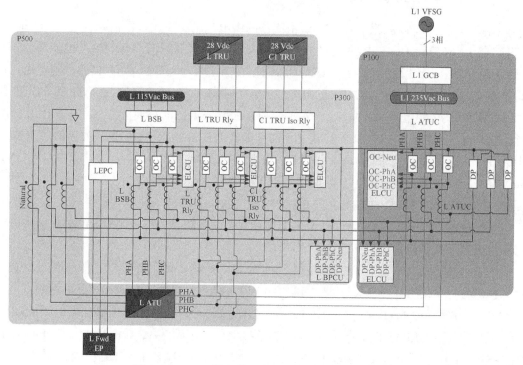

图 4.21　L ATU 馈电线过流和差动保护电路原理图

图 4.20 中 4 个电器 L ATUC、L BSB、L TRU Rly 和 C1 TRU Iso Rly 均为智能接触器，它们由图 4.21 中的 4 个 ELCU 控制和保护，L ATUC 的 ELCU 有过流和差动保护，L BSB 的 ELCU 图中只画出了过流(OC)保护，L TRU Rly 和 C1 TRU Iso Rly 的 ELCU 也只画出了过流(OC)保护。

ELCU 均由 BPCU 监控。为了实现过流和差动短路保护，图 4.21 中的 ELCU 中共有 5 组三相电流互感器，分别设置于相应接触器或继电器的 ELCU 中。5 组电流互感器内的电路为差动保护区。

图 4.22 是自耦变压器的两种工作模式，图 4.22(a)是 115Vac 端供电、235Vac 输出时的电流流向图，图 4.22(b)是 235Vac 端供电、115Vac 端输出时的电流流向图。理想自耦变压器的工作由两个方程确定：一是节点电流方程 $I_1+I_2+I_3=0$，二是磁势平衡方程 $W_2I_2=W_3I_3$。当 115Vac 端加电源时，W_2 和 W_3 绕组中电流方向如图 4.22(a)所示，当 235V 端加电源时，电流流动方向如图 4.22(b)所示。图 4.22 只画了 ATU 三相中的一相。

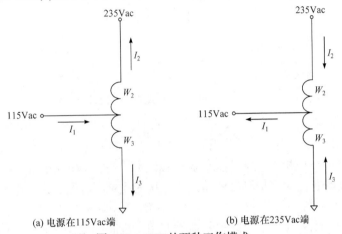

(a) 电源在115Vac端　　　　　　　　(b) 电源在235Vac端

图 4.22　ATU 的两种工作模式

图 4.23 是 ATU 馈电电路差动电流保护中电流互感器的设置，仅画出了单相电路。CT_1 设于 115Vac 馈电线中，CT_2 设于 235Vac 馈电线中，CT_3 设于 ATU 的中点接地处。三个电流互感器应设于接线端和接地点处，以使保护区尽量包含被保护的馈电线和 ATU。图 4.23(a)和图 4.23(c)是馈电线无短路故障状态，因 $I_1+I_2+I_3=0$，故互感器副边电流之和 $i_1+i_2+i_3=0$，电阻 R 上无电流，$U_R=0$。图 4.23(b)和图 4.23(d)是馈电线保护区内有短路电流 I_K 时的电路，此时有 $I_1+I_2+I_3+I_K=0$，故 $i_1+i_2+i_3\neq0$，电阻 R 上有电流，$U_R\neq0$。U_R 电压送 ELCU 作为差动保护信号。

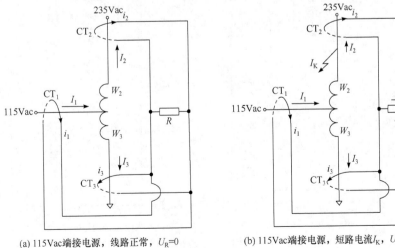

(a) 115Vac端接电源，线路正常，$U_R=0$　　　　(b) 115Vac端接电源，短路电流I_K，$U_R\neq0$

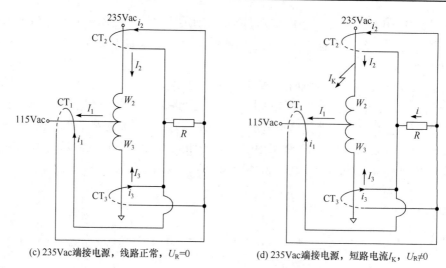

(c) 235Vac端接电源，线路正常，$U_R=0$　　　　(d) 235Vac端接电源，短路电流I_K，$U_R \neq 0$

图 4.23　ATU 差动电流保护电路原理

图 4.24(a)是和图 4.21 相同且有 5 个电流互感器的差动电流保护电路的单相电路。CT_4 用于检测 C1 TRU 的原边电流，CT_5 用于检测 R TRU 的原边电流。由于 R TRU 和 C1 TRU 的原边均接在 235Vac 电源上，故它们的副边接线和 CT_2 的副边相同。

图 4.24(b)是既有差动保护又有线路过流保护的互感器电路，5 个电流互感器的位置和图 4.24(a)相同。在 CT_1、CT_2、CT_4 和 CT_5 的副边串入电流检测电阻 R_1、R_2、R_4 和 R_5。这 4 个电阻上的电流与 CT_1、CT_2、CT_4 和 CT_5 的原边电流成正比，它们的阻值不大，以尽量减小电流互感器的检测误差。

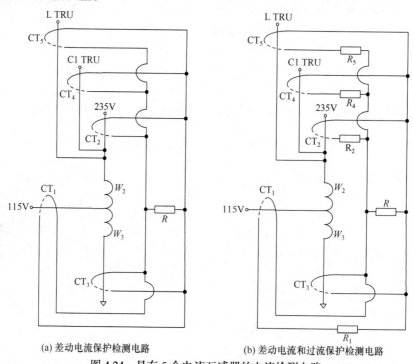

(a) 差动电流保护检测电路　　　　　　　　(b) 差动电流和过流保护检测电路

图 4.24　具有 5 个电流互感器的电流检测电路

在差动保护区内出现短路,短路电流 $i_K \geqslant 40A$ 时,应在 100ms 内断开 EPC、BSB 和 ATUC。EPC 和 BSB 由 BPCU 控制, ATUC 则由 BPCU 发指令给 GCU, 由 GCU 断开。

图 4.21 是 B787 左侧 ATU 电源差动和过流保护电路。B787 右侧 ATU 电源差动保护和过流保护电路中仅有 4 组电流互感器,分别用于检测 115V 端、235V 端、ATRU 中点处和 R TRU 的交流输入端的电流。

4.11.2　28Vdc 汇流条的监控

图 4.20 中的 L 28Vdc 和 R 28Vdc 汇流条, 分别由 L TRU 和 R TRU 供电, 若任一侧的 TRU 故障, 则可接通 LdcTC 和 RdcTC 让两 28Vdc Bus 连接。L TRU 可由 L Fwd EP 电源供电, 也可由 L1 235Vac 汇流条供电。R TRU 可由 R Fwd EP 电源供电, 也可由 R1 235Vac 汇流条供电。

由 28Vdc Bus 供电的负载有:

(1) 座舱应用系统;

(2) 航空电子设备;

(3) 系统控制器;

(4) 地面作业设备;

(5) 地面服务设备。

这些设备按用电量可分为小于 10A 的设备、10～50A 设备和飞机电系统起动设备。起动用设备为长期工作设备, 故在 B787 上一般经热断路器 TCB 供电。TCB 是热保护开关电器, 只能靠手动断开和闭合, 通常处于闭合状态, 仅当配电线电流过大时才过热断开。

上述用电设备按重要性分为重要用电设备、非重要用电设备、地面作业设备和地面服务设备。

28Vdc 汇流条、Capt 28V 汇流条和 F/O Instr 汇流条的电能主要来自 4 台变压整流器 TRU, TRU 将 235Vac 三相变频交流电转为 28V 直流电, TRU 的保护主要是过流保护, 以防止损坏其中的二极管整流桥。B787 的 TRU 额定电流为 240A。TRU 有强的过载能力, 表 4.8 列出了 TRU 输出电流与保护延迟时间的关系, 过流保护有反延时特性。

表 4.8　变压整流器 TRU 过流保护

序号	TRU 输出电流/A	保护延迟时间/s
1	$\geqslant 280$	305
2	$\geqslant 360$	48
3	$\geqslant 420$	12
4	$\geqslant 560$	5.75
5	$\geqslant 900$	2.6
6	$\geqslant 1200$	0.715

若 L TRU 发生过流故障, L BPCU 断开 L TRUC、LdcTC 和 RdcTC。若 R TRU 发生过流, R BPCU 断开 R TRUC、LdcTC 和 RdcTC。图 4.25 是 BPCU 对 L TRU 和 R TRU 的过

流保护电路,图中有 L TRU、R TRU、L 28Vdc Bus、R 28Vdc Bus。L TRU Rly 和 R TRU Rly
为由 ELCU 组成的智能电器。电流互感器组 CT 检测的三相 TRU 输入电流进入 ELCU 用于
交流侧过流保护。TRU 内有由霍尔元件构成的直流电流检测信号,该信号既送 L BPCU,
又送 R BPCU。LdcTC 由 L BPCU 驱动,RdcTC 由 R BPCU 驱动,而 L TRU Rly 和 R TRU Rly
既可由 L BPCU 也可由 R BPCU 发指令给 ELCU 作动。由此可见,L TRU 和 R TRU 有双重
过流保护,既有直流侧保护,又有交流侧保护。

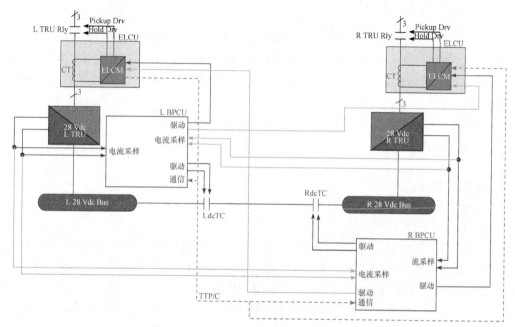

图 4.25 L TRU 和 R TRU 的过流保护电路

4.11.3 Capt Instr 汇流条和 F/O Instr 汇流条的监控

领航员仪表汇流条 Capt Instr Bus 和驾驶员仪表汇流条 F/O Instr Bus 上的用电设备大多
是飞行重要用电设备。

Capt Instr Bus 有三路电源:C1 TRU、F/O Instr Bus 和主蓄电池。F/O Instr Bus 有两路电
源:C2 TRU 和 Capt Instr Bus。两汇流条间的连接继电器 CITC 和 FITC 是常闭触点电器,
其工作线圈不通电时触点处于接通状态,故 Capt Instr Bus 和 F/O Instr Bus 互相连在一起,
CITC 和 FITC 之间的连接线称为直流连接汇流条。

Capt Instr Bus 和 F/O Instr Bus 的保护除有 C1 TRU 和 C2 TRU 的过流保护外,还有连接
汇流条的过流保护。

C1 TRU 过流时,L BPCU 除断开 C1 TRU Rly 外,还要断开 C1 TRU Iso Rly、MBR、
CITC 和 FITC。

C2 TRU 过流时,R BPCU 断开 C1 TRU Rly、BB Iso Rly、CITC、FITC 和 BB Rly,BB
Rly 是 BPCU 通过 R2 GCU 断开的。

实际上 L BPCU 和 R BPCU 均能控制这些电器,C1 TRU 过流时主要由 L BPCU 控制,

如果 L BPCU 失效，R BPCU 也可控制。C2 TRU 过流时由 R BPCU 控制，R BPCU 失效时 L BPCU 也可断开这些电器。

表 4.9 列出了连接汇流条过流保护的动作电流和延迟时间，过流越大，延时越短。过流保护时切断 CITC 和 FITC，若 CITC 和 FITC 断开后，C1 TRU 和 C2 TRU 不再过流，说明故障发生在连接汇流条上。

表 4.9　Capt Instr Bus 与 F/O Instr Bus 间连接汇流条过流保护

序号	动作电流/A	延迟时间/s	断开电器
1	≥200	19	CITC(L BPCU)
2	≥300	3.5	FITC(R BPCU)
3	≥400	2.25	
4	≥600	0.75	
5	≥900	0.45	

4.11.4　应急电源监控

如图 4.20 所示，正常情况下，蓄电池继电器 MBR 处于断开状态，如果发生 Capt Instr Bus 和 F/O Instr Bus 失电，表明 4 台 VFSG 和 2 台 ASG 均发生故障并且从 235V 汇流条上脱离，于是快速接通 MBR，同时自动放下冲压空气涡轮发电机 RATG，在电能正常后，RATG 发电机控制器(GCU)接通 RCB，同时断开 BB Iso Rly、C1 TRU Iso Rly 和 MBR，RATG 仅通过 C1 TRU、C2 TRU 向 Capt Instr Bus 和 F/O Instr Bus 供电，飞机进入应急返航和着陆工作状态。RAT 不仅传动应急发电机，也传动应急液压泵。电源系统正常，但液压系统故障后，也会应急放下 RAT，提供应急液压能源，飞机也进入应急返航或着陆工作状态。

冲压空气涡轮进入工作状态后，不受时间、飞行高度和飞行速度的限制。在飞机飞行时，RAT 可以手动操纵放下，也可自动放下。在以下情况之一时，RAT 自动放下：

(1) 双发动机均故障；
(2) 所有三套液压系统压力过低；
(3) Capt Instr Bus 和 F/O Instr Bus 失电；
(4) 4 台电动液压泵失效和降落时飞控系统失效；
(5) 在起飞或降落时，四台电动液压泵失效和一台发动机失效。

RATG 是三级式发电机，永磁副励磁机向 RATG GCU 供电，使 RATG 可不依赖于机上其他电源独立工作，GCU 使发电机输出电压保持在(235±4)V 范围内。仅当发电机频率达 380Hz 时，GCU 才接通发电机断路器 RCB。RATG GCU 有过频、欠频和高压、高相电压限制功能。

由此可见，飞行中，应急电源有两种工作模式：空中唯一供电模式和 RAT 工作模式(RAT Only Mode)。

应急供电的用电设备有飞行控制设备、导航设备和通信设备。例如：

(1) 领航员内侧、外侧和下视显示器；
(2) 自动飞行系统；

(3) 自动驾驶仪；

(4) 领航员、驾驶员音频控制和通话设备；

(5) 左超高频收发报机；

(6) 左显示器选择板；

(7) 左多功能键盘和游标；

(8) 惯性导航设备；

(9) 飞机姿态参照单元；

(10) 无线电组合导航设备；

(11) 组合飞行备份显示器；

(12) 主飞行控制器；

(13) 飞行管理计算机；

(14) 公共计算机；

(15) 飞行员加温器；

(16) 发动机和 APU 火警检测器；

(17) 重要照明等。

4.12 汇流条功率控制器控制和监测的电器

B787 飞机 235Vac Bus 的控制和监测由 6 台 GCU 完成，GCU 控制的电器见表 4.2。外电源、115Vac Bus 和 28Vdc Bus 的控制接触器见表 4.10，表 4.11 是 BPCU 监测的电器，这些电器在 P300 和 P400 配电箱内。

表 4.10　BPCU 控制的接触器

序号	L BPCU 控制的接触器	R BPCU 控制的接触器
1	L EPC	R EPC
2	L BSB(p)	L BSB(s)
3	R BSB(s)	R BSB(p)
4	L BTB	R BTB
5	LdcTC	RdcTC
6	CITC(p)	CITC(s)
7	FITC(s)	FITC(p)
8	MBR(p)	MBR(s)
9	L TRU Rly(p)	L TRU Rly(s)
10	C1 TRU Iso Rly(p)	C1 TRU Iso Rly(s)
11	C1 TRU Rly(s)	C1 TRU Rly(p)
12	R TRU Rly(s)	R TRU Rly(p)
13	BB Iso Rly(s)	BB Iso Rly(p)

注：(p)为主控；(s)为副控。

表 4.11　BPCU 监测的接触器

序号	L BPCU 监测的接触器	R BPCU 监测的接触器
1	L EPC	
2	R EPC	
3	L BSB	
4	R BSB	
5	L BTB	
6	R BTB	
7	LdcTC	
8	RdcTC	
9	CITC	
10	FITC	
11	MBR	
12	L TRU Rly	
13	C1 TRU Iso Rly	
14	C1 TRU Rly	
15	R TRU Rly	
16	BB Iso Rly	
17	RCB	

由表 4.10 可见，由 BPCU 控制的汇流条电源转换用接触器共 16 个，其中 10 个电器由左右 BPCU 同时控制，表中注有(p)的接触器由该 BPCU 主控，注有(s)的接触器 BPCU 副控，这 10 个电器比另 6 个更重要，故增加了控制裕度。

表 4.11 是由 BPCU 监测的接触器，与表 4.10 相比增加了一个 RCB，即 RATG 输出断路器。该断路器由 RATG 发电机控制器 GCU 控制，但受 BPCU 的监管。

表 4.10 和表 4.11 中的接触器可能发生三种故障：一是不接通故障 FTC，二是不断开故障 FTO，三是抖振故障。

FTC 和 FTO 故障由 BPCU 监测接触器工作线圈电流、辅助触点状态和该电器电路中电流的大小来判断。当某电器出现 FTC 或 FTO 故障时，BPCU 立即采取措施隔离故障电器的电路，并让相应的汇流条不失电。

接触器抖振故障是接触器接通时发生的触点周期性或非周期性接通和断开现象，如在 5s 内有 4 次接通和断开。这主要是由 ELCU 或 BPCU 软件或硬件故障导致的，易造成电器损坏，应立即撤去"接通控制信号"。

4.13　本章小结

B787 是首架大型多电客机。其供电网可分为二层：一次供电网即 235Vac 电网；二次供电网为 115Vac、28Vdc 和±270Vdc 电网。应急供电网由 RATG、主蓄电池、C1 TRU 和

C2 TRU 等应急电源构成。供电网的可靠性、安全性和生命力决定了飞机电气系统的可靠性、安全性和生命力。

电网的可靠性来源于供电网组成设备的可靠性，如 VFSG、ASG、TRU、ATU 和 ATRU 的可靠性，也和供电网架构的合理性密切相关。但是最好的设备，最合理的体系结构，没有 GCU 和 BPCU 的作用，没有计算机数字网络的介入，没有安全成熟的软件注入，都无法保证系统安全可靠工作。

GCU 和 BPCU 使 B787 飞机电力系统实现了全自动化，特别是供电网中出现故障情况下实现网络架构的自动重构，使飞机电源仍能安全可靠供电。电源系统的重要运行信息能及时送到飞行员前面的显示器上，让飞行员觉得安全和放心，从而圆满完成飞行任务。

因此，GCU 和 BPCU 是飞机电源系统的核心控制器。从 B787 飞机电气系统顶层设计起，需把 GCU 和 BPCU 的架构确立起来。GCU 和 BPCU 的设计、研发、生产制造、软件编写、部件调试、系统联试等每个环节都必须精心保证质量，质量是可靠性的基础，是安全性的关键所在，有高的质量才能有强的电源生命力。

同时，也不能忽略 OVTPU，变频交流发电系统由于发电机宽的工作转速范围，发电机的参数大幅度变化。对于三级式电机，永磁副励磁机、励磁机和主电机的参数都在变化，而发电系统的参数是三个电机参数变化的叠加，加重了电压调节器的负担。数字调压器的优点是可以实现控制参数的自调整，获得好的发电品质。而 OVTPU 的加入会使变频发电系统的电能品质更好，特别是在短路切除等极端情况下可改善电能品质。

第 5 章　大型多电飞机智能电器和负载管理

5.1　多电飞机智能电器

B787 采用的开关电器有三种：一是热保护自动开关 TCB，不是智能电器；二是固态功率控制器，英文简称 SSPC，是智能固态电器；三是电气负载控制器，英文简称 ELCU，是智能化触点电器。常用的触点远程电磁式控制电器有继电器、接触器和断路器，在 B787 中统称为电气负载控制接触器 ELCC。B787 中的 ELCC 加上了电子模块，使其有了接通断开电路，实现远距数字通信、电器状态监测及故障检测和保护功能，从而可和 GCU、BPCU 等控制器中的数字处理器，以及公共计算机 CCR 中的微处理器直接交换信息，并接收控制指令。

B787 的智能配电箱，如 P100、P150、P200 235Vac 电源配电箱，P300、P400 115Vac 和 28Vdc 电源配电箱，P700、P800 ±270Vdc 配电箱，二次电源配电箱(SPDU)和远程配电箱(RPDU)均是具有计算机控制器和智能电器的组合，其具有汇流条电源自动转换功能和用电设备自动管理功能。

B787 飞机去除了飞行员和领航员附近的开关板，如电源系统只有一块 P5 开关板，用于 VFSG、ASG、地面电源和蓄电池的手动控制，大量的用电设备手动开关被多功能显示器上的触摸开关代替，通过数据总线 CCR、BPCU 等操控用电设备，而这些具有微处理器的电器 CCR、BPCU、GCU 等绝大多数场合下都是在自动管理着电源、二次电源、汇流条和用电设备，很少需要人员介入。显然，在 CCR、BPCU、GCU、SPDU、RPDU 和其他控制器中，软件起着极重要的作用。

5.2　交流固态功率控制器

固态功率控制器(SSPC)有两类：一是用于控制交流电路的交流控制器，在 B787 中交流 SSPC 仅用于控制 115V 交流用电设备，保护交流配电线；二是直流 SSPC，在 B787 中仅用于 28V 配电系统中。

SSPC 的主要功能与特征如下：

(1) 接通或断开用电设备；

(2) 实现配电线的过流保护，过流保护有反时延特性，过流越大跳闸的动作越快；

(3) 短路故障时瞬时断开；

(4) 线路电弧故障保护，导线短路时若发生电弧，其电流可能不大，但电弧产生较多热量，易导致火灾；

(5) 向上级计算机报告负载电流、负载电压和电源电压数据；

(6) SSPC 内部电源监控和 SSPC 状态监测，含自检 BIT；

(7) SSPC 内含非易失存储器(NVM)；

(8) 有数字通信口。

图 5.1 是 115V 交流 SSPC 的构成框图，图中右侧是交流 SSPC 的功率电路，由硅 MOSFET 器件、电流检测电阻 R_d 和过压吸收器件 OVU 构成。两个反向串联的 MOS 开关管中一个用于承受正向电压，另一个用于承受反向电源电压，以使 SSPC 处于断开状态。当两器件 Q_1 和 Q_2 的驱动电路为高电平时，Q_1 和 Q_2 一个处于正向导通状态，另一个为反向导通状态，于是 SSPC 进入开通工作状态，负载得电。选用硅 MOSFET 器件是因它有低的通态压降，开通损耗较小，减少了 SSPC 的发热。

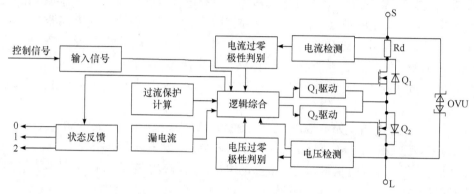

图 5.1　115V 交流 SSPC 构成框图

正常工作的交流 SSPC 为零电压开通和零电流断开方式，仅当电源电压过零时才开通，仅当负载电流过零时关断，以尽量降低 SSPC 的开关损耗，降低器件开关应力。当 SSPC 所控制的用电设备配电线短路电流急剧增大，电压急剧降低时，SSPC 应在尽量短的时间内切断电路，以减少由此造成的电网电压降低，危害电路设备的正常工作，由于 SSPC 的快速切除，当该用电设备为电感性时，再加上导线的电感，会导致器件 Q_1 和 Q_2 的两端出现过电压，为防止 Q_1 和 Q_2 的过压击穿，应在 Q_1 和 Q_2 两端跨接过压吸收电路 OVU。

串于 SSPC 功率电路的电阻 R_d 用于检测流过 Q_1 和 Q_2 的电流，电流检测单元将 R_d 上的电流信号送电流过零和电流极性判别电路。电压检测电路不仅检测 SSPC 输出电压，同时检测电源电压的大小，并送电压过零和电压极性判别电路。这些信号电路的功能用于实现 SSPC 的零电压开通和零电流关断。

由于电路的时延，很难保证在电压过零时正好开通 SSPC。为了实现较满意的零电压开通，应同时检测电源电压(即 S 端电压)的极性，应在 S 端为正时使 Q_2 先开通，这样在电源电压从正向负过零时，SSPC 自然导通，显然此刻应给 Q_1 加上驱动信号。若开通 SSPC 时，电源电压为负，应在此时先开通 Q_1，当电源电压由负转为正时，SSPC 在过零时自然开通。

关断过程也类似，若欲在电流从 S 端向 L 端流动时关断 SSPC，则应在此时先关断 Q_2，这样当电流自正向负过零时 SSPC 就自动关断了，显然此时也应断开 Q_1 的驱动。电流从 L 端向 S 端流动时欲关断 SSPC 也类似，应先关断 Q_1。

检测电流的另一个目的是实现配电线的过流保护，馈电线过流保护实际上是热保护，即过流越大，断开时间越短，不过流时不应保护。故过流保护的反延时特性取决于配电线的特性，显然也与环境温度和散热条件等多种因素相关，应综合各项因素通过计算得到延时断开时间。

SSPC 的开通或关断指令来自上级计算机或相关控制器，通过输入信号电路送入。

SSPC 的工作状态信息必须返回上级计算机或相关控制器，以让上级计算机掌控配电电路的状态。SSPC 的工作状态信息有 0、1、2 三位，0 位表示控制信号的状态，有开通信号为高电平(H)，无开通信号为低电平(L)。1 位表示流过 SSPC 电流的大小，低于 SSPC 额定电流的 15%为高电平(H)，大于额定电流的 15%为低电平(L)。2 位表示末级开关管 Q_1 和 Q_2 的状态，截止为低电平(L)，导通为高电平(H)。表 5.1 列出了 SSPC 的 8 种状态，其中，状态 3 为正常关断状态，状态 6 为正常开通状态，其余为非正常状态。

表 5.1　SSPC 的 8 种工作状态

状态号	控制信号 0	输出信号 1	输出信号 2	备注
1	L	L	L	无控制信号，有电流，有短路故障
2	L	L	H	无控制信号，有电流，SSPC 有故障
3	L	H	L	无控制信号，无电流，正常关断
4	L	H	H	无控制信号，无电流，SSPC 虚假导通
5	H	L	L	有控制信号，有电流，Q_1 和 Q_2 截止，SSPC 内部短路
6	H	L	H	正常开通
7	H	H	L	有控制信号，SSPC 未导通
8	H	H	H	有控制信号，SSPC 开通，无电流，配电线断

交流 SSPC 通常三个一组，若为三相负载，三个 SSPC 协同开通和关断。若为单相负载，这三个 SSPC 可控制三个单相用电设备。若为了向单相负载提供线电压，则可使用三个 SSPC 中的任两个。显然这三个一组的 SSPC 的电源分别接电源的 A、B、C 三相。

5.3　直流固态功率控制器

图 5.2 是直流固态功率控制器的构成框图。框图右侧是直流 SSPC 的主电路，Q_1 也为硅 MOSFET 器件。并于 Q_1 的 OVU 为过电压吸收电路。R_d 为电流检测电阻。Q_2 为漏电流保护电路，当 SSPC 关断时，Q_1 漏电导致负载端电压过高，Q_2 导通，减少了负载端电压，在负载端电压低于某一值时关断 Q_2。

直流 SSPC 的开关管仅一个，不像交流 SSPC 那样要两个反串，相对而言，直流 SSPC 的导通压降小，损耗小，发热少。

直流 SSPC 和交流 SSPC 不同，交流电压和电流在一个周期内两次过零，故可实现零电压开通和零电流关断，从而使开关应力达到最小值。直流电就没有过零的时刻，无法实现

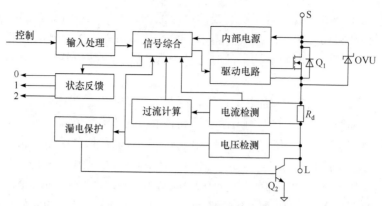

图 5.2　直流固态功率控制器构成框图

零开通和零关断。直流负载有三种典型类型，即电阻性、电感性和电容性。对于阻性负载，直流 SSPC 开通时，导通和关断前，电流 $I=U/R_L$，式中，U 为直流电源电压，R_L 为负载电阻，可见它的电流和电压仅决定于电源电压 U 和电阻 R_L，和开关过程关系很小。电感负载则不同，SSPC 开通时，电流必从零逐渐上升直到稳态值 $I=U/R_L$，故 SSPC 为零电流开通。

电感负载关断则不同，关断过程时间越短，电流下降速度越快，电感电势 $e_L = L\cdot\dfrac{\mathrm{d}i}{\mathrm{d}t}$ 则越大，电感电势 e_L 和电源电压 U 叠加后，作用于开关器件 Q 的两端，Q 很易过压击穿。因此，对感性负载开关器件 Q 的关断过程必须慢，才能使 e_L 较小。对于容性负载，SSPC 开通前，电容两端电压为零，故开通开关器件 Q 时的电流 $i = C\cdot\dfrac{\mathrm{d}u}{\mathrm{d}t}$，表示电容越大，开通时间越短，则 i 必越大。SSPC 因开通电流过大，开关器件 Q 过热损坏。因此对容性负载，直流 SSPC 不宜快速开通。

　　这表示直流 SSPC 在开通和关断过程中，必须在线性区工作，即有一个时间较长的开通与关断过程才能适应感性和容性负载的特性。开关过程中由于 MOSFET 在线性区工作，开关损耗较大。直流 SSPC 必须快速切除短路，这时过电压吸收电路 OVU 将限制作用在 Q 上的电压。

　　交流 SSPC 和直流 SSPC 均为固态电器，在开关过程中没有触点电器的火花和电弧，电磁干扰小，工作寿命长，SSPC 的功能丰富，可和计算机直接接口，从而使配电系统得以自动化。

　　硅 MOSFET 构成的 SSPC 的缺点是漏电流大，特别是在高温高压时，漏电流更大，通态压降大、通态损耗大也是硅 MOSFET SSPC 的缺点。

5.4　电气负载控制器

　　B787 飞机的电气负载控制器(ELCU)由 ELCC 和电子控制单元组合而成，成为智能电器的另一类型。ELCU 有三种典型类型：快响应 ELCU、中等响应速度的 ELCU 和响应速度较慢的 ELCU。

　　快响应的 ELCU 是由智能电器直接控制 ELCC 实现的，其检测、保护和通断控制由同一控制器完成,如由 BPCU 直接控制的外电源接触器(EPC),由 GCU 控制的发电机断路器(GCB),即属这一类。

中等响应速度的 ELCU 由三部分构成:智能电器、检测保护电路和 ELCC。智能电器直接控制 ELCC 的工作线圈,但电流检测、短路检测和三相电流不平衡检测则由检测保护电路完成,检测保护电路将故障信号送智能电器,以使 ELCC 的触点断开,实现故障跳闸。这种检测保护电路在 B787 中称为 ELCU_P。P 的含义为保护,P 还有 Power 的含义,因为驱动 ELCC 的起动和保持线圈要有足够大的功率。

响应速度较慢的 ELCU 由 ELCU_C、ELCU_P 和 ELCC 构成。ELCU_C 是通信模块,向上和 BPCU、GCU 或其他智能电器通过总线接口,常用双余度数据总线,向下通过总线与 ELCU_P 接口,ELCU_P 再驱动 ELCC。接于 235Vac Bus 上的大功率用电设备大都要用这类智能电器,简称 ELCU。

5.5　汇流条功率控制器监控的供电网转换电器

由 BPCU 监控的供电网电器有四种类型。

一是由 BPCU 直接控制的电器,如外电源接触器 EPC,EPC 是三相交流接触器。又如 LdcTC 和 RdcTC,dcTC 是直流接触器。

二是由左右两 BPCU 联合控制的接触器,如 CITC、FITC 和 MBR,三者都是直流接触器。

三是由 BPCU 和 ELCU_C 组合控制的电器,如 L BTB、R BTB,BTB 是三相交流断路器。

四是由 BPCU 和 ELCU_C、ELCU_P 组合控制的电器,如 L BSB 和 R BSB,BSB 是三相交流断路器。

这四种电器均是 115Vac 和 28Vdc 供电网重构用的电器。其中的 CITC、FITC 和 MBR 用于实现 Capt Instr Bus 和 F/O Instr Bus 的不中断供电,它们的开关响应速度必须快,同时必须由 L BPCU 和 R BPCU 实现双余度控制,以有高的工作可靠性。

5.5.1　BPCU 直接监控的电器

图 5.3 是 L EPC 的控制框图,图中左侧为左前外电源插座,它的下方是 P5 板上的外电源开关,右上角为 L ATU 自耦变压器。图中有两个三相电器 L BSB 和 L EPC,其中 L EPC 正是要讨论的电器。L EPC 直接由 L BPCU 控制,在 L BPCU 的左上角是 BPCU 中用于驱动 EPC 工作线圈的电子开关,图中用"驱动"表示。在 B787 中的电磁式接触器、断路器和继电器均为双线圈,一个是起动线圈,另一个是保持线圈。起动线圈匝数少、电流大、时间常数小、响应快,只要相应电子开关接通,触点也会快速闭合,触点闭合后,接通保持线圈的电子开关,断开起动线圈的电子开关,以维持触点闭合。保持线圈匝数多、电流小、保持触点闭合消耗功率小、发热少。

外电源电压检测和电流互感器置于外电源插座与 EPC 之间,检测信号送 L BPCU。外电源插座上的 2 个辅助插针信号也接 L BPCU,L EPC 的两对辅助触点分别与 L BPCU 和 R BPCU 连接,反映 L EPC 的工作状态。L BPCU 和 R BPCU 通过 CDN 总线向 CCR 发送 L EPC

的状态信号及 L EPC 的电流、电压、频率等运行数据。

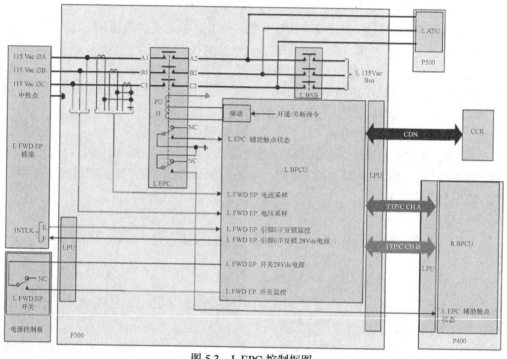

图 5.3   L EPC 控制框图

当外电源插座接上飞机，辅助插针 E、F 信号正确，BPCU 监测外电源电压、频率和相序，符合要求，而且飞机上没有其他的 115Vac 400Hz 电源或变频交流电源，且 P5 上的外电源开关接通时，BPCU 才闭合 EPC，让该外电源向飞机供电。

若外电源开关断开，或机上的 VFSG、ASG 投入运行，或发生 E、F 引脚失效，或发生 EP 电压过低等情形，BPCU 将断开 L EPC。

当外电源开关接通或断开时，EPC 要延迟 300ms 才转换状态，这段时间用于让机上的直流供电网接触器配置电网。例如，若仅左侧外电源的 L EPC 要接通，则 LdcTC、RdcTC、CITC 和 FITC 都应接通，让该电源向左右 28V 直流汇流条供电，并向 Capt Instr Bus 和 F/O Instr Bus 供电。若此时又要接通右侧外电源的 R EPC，则必须首先断开 L BTB 和 R BTB，因为这两个外电源是不能并联工作的，同时 28V 直流汇流条将分别由 L TRU、R TRU、C1 TRU 和 C2 TRU 供电，LdcTC 和 RdcTC 需预先断开。

左右前外电源接触器 L EPC 和 R EPC 分别由 L BPCU 和 R BPCU 监控。后外电源接触器 AEPC 则由 L2 GCU 监控。这三个电器的电路结构和图 5.3 相同。

图 5.4 是 LdcTC 控制框图，LdcTC 是在左右 28V 直流汇流条间的直流电器，它的控制线圈直接由 L BPCU 供电。LdcTC 的两对辅助触点分别向 L BPCU 和 R BPCU 返回状态信号。尽管 R BPCU 不控制 LdcTC，但 L 28Vdc 汇流条的电压和 L TRU 的输出电流信号还是分别送到 L BPCU 和 R BPCU。两 BPCU 间通过 TTP/C 数据总线通信。

图 5.4 中 LPU 是雷电保护器，用于保护电子电器不受雷电的过电压损坏。

LdcTC 闭合的条件是：

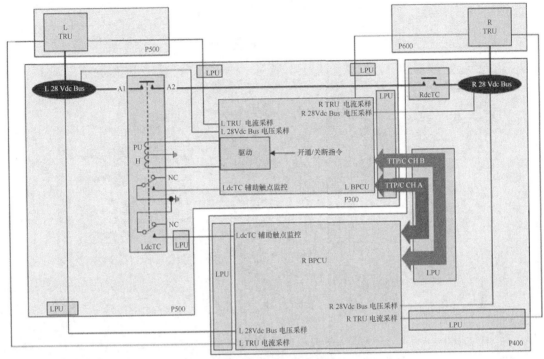

图 5.4　LdcTC 控制框图

(1) L 28Vdc Bus 或 R 28Vdc Bus 失电时;

(2) 235Vac 汇流条电源转换过程中短时失电时;

(3) 在地面用三个外电源起动右航空发动机时,将 R TRU 转接到 R1 235Vac Bus 过程中。

LdcTC 在以下任一条件出现时应断开:

(1) 蓄电池唯一供电模式;

(2) 蓄电池加注燃油模式;

(3) 空中应急供电模式;

(4) 连接左右 28Vdc Bus 间的连接汇流条过流或短路时;

(5) 左右 28Vdc Bus 分别由左右 TRU 供电时;

(6) 两前地面电源同时向机上供电时;

(7) 飞行员通过多功能显示器的触摸开关手动断开 LdcTC 时。

图 5.5 是 RdcTC 的构成框图,与 LdcTC 类似,RdcTC 由 R BPCU 直接控制。

图 5.3～图 5.5 均为由单台 BPCU 直接驱动的电器,由于驱动信号和相关电器运行参数,如电压和电流直接送 BPCU, 由 BPCU 分析并确定是否要接通还是断开该电器,因此该类电器的响应速度快。

5.5.2　左右 BPCU 联合监控的电器

CITC、FITC 和 MBR 是和 Capt Instr Bus、F/O Instr Bus 直接相关的控制电器。由于这两个直流汇流条上接有飞机飞行用重要用电设备,要确保这两个汇流条不中断供电,故这三个电器由 L BPCU 和 R BPCU 联合直接控制,其中,一台 BPCU 为主控制器,另一

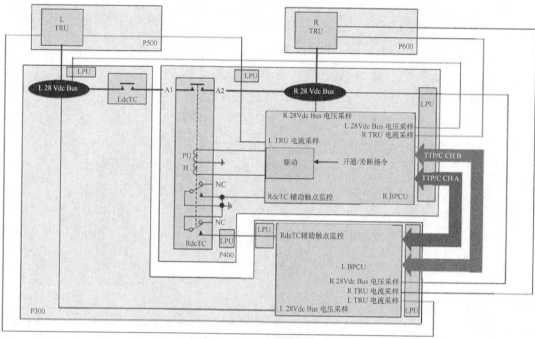

图 5.5　RdcTC 构成框图

台为副控制器，一旦主控 BPCU 故障，即由副控 BPCU 接替，从而实现了控制的双余度。

图 5.6 是 MBR 控制框图，由图可见 MBR 继电器的工作线圈同时由左右 BPCU 的驱动单元供电，L BPCU 为主控，R BPCU 为副控。

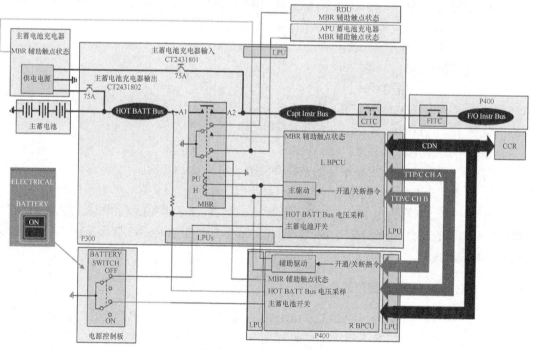

图 5.6　MBR 控制框图

MBR 有 4 对辅助触点，其中两对与 L BPCU 和 R BPCU 相接，一对与充电器相接，一对送 RDU，通过 RDU 将 MBR 的状态送 CCR。

在 P5 电源控制板上的蓄电池开关信号直接送 R BPCU 与 L BPCU。

R BPCU 与 L BPCU 同时监测蓄电池热汇流条 HBB 的电压。

图 5.6 中没有画出 R BPCU 与 L BPCU 监测的 Capt Instr Bus 和 F/O Instr Bus 电压，也没有画出 BPCU 监测 Capt Instr Bus 和 F/O Instr Bus 间连接汇流条的电压信号，这些信号都送到这两个 BPCU。因为 BPCU 不仅简单控制 MBR、CITC 和 FITC 的接通与断开，还对 C1 TRU、C2 TRU 的过流实现保护，对汇流条的过流进行保护。

MBR 的接通可实现蓄电池地面唯一供电模态(On Ground Battery Only Mode)和空中唯一供电模态(Air Battery Only Mode)。在 On Ground Battery Only Mode 时必须满足：飞机在地面，蓄电池开关接通，飞机上所有电源未工作，外电源未接上飞机和蓄电池本身无故障。

实行 Air Battery Only Mode 时必须满足：飞机在空中，VFSG 和 ASG 已退出，RATG 未投入或已故障，此时即使蓄电池开关未接通，BPCU 也会接通 MBR。

图 5.6 显示 MBR 的一对辅助触点信号同时送入主蓄电池充电器和 APU 蓄电池充电器，这是为防止两充电器在 MBR 接通时仍进入给电池充电的状态。

在 235V 汇流条转换电源导致 C1 TRU 或 C2 TRU 短时失电时，MBR 也会接通，MBR 是快响应电器。

图 5.7 是 CITC 控制框图，由左右 BPCU 直接联合控制，CITC、FITC 是常闭触点电器，正常时，即没有驱动信号时，CITC 和 FITC 处于闭合状态，CITC 的辅助触点信号同时送 L BPCU 和 R BPCU，反映电器的工作状态。

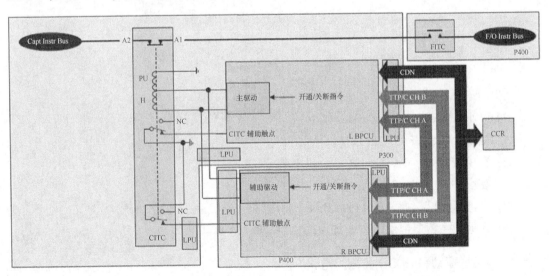

图 5.7　CITC 控制框图

当以下任一情况发生时，CITC 通电断开：

(1) CITC 和 FITC 两电器间的连接汇流条发生过流或短路；

(2) C1 TRU 或 C2 TRU 过流；

(3) 飞行员通过多功能显示器的触摸开关断开 CITC。

图 5.8 是 FITC 的控制框图，和 CITC 一样由左右 BPCU 直接联合控制。FITC 的辅助触点状态直接送 L BPCU 和 R BPCU。同时 C1 TRU 和 C2 TRU 的电流传感器输出送两个 BPCU，Capt Instr Bus 和 F/O Instr Bus 的电压信号也送 BPCU。

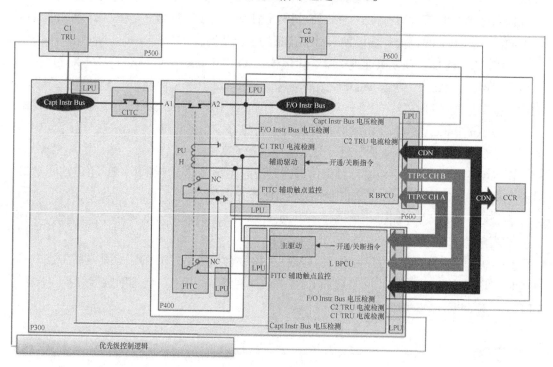

图 5.8　FITC 控制框图

在以下情况，FITC 处于闭合状态：

(1) C1 TRU 未给 Capt Instr Bus 供电；

(2) C2 TRU 未给 F/O Instr Bus 供电；

(3) 空中应急时，RATG 已放下并供电；

(4) 在空中 F/O Instr Bus 失电时；

(5) 电池开关已接通，F/O Instr Bus 未得电时；

(6) 在地面主蓄电池供电飞机加注燃油时应断开 FITC。

5.5.3　BPCU 驱动和 ELCU 监控的电器

图 5.9 是 BPCU 驱动和 ELCU 监控的 L BTB 或 R BTB 的控制框图，BPCU 直接驱动 BTB 的工作线圈，电流、电压的检测和保护信号则由 ELCU_P 执行，保护信号通过 CAN 总线送 ELCU_C，ELCU_C 一方面将两 BTB 间的连接汇流条(Tie Bus)过流信号用导线送 BPCU，

另一方面又通过 TTP/C 总线(图中称 PPDN 总线)送 BPCU 和 CCR。由于信号传输延时,该电器响应较慢。

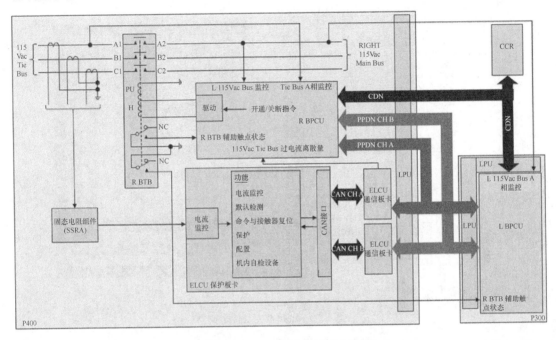

图 5.9　L BTB 和 R BTB 的控制框图

由图 5.9 可见,115Vac Bus 电压和 Tie Bus 的电压信号直接送 BPCU。图中置于 Tie Bus 的三相电流互感器副边和 ELCU_P 连接,由 ELCU_P 执行过流检测保护,过流保护为反延时保护。ELCU_P 还进行自检 BIT 和信号违约处理。

由于是变频交流电源,仅当左或右侧 115V 电源汇流条失电时,BTB 才接通,正常状态下 BTB 处于断开状态。

5.5.4　BPCU 控制 ELCU 驱动和监测的电器

图 5.10 是 L BSB 和 R BSB 的控制框图,由图可见 L BPCU 和 R BPCU 仅向 ELCU_P 发送闭合和断开指令,ELCU_P 中的电子开关驱动 BSB 的工作线圈,ELCU_P 将电器的工作信息通过双余度 CAN 总线送 ELCU_C,ELCU_C 又通过 TTP/C 总线将信号送 BPCU 和 CCR。可见 BSB 的动作会更慢一些。

由于 BSB 是 ATU、外电源与 115Vac Bus 间的电器,若 L 115Vac Bus 已有电,则 L BSB 绝不能闭合,必须断开 BTB 使 L 115Vac Bus 失电后才能闭合 L BSB。若 L EPC 断开或 L ATU 失电,则必须先断开 L BSB 才能接通 BTB。R BSB 的控制逻辑也应如此。

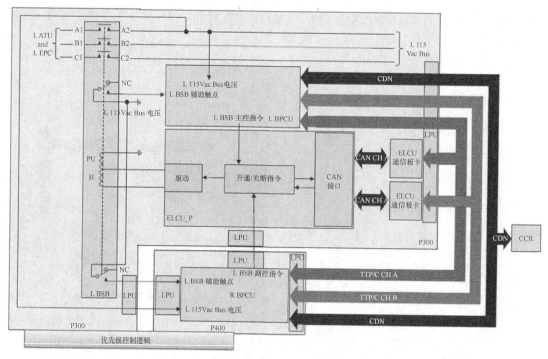

图 5.10　BSB 的控制框图

5.6　发电机控制器控制的电器

GCU 控制的电器有：GEC1、GEC2、GEC3 三个励磁回路继电器，GCB、BTB 主电路断路器，ATUC 和 ATRUC。其中，GCB 分别由各发电通道的 GCU 控制。L1 BTB、L2 BTB、R1 BTB、R2 BTB 也分别由 L1 GCU、L2 GCU、R1 GCU、R2 GCU 控制。L3 BTB 用于连接 L1 235Vac Bus 和 L2 235Vac Bus，其同时由 L1 GCU 和 L2 GCU 控制。同样，R3 BTB 由 R1 GCU 和 R2 GCU 共同控制。L ATUC 也由 L1 GCU 和 L2 GCU 共同控制，R ATUC 由 R1 GCU 和 R2 GCU 共同控制。4 个 ATRUC 则分别由相应的 GCU 控制。

GCB 是 VFSG 发电工作时的主电路断路器，其工作线圈直接由 GCU 内的电子开关控制，发电机的调节点电压、差动保护互感器组、并联馈电线电流检测互感器组、副励磁机的输出电压、励磁电流和直流励磁电压等检测信号都要进入该发电通道的 GCU，以对发电系统进行检测和保护，故 GCB 和 GEC3 必须是快响应的，不需要 ELCU 辅助。其控制框图如图 5.3 所示，仅 BPCU 改为 GCU。

L1 BTB 由 L1 GCU 直接控制，L2 BTB 由 L2 GCU 直接控制。这两个 BTB 分别和 L 235Vac Tie Bus 和 R 235Vac Tie Bus 相连，用于和 ASG 或右侧的 235Vac Bus 相连，GCU 和 BPCU 配合，在任一台或多台 VFSG 故障退出电网时，重构 235Vac 供电网，使任一 235Vac Bus 不失电。L1 BTB、L2 BTB、R1 BTB、R2 BTB 的控制框图和图 5.3 类似。

L3 BTB 是 L1 235Vac Bus 和 L2 235Vac Bus 之间的连接电器，R3 BTB 是 R1 235Vac Bus 与 R2 235Vac Bus 之间的连接电器。L3 BTB 由 L1 GCU 和 L2 GCU 联合控制，R3 BTB 由

R1 GCU 和 R2 GCU 联合控制,控制框图和图 5.6 类似,图 5.6 中是直流接触器,仅一对主触点,L3 BTB 和 R3 BTB 是三相断路器,有三对主触点。

正常工作时,L3 BTB 和 R3 BTB 均处于断开状态,仅当 L1 235Vac Bus 或 L2 235Vac Bus 失电时才接通 L3 BTB,这要由 L BPCU 分析 235Vac 电网的当前状态来确定是否闭合 L3 BTB,若需要闭合 L3 BTB,L BPCU 向 L1 GCU 和 L2 GCU 同时发送指令,L1 GCU 为主控制器,L2 GCU 为副控制器。R3 BTB 和 L3 BTB 的控制方式和 L3 BTB 类同。

自耦变压器的三相接触器 L ATUC 和 R ATUC 也分别由 L1 GCU、L2 GCU 和 R1 GCU、R2 GCU 联合控制,控制框图和图 5.6 类似,由于 ATU 在 B787 的前电气设备舱,ATUC 在后电气设备舱,中间有长的三相馈电线,该线路不仅要有过流保护还应有差动短路保护。L ATUC 有 5 组三相互感器用于检测 ATU 的电流、L TRU 的输入电流与 C1 TRU 的输入电流。R ATUC 有 4 组三相电流互感器用于检测 ATU 的电流和 R TRU 的输入电流,这些电流信号必须送 GCU,L ATUC 和 R ATUC 的控制与图 5.6 的不同之处在于:MBR 是由 BPCU 直接控制的,而 ATUC 是要 BPCU 发指令再由 GCU 执行的。

图 5.11 是 ATRUC 的控制框图,该图以 L1 ATRUC 为例,另三个 ATRUC 也类似。L1 ATRUC 和 L1 GCU 和 ELCU_P 联合控制,驱动电流由 L1 GCU 内的电子开关发出向 ATRUC 工作线圈供电,L1 ATRUC 的辅助触点信号直接送 L1 GCU,电流互感器则和 ELCU_P 连接,ELCU_P 的保护信号直接送 L1 GCU,ELCU_P 通过 CAN 总线将故障信号送 ELCU_C,ELCU_C 通过 TTP/C 总线再和两 BPCU 通信,通过 BPCU 再到 GCU,这路信息较慢。由于 L1 ATRUC 向 L1 ±270Vdc Bus 供电,±270Vdc Bus 向 2 台 CMSC 和 1 台 RFMC 供电,这三台电力电子变换器及其驱动的电动液压泵 L1 EMP、电动压气机 L1 CAC 和电动风扇 L1 RF 的故障信号直接送 L1 GCU,当发生故障时,要断开 L1 ATRUC,停止向 L1 ±270Vdc Bus 供电。

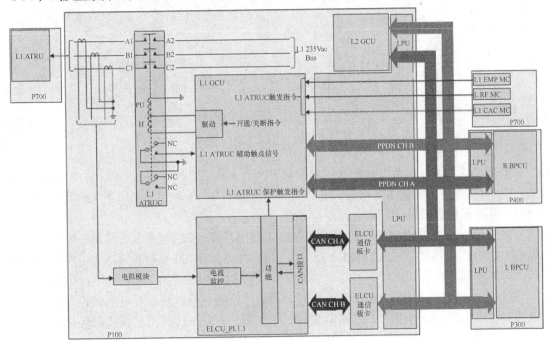

图 5.11 ATRUC 的控制框图

ELCU_P 接收电流互感器组的三相电流检测值，将过流保护、接地短路保护和三相电流不平衡保护信号直接送 GCU，过流保护为反延时保护。若 ATRU 任一相电流超过 300A 且接地电流大于 10A，延时 50ms 发出保护信号。若两相电流之差大于 45A，则延时 370ms 发送电流不平衡保护信号到 GCU。

5.7　大功率用电设备控制电器

大功率用电设备多数由 235Vac Bus 供电，少数由 115Vac Bus 供电，它们的控制电器统称为 ELCU，ELCU 实际上由三部分构成：ELCU_C、ELCU_P 和 ELCC。ELCC 可以是继电器，也可以是接触器。图 5.12 是 235Vac ELCU 控制框图。图 5.13 是 115Vac ELCU 控制框图，两者的检测控制部分相同。其中的电磁式电器 ELCC 也都是双线圈三相电器。

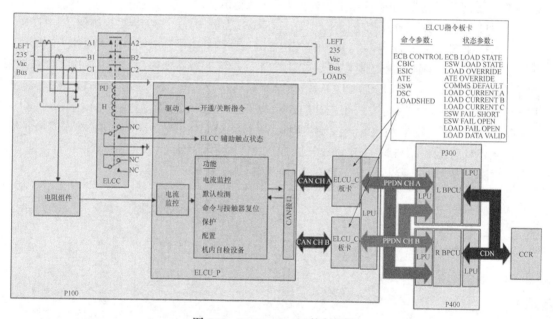

图 5.12　235Vac ELCU 控制框图

负载控制 ELCU 的接通和断开指令均由 BPCU 发布。BPCU 通过 CDN 总线与 CCR 通信，CCR 又和多功能显示器通信，多功能显示器(MFD)上的触摸开关用于飞行员操控用电设备，并显示用电设备运行状态的工作参数。

由图 5.12 和图 5.13 可见，ELCU_P 中的电子开关驱动 ELCC 的工作线圈，ELCU_P 与 ELCU_C 为双余度 CAN 通信。235Vac ELCU 在 P100 和 P200 电源箱内，其中用于飞机机翼电防冰控制的两台 ELCU 在 P150 电源箱内。115Vac ELCU 在 P300 和 P400 配电箱内。

ELCU 的主要功能是：接通和断开用电设备，监测负载电流、配电线三相电流不平衡或短路故障，进行故障保护，监测电器的工作状态并向上级计算机发送状态信息，进行自检 BIT。

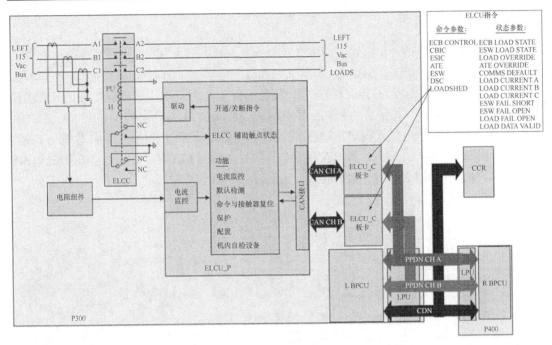

图 5.13　115Vac ELCU 控制框图

5.7.1　ELCU 的构成

ELCU 由 ELCU_C、ELCU_P 模块和 ELCC 构成。ELCU_C 由以下几部分构成：

(1) 内部电源模块，电源模块有熔断器保护；

(2) TTP/C 通信口，与 BPCU 通信，双余度；

(3) CAN 通信口，与 ELCU_P 通信，双余度；

(4) 霍尔电流传感器；

(5) 通信和控制软件。

ELCU_P 由以下部分构成：

(1) CAN 通信口，与 ELCU_C 通信，双余度；

(2) 6 路电子控制模块 ELCM，每路可控制 1 个 ELCC。

ELCM 模块的功能是：

(1) 与 ELCU_C 通过 CAN 总线通信，接收 ELCU_C 发送来的动态构架表并校正架构表后返回 ELCU_C；

(2) 接收 BPCU 或其他控制器的控制信号，向电磁电器的起动线圈和保持线圈送电或断电，在其电源模块和电子开关前有熔断器保护；

(3) ELCU_P 监测三相电流、辅助触点状态、起动和保持线圈的电流与输入控制指令，并在电路故障时发出保护信号。

每个 ELCU 有 2 个 ELCU_C，ELCU_C 后可接 6 路 ELCU_P，每个 ELCU_P 可驱动 6 个 ELCC。在 B787 飞机上，P100 和 P200 中的 235Vac ELCU_C 后接 5 路 ELCU_P。P300 和 P400 中的 115Vac ELCU_C 后接 3 路 ELCU_P。

5.7.2　ELCU 的通信

图 5.14 是 ELCU 的通信框图，图中有四个方框，右上框为一次配电系统，简称 PPDS，由 BPCU、ELCU 和 SPDU 等构成。右下框为远程配电系统，简称 RPDS，由 17 个远程配电箱 RPDU 组成。左上方为分系统控制器，简称 DSC，如发动机电子控制器 EEC、环境控制系统控制器 PCU 等。左下方为公共计算机系统，简称 CCS，其中 PDOM、PDUI、PDHM 等为装载于 CCR 中的电气系统应用软件名称简写。由图可见，CCS 通过 CDN 总线与 DSC、RPDS 和 PPDS 通信。ELCU_C 和 BPCU 通信。ELCU_C 与 ELCU_P 的 CAN 通信总线在图中未画出。由此可见 ELCU 与 CCS 间通信是通过 BPCU 实现的。

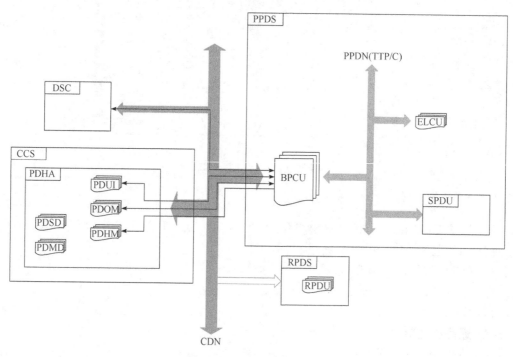

图 5.14　ELCU 的通信框图

ELCU 通过 BPCU 接收 CCS 经 CDN 总线的控制信号，也可通过 BPCU 下载由 CCS 发送的 ELCU 控制软件。

ELCU 向 BPCU 发送用电设备电流电压信号、接触器或继电器触点状态信号、ELCC 跳闸信号和跳闸原因、ELCU 的自检 BIT 信号。

ELCU 接收到 CCS 经 CDN 和 BPCU 发送的通断指令后，应在 350ms 内响应。

ELCU_C1 和 ELCU_C2 采用不同 TTP/C 总线独立通信。

图 5.15 是 ELCU_C 与 ELCU_P 间的双余度 CAN 通信示意图。左侧是 P100 和 P200 中的 ELCU_C1、ELCU_C2 与 ELCU_P1、ELCU_P2、ELCU_P4、ELCU_P5、ELCU_P6 间的通信链路。右侧是 P300 和 P400 中的 ELCU_C 和 ELCU_P 的通信链路。

由图 5.15 的左图可见，C1 与 P1、P2 间是主通信网，与 P4、P5、P6 之间是辅通信网。C2 与 P4、P5、P6 之间是主通信网，与 P1、P2 之间是辅通信网。其中 C1 和 C2 的通道 1(CAN1)

与 P1、P2 相连，C1、C2 的通道 2(CAN2)与 P4、P5、P6 相连。主通道一般处于运行状态，辅通道为备份状态。

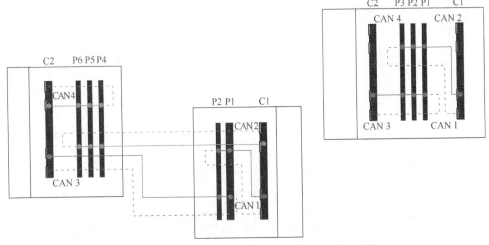

图 5.15 ELCU_C 与 ELCU_P 间双余度通信示意图

图 5.15 右图的 CAN 总线的连接与左图类似，也为主辅两通道。

5.7.3 ELCU 的上电自检

由 5.7.1 节和 5.7.2 节可见，ELCU_C 和 ELCU_P 是标准的模块结构，ELCU_C1 和 ELCU_C2 相同，ELCU_P1 和 ELCU_P2 也相同，但 ELCC 在供电网中的位置不同其功能也不同，同样在不同位置的 ELCC 所控制的用电设备也不同。因此，当 ELCU_C 和 ELCU_P 与 ELCC 连接时也需按位置进行编程，上电自检，将每个 ELCC 和 BPCU、CCS 中的软件一一对应起来。例如，GCB 和 BTB 由 GCU 控制，但两者功能绝不相同。BSB 和 BTB 由 BPCU 控制，但两者也绝不能混淆。飞机机翼上的四路电气加温和防冰设备处于不同机翼或同一机翼不同位置，也必须让 BPCU 和 CCR 认识到，如果发生错误，必须纠正。

5.7.4 电源配电箱中的用电设备 ELCU

表 5.2 是 B787 飞机大功率用电设备用的 ELCU，其分布于 P100、P200 235V 交流电源配电箱和 P300、P400 115V 交流和 28V 直流配电箱中。

表 5.2   B787 飞机 235Vac 大功率用电设备的 ELCU

项目			ELCM1	ELCM2	ELCM3	ELCM4	ELCM5	ELCM6
P100	L1	ELCU_PL 1.1	L1 ATRUC	L2 WIPS (P150)	L1 PECS PUMP	EMCU SLAT	FAN、MISC CLG	空余
			OC、GFD、UC、DC	OC、DP	OC	OC	OC	
		ELCU_PL 1.2	L ATUC	LAV/GLY FAN-L	SPLY FAN-FWD EQPT CLG L	RECIRC FAN-UPR FWD	SPLY FAN-AFT EQPT CLG 1	VF BOOST PUMP-FWD L
			OC、DP	OC	OC	OC	OC	OC、GFD

续表

项目			ELCM1	ELCM2	ELCM3	ELCM4	ELCM5	ELCM6
P100	L2	ELCU_PL1.3	L2 ATRUC	L1 WIPS	空余	L2 PECS PUMP	ICS PUMP-1	VF BOOST PUMP FWD R
			OC, GFD, UC, DC	OC, DP		OC	OC	OC, GFD
		ELCU_PL1.4	GATU	ELECT ACTR-SPLR 5	ELECT ACTR-SPLR 10	ELECT STAB-L	RECIRC FAN LWR L	LIQUID PUMP-CGO REFRIG UILLT 1
			OC, DP	OC	OC	OC	OC	OC, GFD
		ELCU_PL1.5	ICS COMPRESSOR-1	VENT FAN-AFT EQPT CLG	LIQUID PUMP-CGO REFRIG UNT	ICS COMPRESSOR-3	VAC BLO-L	BOOST FAN FCAC
			OC	OC	OC	OC	OC	OC
P200	R1	ELCU_PR2.1	R1 ATRUC	R2 WIPS (P150)	PECS PUMP-R1	EMCU FLAP	空余	空余
			OC, GFD, UC, DC	OC, DP	OC	OC		
		ELCU_PR2.2	R ATUC	VENT FAN-FWD EQPT CLG	LAV/GLY FAN-R	VF BOOST PUMP AFT R	SPLY FAN-FWD EQPT CLG R	SPLY FAN-AFT EQPT CLG 2
			OC, DP	OC	OC	OC, GFD	OC	OC
	R2	ELCU_PR2.3	R2 ATRUC	R1 WIPS	BB Rly	PECS PUMP-R2	ICS PUMP-2	VF BOOST PUMP-AFT L
			OC, GFD, UC, DC	OC, DP	OC	OC	OC	OC, GFD
		ELCU_PR2.4	不使用	ELECT ACTR-SPLR 4	ELECT ACTR-SPLR 11	ELECT STAB-R	RECIRC FAN-LWR R	空余
				OC	OC	OC	OC	
		ELCU_PR2.5	EXH FAN FWD CGO HT	COMPRESSOR-CGO REFRIG UNIT 2	ICS COMPRESSOR-2	ICS COMPRESSOR-4	VAC BLOW-R	空余
			OC	OC	OC	OC	OC	

在 P100 配电箱中有 5 个 ELCU_P 模板，即 ELCU_PL1.1～ELCU_PL1.5。每个板中有 6 个模块 ELCM1～ELCM6，每个 ELCM 控制 1 个 ELCC，故一个 ELCU_P 板卡最多可控制 6 个 ELCC。故 P100 的 ELCU 最多可控制 5×6=30 个 ELCC。从表 5.2 中可见，ELCU_PL1.1 中的 ELCM6 和 ELCU_PL1.3 中 ELCM3 未接 ELCC。而 ELCU_PL1.1 的 ELCM2 控制的机翼电气防冰 WIPS 的接触器不在 P100 内而置于 P150 配电箱中，由 235Vac Tie Bus 供电。故 ELCU_P 实际控制的 235Vac 大功率负载为 28 个。

由表 5.2 可见，P100 中的 ELCU 控制的 235V 负载主要有以下几类：大容量电能变换器 L ATU、L1 ATRU 和 L2 ATRU，电防冰设备 WIPS，电动泵 PUMP，电动风扇 FAN，电动机控制器 EMCU，电动作动机构 ACTR-SPLR，电动压气机 COMPRESSOR 等。

　　P200 中的 5 个 ELCU_P 板卡也有 30 个 ELCM 模块,可控制 30 个 ELCC。但其中有 5 个模块未接 ELCC,实际控制 25 个 ELCC。其中 BB Rly 是 R2 235Vac Bus 向备份汇流条 Bkup Bus 供电的继电器,不直接控制用电设备。故 P200 由 ELCU 控制的用电设备为 24 个。

　　P100 和 P200 的 ELCM 中同时标注了 ELCM 的保护项目,其中所有 ELCM 都有过流保护 OC。WIPS 和 ATUC 还加上差动短路保护 DP,因为从 ELCC 到用电设备的导线很长,易发生接地短路。ATRUC 的 ELCU 则有 4 种保护:过流 OC、接地短路 GFD、电流过小 UC 和直流电流控制保护 DC。ATRUC 实际上有两个接触器:一个软起动接触器和一个工作接触器。表 5.2 中没有标出软起动接触器。ATRU 的输出端有大的滤波电容,软起动电路用于限制 ATRUC 刚接通时的冲击电流。

　　P200 中的 ELCU 控制的用电设备和 P100 相近。

　　P300 是 115Vac 和 28Vdc 配电箱,有三块 ELCU_P 板卡,可控制 3×6=18 个 ELCM 和 ELCC。由表 5.3 可见,实际使用的模块 ELCM 为 14 个,4 个为空模块。在 14 个模块中有 2 个用于控制交流 115V 供电网电器,即 L BSB、L BTB,1 个用于控制 28V 供电网 LdcTC。实际用电设备用 ELCM 和 ELCC 仅 11 个。在这 11 个中有 7 个用于向 RPDU 提供 115V 三相交流电。AC FEEDER-RPDU 21、AC FEEDER-RPDU 31、AC FEEDER-RPDU 41 和 AC FEEDER-RPDU 33 由于离 P300 较远,线路很长,故还有差动保护(DP)。

表 5.3　B787 飞机 115Vac 与 28Vdc 用电设备的 ELCU

	项目	ELCM1	ELCM2	ELCM3	ELCM4	ELCM5	ELCM6
P300	ELCU_PL 3.1	AC FEEDER-RPDU 21	AC FEEDER-RPDU 31	AC FEEDER-RPDU 41	空余	空余	空余
		OC, DP	OC, DP	OC, DP			
	ELCU_PL 3.2	LdcTC	LBTB	GLY PWR AC-DR 2	AC FEEDER-RPDU 71	AC FEEDER-RPDU 73	AC FEEDER-RPDU 75
		OC	OC	OC, DP	OC	OC	OC
	ELCU_PL 3.3	AC FEEDER-RPDU 33	空余	WDO HT-1L FAIL SAFE CTRL	C1 TRU Iso Rly	L TRU Rly	BSB-L
		OC, DP		OC	OC	OC	OC
P400	ELCU_PL 4.1	AC FEEDER-RPDU 22	AC FEEDER-RPDU 32	AC FEEDER-RPDU 42	PITQT PROBE HEATER	空余	空余
		OC, DP	OC, DP	OC, DP			
	ELCU_PL 4.2	RdcTC	R BTB	GLY PWR AC-DR 1	AC FEEDER-RPDU 72	AC FEEDER-RPDU 74	AC FEEDER-RPDU 76
		OC	OC	OC, DP	OC	OC	OC
	ELCU_PL 4.3	AC FEEDER-RPDU 34	AC FEEDER-RPDU 92	WDO HT-1R FAIL SAFE CTRL	空余	R TRU Rly	R BSB
		OC DP	OC DP	OC		OC	OC

　　P400 是 115Vac 和 28Vdc 配电箱,也有 3 块 ELCU_P 板卡,其中 3 块 ELCM 模块未接 ELCC,实际有效 ELCM 为 15 个。其中 R BSB 和 R BTB 为 115V 供电网转换电器,RdcTC 为 28V 供电网转换电器,故控制用电设备数为 12 个。在这 12 个中有 8 个是向 RPDU 提供 115V 三相交流电。有 5 个 RPDU 离 P400 较远,除有过流保护外,还有差动保护(DP)。

在 B787 的 ELCU 过流保护中,其保护特性有 6 种,即 6 种不同的延时特性,如表 5.4 所示,不同延时跳闸特性取决于用电设备和配电线的特性。

表 5.4　ELCU 的过流保护特性

一类特性	短延时特性
二类特性	长延时特性
三类特性	TRU 过流保护特性
四类特性	直流电流跳闸特性
五类特性	不考虑热效应的跳闸特性
六类特性	超短时跳闸特性

5.7.5　B787 飞机的 235V 大功率用电设备

由表 5.2 与表 5.3 可见,B787 飞机的 235V 大功率用电设备有以下几类。

(1) 机翼防冰系统(WIPS):　　　4 个
(2) 厨房专用 TRU:　　　1 个
(3) 电动风扇:　　　14 个
(4) 电动压气机:　　　5 个
(5) 电动抽气机:　　　2 个
(6) 电动泵:　　　12 个
(7) 电动机控制器:　　　2 个
(8) 电力作动机构:　　　6 个
总计:　　　46 个

5.8　公共计算机和通信网络

B787 飞机电气系统借助公共计算机系统(CCS)和通信网络,将飞行员仪表板上的多功能显示器 MFD 与用电设备的控制电器联系起来,飞行员可借助多功能显示器上的虚拟开关控制用电设备,而设备控制电器的状态和设备工作电流、电压等参数也可在多功能显示器上显示。更多情况下,用电设备的控制是由 BPCU 等控制器自动接通和断开的,但其运行状态和参数仍由多功能显示器显示。B787 飞机上有专门的维护计算机,维护计算机将记录各种设备的运行参数和故障码,但在飞行中维护计算机不能对飞机设备进行控制。飞机公共计算机系统(CCS)成为飞机系统的核心设备。

5.8.1　公共计算机系统的组成

B787 飞机系统的计算机处理和通信系统为公共计算机系统,简称 CCS。由左右两台公共计算机(CCR)、通信数字网络(CDN)和远程数据集中器(RDC)等组成,如图 5.16 所示。

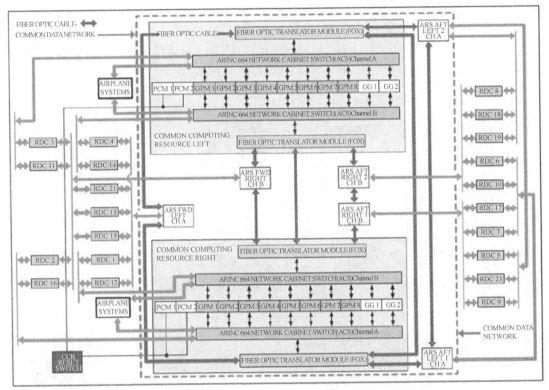

图 5.16　CCS 的构成框图

左右两台公共计算机置于前电气设备舱。每台计算机由 16 个模块构成：

(1) 2 个电源调节模块(PCM)；

(2) 8 个通用处理器模块(GPM)；

(3) 2 个 ARINC 664 网络开关单元；

(4) 2 个光纤转换模块(FOX)；

(5) 2 个图形发生器模块(GGM)。

同一类型的模块结构相同，可以互换。

左侧的 CCR 为主计算机，右侧的 CCR 为辅计算机，组成双余度计算机系统。

每个 GPM 模块内有两个微处理器、存储器和内部电源，GPM 模块实现信号处理和计算，并报告飞机系统的故障。

CDN 有 10 组网络开关，支持光纤网络的 100Mbit/s 和铜线电缆的 10Mbit/s 通信，网络开关用于转换光信号和电信号，CDN 有 A 和 B 两条双余度网络。

远程数据集中器 RDC 是飞机系统各设备与 CDN 的接口，将飞机系统的模拟信号、ARINC 429 信号或 CAN 信号转换成 ARINC 664 格式，或做反向的转换。B787 飞机上共有 21 个 RDC，分布于飞机系统设备附近。每个 RDC 有 A、B 两个通道。

EPGSS 采用 TTP/C 数据总线，又称 PPDN 总线，其是 4Mbit/s 的半双工串行双余度通信线。通用电动机起动控制器 CMSC 和环控系统控制器 PCU 用 CAN 总线和 CDN 总线通信。CAN 是半双工串行通信总线，速率为 500Kbit/s。

5.8.2　CCR 和 BPCU 间通信

　　BPCU 是 TTP/C 总线和 CDN 总线间通信的入口。由图 5.17 可见，BPCU 和 GCU、ELCU_C 间用 TTP/C 总线通信，ELCU_C 与 ELCU_P 用 CAN 总线通信。

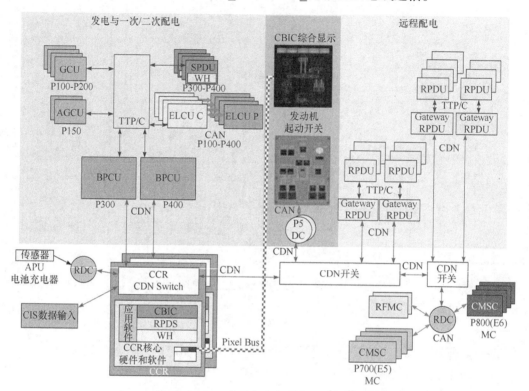

图 5.17　CCR 与飞机电气设备间通信框图

5.8.3　CCR 和 RPDU 间通信

　　由图 5.17 可见，RPDU 有 4 个群，每个群有一个 RPDU 的入口(Gateway RPDU)和数个标准 RPDU，入口 RPDU 和群内的标准 RPDU 间用 TTP/C 总线通信。入口 RPDU 经 CDN 总线到 CDN 网络开关进入 CCR。

　　入口 RPDU 有 2 个微处理器模块和至多 6 个功率模块，微处理器模块的功能之一是通过 CDN 通信。入口 RPDU 的 2 个微处理器模块工作于主备模式。一旦通信系统故障，则该群的 RPDU 进入事先设定的工作模态。

　　远程配电系统有 4 个入口 RPDU 和 13 个标准 RPDU，每个标准 RPDU 也有两个微处理器模块和多至 6 个功率模块。

　　功率模块实际上就是固态功率控制器 SSPC 组。视 SSPC 额定电流不同，每个 SSPC 组内的 SSPC 数不相同，电流大的 SSPC 组中 SSPC 的量较少。

5.8.4　CCR 和 CMSC 间通信

　　由图 5.17 可见，远程数据集中器 RDC 是 CMSC、RFMC 和 CDN 的通信入口。CMSC

有 4 个子通信网络，每个子通信网络均为双余度通信，故有 8 条通信线路。子网中的每条数据总线都和不同的 RDC 连接，再和 CMSC 相接。CMSC 采用双余度 CAN 总线。

5.8.5　CCR 和 P5 控制板、EICAS、MFD 间通信

P5 电源控制板在飞行员座舱上部，是飞行员对电源设备的手动控制板，板上有变频交流起动发电机开关、APU 起动发电机开关、外电源开关和蓄电池开关等。参看图 5.17，CCR 经 CDN 总线、P5 数据中心(P5 DC)及 CAN 总线与 P5 通信。

图 5.17 中还给出了 CCR 通过图形传输线与发动机显示和乘员报警系统 EICAS 以及多功能显示器 MFD 通信。

图 5.18 是飞行员前仪表板上的显示器分布图，有 3 种显示器：PFD 为主飞行显示器，EICAS 是发动机显示和乘员报警系统，MFD 是多功能显示器。MFD 有 5 种：SYS 为系统显示格式，CDU 为中央显示器，INFO 为信息显示，CHKL 为航空电子系统检查表，ND 为导航系统显示器。图 5.18 的左下方是显示器选择面板 DSP，按压 DSP 上的系统(SYS)选择开关就可由多功能显示器 MFD 显示不同系统图像和维修信息。DSP 有左右两块，分布于飞行员舱前顶棚上，可分别由领航员和驾驶员操控。

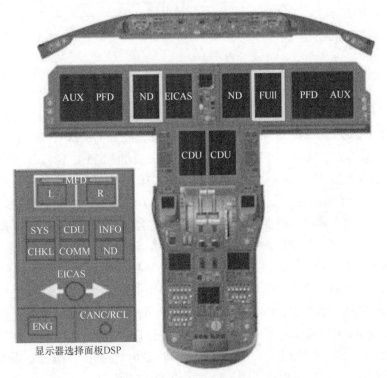

图 5.18　飞行员前仪表板上的显示器

图 5.19 是 GCU 信号向 EICAS 传递的示意图，供电系统的运行信息由 GCU、BPCU 或 ELCU 产生，通过 TTP/C 总线传到 L BPCU 和 R BPCU，每个 BPCU 有 4 路信号输入，

有 4 路信号进入双余度 CDN 总线,CCR 的显示报警应用软件 DCAF 对信号进行处理并送 EICAS 显示。

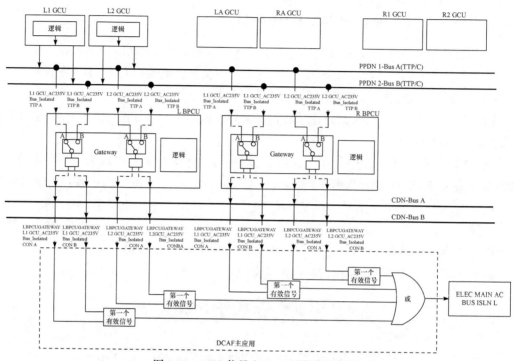

图 5.19　GCU 信号向 EICAS 传递示意图

例如,在 L1 VFSG 发电机控制开关闭合时,VFSG 发生故障,L1 GCU 将 L1 GCB 断开,同时 L1 GCU 发出 "ELEC GEN OFF L1" 信息,经 BPCU 送 CCR,应用软件 DCAF 即让 EICAS 显示 "ELEC GEN OFF L1",告知飞行员。同时 BPCU 和 GCU 实现 235V 汇流条电源转换,让 L1 235Vac Bus 恢复供电。EICAS 共有 55 类供电系统故障显示信息。

图 5.20 由三个子图构成,左上的子图显示出 B787 仪表板上的 6 个多功能显示器 MFD 的位置,左上方两个在领航员前方,右上方两个在驾驶员前方,还有两个在中间下方。下方的子图阐明了 BPCU、CCR、P5 控制板和 MFD 间的通信关系。右上方的子图是 MFD 显示的发电系统运行网络图,这个子图在图 5.21 中表示得更清楚,在 MFD 屏幕上方两行有 10 项菜单,用于选择显示不同飞机系统的架构和运行参数。中间是 VFSG、ASG 和外电源的运行网络图,由图 5.21 可见,此时左右 ASG 的 APB 已闭合,ASG 已向 235Vac Bus 供电,R1 VFSG、R2 VFSG 也已发电,R1 GCB 和 R2 GCB 已闭合。左侧 L1 VFSG、L2 VFSG 处于起动航空发动机的状态。屏幕下方左右两侧显示主蓄电池和 APU 蓄电池的电压与电流。下方中间显示发动机起动时要暂停工作的用电设备。图 5.21 中左右两外电源已停止向机上供电。

MFD 屏幕示图的右侧有 8 个框,各框内的图形表示各电源的不同运行状态,如图 5.21 中最上方的方框表示 VFSG 或 ASG 为发电运行状态等。

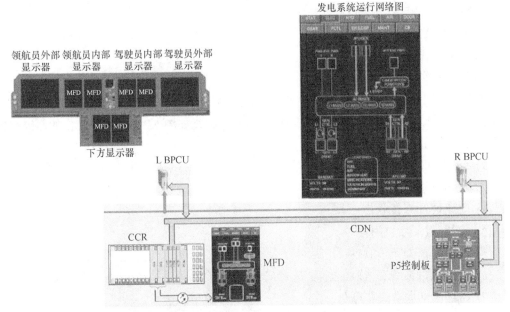

图 5.20　多功能显示器和 BPCU 间关系

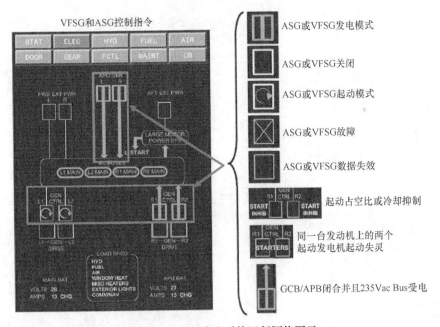

图 5.21　B787 发电系统运行网络图示

5.8.6　配电系统应用软件

配电系统应用软件(PDHA)装载在公共计算机的通用处理器模块中。PDHA 含以下 6 个软件：

(1) PDOM 配电系统运行管理软件；

(2) PDUI 配电系统用户界面；

(3) PDHM 配电系统健康管理；

(4) PDSD 配电系统安全数据；

(5) PDMD 配电系统可修改数据；

(6) PDOT 配电系统选择表。

这些应用软件驻留在 CCR 的 5 个通用处理器模块(GPM)内，即 L CCR 的 L1 GPM、L4 GPM、L8 GPM，以及 R CCR 的 R1 GPM 和 R6 GPM，如图 5.22 所示。CCR 的 GPM 模块中驻留的飞机系统的应用软件有：

(1) 航空电子系统软件；

(2) 飞机环境控制系统应用软件；

(3) 飞机燃油系统软件；

(4) 飞机液压系统软件；

(5) 飞机起落架系统软件；

(6) 飞机推进系统和 APU 软件；

(7) 机内生活服务设备软件；

(8) 飞机电气系统应用软件。

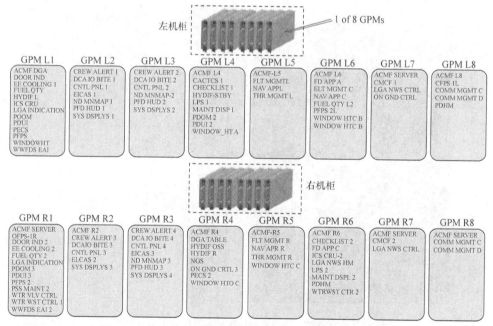

图 5.22　L CCR 与 R CCR 的 GPM 模块及其驻留应用软件

其中，电气系统应用软件含 SPDU 和 RPDU 的软件、窗玻璃加温软件、电气系统的指示和控制(ESIC)应用软件、断路器的指示和控制(CBIC)应用软件。

PDOM 共有 3 个模块，分布于 L CCR 的 L1 GPM、L4 GPM 和 RCCR 的 R1 GPM 中。PDOM 管理 PDHA 软件组、SPDU、RPDU 和 ELCU 微处理器内应用软件，并向 EICAS 发送信息。

PDUI 有 3 个模块，在 L1 GPM、L4 GPM 和 R1 GPM 中，PDUI 用于控制和显示 SSPC 的工作与存储 SSPC 的动态数据。PDUI 和 CBIC 是同一软件的不同称谓。这里的 SSPC 还包括飞行控制电子设备(FCE)的固态继电器(SSR)。

PDHM 有 2 个模块，在 L8 GPM 和 R6 GPM 内。PDHM 向机载健康管理机构(OHMF) 发送 PDHA、RPDU、SPDU、ELCU 和窗玻璃加温中的软件故障信息。PDHM 还监管 PDSD、PDMD 和 PDOT 软件故障。

PDSD 有 5 个模块，在 L1 GPM、L4 GPM、L8 GPM、R1 GPM、R6 GPM 中。PDSD 监管 SSPC 和 SSR 的组态数据，这些数据在 PDOM、PDUI、PDHM 中都要用到。

PDMD 有 5 个模块，在 L1 GPM、L4 GPM、L8 GPM、R1 GPM、R6 GPM 中。PDMD 用于事先确定空缺 SSPC 或 SSR 的空间位置，PDUI 和 PDHM 要用这些信息。

PDOT 也有 5 个模块，在 L1 GPM、L4 GPM、L8 GPM、R1 GPM、R6 GPM 中。PDOT 内有已激活和未激活的 SSPC 或 SSR 信息，供 PDOM、PDHM 用。

在 CCR 的 GPM 中还有窗玻璃加温 WHCF 和 WHOM 应用软件。WHCF 是控制软件，用于控制电加温元件的 SSPC，这些 SSPC 分布于 SPDU 中。WHOM 用于监管 WHCF、PDHM 应用软件的兼容性，也用于监管 RPDU、SPDU 和 ELCU 的处理器中软件的兼容性。

5.9　电气系统的显示和控制应用软件

电气系统显示和控制应用软件 ESIC 是电源系统断路器的用户界面，以便飞行员和地勤人员可从多功能显示器或维护计算机的显示器上操控断路器。ESIC 有 4 个模块，可以在飞行员仪表板上的多功能显示器或维护计算机的显示器上打开，但仅一号模块可用于控制，其他 3 个模块只能读取。

GCU 将各接触器的位置和状态信息通过 TTP/C 总线传到 BPCU，BPCU 通过 CDN 网络将信号送 CCR，CCR 中的 PDUI 应用软件和图形发生器模块 GGM 同时工作让 MFD 显示 GCU 传来的信息。

图 5.23 是多功能显示器显示的 ESIC 图像，左侧是电源系统架构图，图的上方是 P100、P150、P200 中的 VFSG ASG 和相应的断路器及 235V 电源汇流条的情景。图中，L2 VFSG 和 L2 GCB、R ASG 和 R APB、R1 VFSG 和 R1 GCB 均处于发电状态，断路器已接通，4 条 235V 汇流条均已得电。由于 L2 ATRUC、R1 ATRUC、R2 ATRUC 的闭合，相应的 ATRU 工作，L2 ±270Vdc、R1 ±270Vdc、R2 ±270Vdc 汇流条得±270V 直流电。图的下方还可看到工作的 ATU 和 TRU 及相应的 115Vac Bus 和 28Vdc Bus 的图像，情景十分清晰。在飞机飞行时，只能在 MFD 上看到 ESIC 的显示图像，不能操控断路器，在维修计算机的显示器上看不到图像。在地面时，维修计算机可显示出 ESIC 图像，而 MFD 可用于操控断路器，以便进行地面检查和维护。说明 B787 飞机在飞行中供电网电器是全自动的，飞行员不能操控。

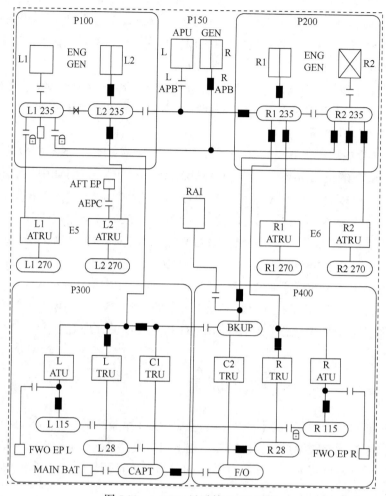

图 5.23　L MFD 显示的 ESIC 图像

表 5.5～表 5.7 分别列出了供电网中可由 ESIC 控制的断路器、接触器和继电器的名称。

表 5.5　ESIC 控制的断路器

序号	断路器
1	L1 BTB
2	L2 BTB
3	L3 BTB
4	R1 BTB
5	R2 BTB
6	R3 BTB
7	L BSB
8	L BTB
9	R BSB
10	R BTB

表 5.6　ESIC 控制的接触器

序号	接触器
1	L1 ATRUC
2	L2 ATRUC
3	L ATUC
4	R1 ATRUC
5	R2 ATRUC
6	R ATUC
7	LdcTC
8	RdcTC
9	CITC
10	FITC

表 5.7　ESIC 控制的继电器

序号	继电器	序号	继电器
1	BB Rly	4	R TRU Rly
2	BB Iso Rly	5	C1 TRU Iso Rly
3	L TRU Rly	6	C1 TRU Rly

5.10　断路器显示和控制应用软件

B787 飞机中的二次电源配电箱 SPDU 和远程配电箱 RPDU 中都使用了固态功率控制器 SSPC。在飞行控制箱 FCU 中应用固态继电器 SSR。SSR 在飞行中不允许人工操控,但 SSPC 是允许人工操控的。

断路器显示和控制应用软件简称 CBIC,是驻留于 CCR 的 GPS 模块中的应用软件,用于控制和显示 SSPC 的状态,从而控制用电设备。SSPC 的运行状态也由多功能显示器 MFD 显示和让飞行员操控。在地面时机上维护计算机的显示器也可借助 CBIC 软件操控 SSPC。

图 5.24 是 CBIC 的 MFD 图形,图中左侧上方是 MFD 的菜单,选择 CB 就可以在 MFD 上看到 SSPC 的状态,见右图。右图上方为 CBIC 的主菜单,下方的第一列列出了 15 个 SSPC 的标识符,由 2 位英文字母和 7 位数字构成,每个 SSPC 有一个标识符。第二列是 SSPC 的名称和其控制的用电设备对应,如第一行 CE 3041405 是玻璃窗左侧电加温元件的 SSPC 标识符,该元件的 SSPC 名为 WDO HEAT L1 PHA。第三列是 SSPC 的当前状态的符号表示,第一行的这个 SSPC 此时处于断开状态。第四列 DATA 可进一步了解 SSPC 的运行参数。第五列 CTRL 供飞行员操控,以改变该 SSPC 的状态。这表明 B787 飞机上约有 900 个小于 10A 的 SSPC 及其控制的负载,均可在 MFD 上观察到并可人工操控。

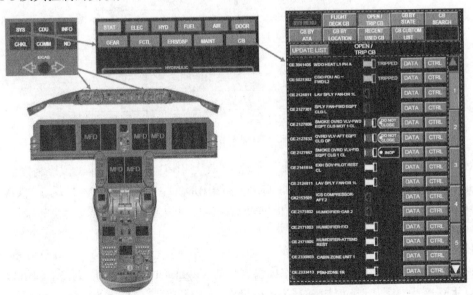

图 5.24　在 MFD 上的 CBIC 图形

　　图 5.25 是 CBIC 的工作模式，B787 在飞行中和在地面时 CBIC 的工作模式不相同。在飞行中，CBIC 工作于受限制模式。飞机在地面，CBIC 的入口已打开或地面电源有效时工作于地面控制模式。飞机在地面，CBIC 的入口已开通或地面电源已有效且地面测试开关已开通时为维护模式。图 5.25 中列出了四种开关电器：ELCF(即 ELCC 和 ELCM 的组合)，FC ECB(是飞控用固态继电器的 SSR)，ECB(即 SPDU 和 RPDU 中的 SSPC)，Thermal CB(即 TCB 不可控的热保护开关)。这四种开关有 5 种工作状态：断开、闭合、锁定、不锁定和显示。由图 5.25 可见，对 TCB 来说，CBIC 只显示它的工作状态，不能操控。飞控系统的 SSR 除显示状态外，只能在地面闭合或断开。对于 ELCF，除显示状态外，在飞行中只能由 CBIC 闭合，断开功能由 GCU 或 BPCU 和 ELCU 的保护功能实现。在地面则 5 种工作状态都可由 CBIC 完成。对于 SSPC、CBIC 不仅可在地面也可在飞行中进行 5 种工作状态的操控。上述策略有利于减少飞行中的误操作。

电路保护装置		控制受限模式	地面模式	维护模式
ELCFs	断开		✠	✠
	闭合	✠	✠	✠
	锁定		✠	✠
	不锁定		✠	✠
	显示	✠	✠	✠
FC ECBs	断开		✠	✠
	闭合		✠	✠
	锁定			
	不锁定			
	显示	✠	✠	✠
ECBs	断开	✠	✠	✠
	闭合	✠	✠	✠
	锁定	✠	✠	✠
	不锁定	✠	✠	✠
	显示	✠	✠	✠
Thermal CBs	断开			
	闭合			
	锁定			
	不锁定			
	显示	✠	✠	✠

图 5.25　CBIC 的工作模式

　　CBIC 通过 ARINC 664 数据总线可实现 CCR 与 RPDU、SPDU、飞行控制模块(FCM) 和其他控制器间的通信。CBIC 还通过 CCR 中的图形发生器模块 GGM 借助于 GGM 中的 ARINC 图形服务软件与 MFD 通信。借助键盘和鼠标可以从 MFD 进入 GGM。维护计算机的显示器也可借助 CBIC 显示 SSPC 的运行状态。

　　图 5.26 是 CBIC 在 B787 飞机上的通信关系，图中左上方是 GGM 与 MFD 和键盘间通信，MFD 在飞行员前仪表板上，图中称仪表板为 Flight Desk。GGM 与驻留 CBIC 软件的 CCR、GPM 间用 CDN 总线通信，为 CCR 内部通信。CCR 与乘员信息系统(Crew Info System)

间也用 CDN 总线，乘员信息系统又与机上维护计算机间有通信线。CCR 又通过网络开关与 BPCU、RPDU 和飞控系统间通信。

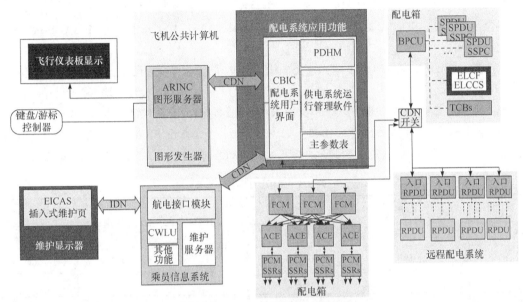

图 5.26 CBIC 的通信接口系统图

CBIC 接收 RPDU 返回的 SSPC 信号，如 SSPC 的状态(闭合、断开、故障跳闸、锁定)、用电设备电压和电流及该 SSPC 的控制指令。若飞行员通过 MFD 操控 SSPC，则 CBIC 会向 RPDU 中该 SSPC 发送状态转换指令。这个指令先到达 Gateway RPDU 再到该 SSPC 所在的 RPDU。

CBIC 接收通过 BPCU 转发的 SPDU 中的 SSPC 和 TCB 信息与 P300、P400 中的 ELCU 信息，还接收由 BPCU 转发的 GCU 控制的 ELCU 信息。这些信息中也包括 ELCU 的状态、用电设备的电流与电压和相应的控制指令。CBIC 也向这些电器发送状态转换指令。

CBIC 接收飞行控制柜中的飞行控制模块 FCM 中的 SSR 和 TCB 状态信息，也向 SSR 发送指令。

CBIC 接收以下信息：由近地传感系统(PSS)的飞机地面空中信号、乘员舱门状态信号、地面测试开关信号、机轮制动系统(BSCU)的机轮转速信号和外电源在机上使用的信号。

5.11 二次电源配电箱

在 B787 飞机的前电气设备舱有左右两个二次电源配电箱 SPDU。SPDU 向远程配电箱 RPDU 和附近用电设备配送 28V 直流电，还向窗玻璃电气加热设备提供 115V 交流电。

1. SPDU 的构成

SPDU 箱内有 2 块微处理器板卡和 16 块功率板卡。
微处理器板卡含有内部电源，内部电源不仅供给板卡本身需要，还向功率板卡供电，含有 TTP/C 通信口。两处理器板卡构成主辅结构。

功率板卡就是 SSPC 组，交流功率板卡有两种类型，AC1 内含 1 个 45A 115Vac SSPC，AC2 内含 2 个 22.5A 115Vac SSPC。28Vdc 功率板卡有三种类型：DC2 内含 2 个 45A SSPC，DC4 含 3 个 35A SSPC 和 1 个 15A SSPC，DC19 内含 2 个 10A SSPC、5 个 5A SSPC 和 12 个 2.5A SSPC。

表 5.8 列出了左右 SPDU 内的 18 个插槽内的板卡名称，由表可见，1 号和 18 号插槽为微处理器板卡。L SPDU 有 4 个插槽为空卡，实际只有 3 块 AC 卡和 9 块 DC 卡，故有 4 个 115Vac SSPC 和 56 个 28Vdc SSPC。R SPDU 有三个空槽，有 3 块 AC 卡和 10 块 DC 卡，3 块 AC 卡中有 4 个 115Vac SSPC，10 块 DC 卡中有 58 个 28Vdc SSPC。在 B787 飞机的 SPDU 中，L SPDU 实际使用的直流 SSPC 为 51 个，R SPDU 实际使用的直流 SSPC 为 50 个。

表 5.8　SPDU 箱内的板卡

插槽号	L SPDU	R SPDU	插槽号	L SPDU	R SPDU
1	micro	micro	10	DC2	DC2
2	DC19	DC19	11	DC2	DC2
3	DC2	DC2	12	DC2	DC2
4	—	—	13		DC2
5	DC4	DC4	14	—	—
6	AC1	AC1	15	DC4	DC4
7	AC1	AC1	16	—	
8	AC2	AC2	17	DC19	DC19
9	DC2	DC2	18	micro	micro

2. SPDU 的电源

L SPDU 的 115V 交流电由 L 115Vac Bus 供电，28Vdc 有两路，一路来自 L 28Vdc Bus，另一路来自 Capt Instr Bus。在 28Vdc Bus 上接有 34 个 SSPC，在 Capt Instr Bus 上接有 17 个 SSPC。

R SPDC 的 115V 交流电由 R 115Vac Bus 供电，28Vdc 也有两路：一路来自 R 28Vdc Bus；另一路来自 F/O Instr Bus。在 R 28Vdc Bus 上有 32 个 SSPC，在 F/O Instr Bus 上有 18 个 SSPC。

3. SPDU 的应用软件

存储于 CCR 中的电源应用软件 PDHA 通过 CBIC 访问 SPDU 中的交流 SSPC 和直流 SSPC。飞行员可借助 MFD 的虚拟开关控制 SSPC 并在 MFD 上显示 SSPC 的状态和查询 SSPC 控制的负载电流与电压。

5.12　远程配电箱

B787 飞机上的 17 个远程配电箱(RPDU)构成远程配电系统(RPDS)，RPDS 分布于飞机上小功率用电设备集中的地方，形成分布式配电系统，显著缩短了配电线长度，减轻了电网重量，提高了电网可靠性。

5.12.1　RPDU 的构成

17 个 RPDU 的构成相同，由 2 块微处理器板卡和 6 块功率板卡组成。2 块微处理器板卡，每块板卡均由微处理器、内部电源和通信口三部分组成。6 块为固态功率控制器组的板卡，又称为功率模块。有两种功率模块：交流模块 AC12 和直流模块 DC19。AC12 由 3 路 2.5A 115Vac SSPC、3 路 5A 115Vac SSPC、3 路 7.5A 115Vac SSPC 和 3 路 10A 115Vac SSPC 组成，同一额定电流的 3 个 SSPC 可构成 3 路单相开关或 1 路两相 1 路单相开关，也可构成 1 个三相开关。若该 RPDU 仅有 115V 单相用电设备，则一块 AC12 板卡有 12 个 SSPC，可控制 12 个 115V 用电设备。

DC19 板卡中有 19 个 28Vdc SSPC,其中 2 个为 10A 28Vdc SSPC,5 个为 5A 28Vdc SSPC 和 12 个 2.5A 28Vdc SSPC，故一块 DC19 板卡可控制 19 个 28Vdc 小功率用电设备。

由图 5.27 可见，交流模块由 115V 三相交流汇流条供电，直流模块由 28V 直流汇流条供电，28V 直流电进入 RPDU 后分为两路：一路供给 RPDU 的内部电源，内部电源向微处理器和其接口及通信电路供电，也向功率板卡的内部电源供电；另一路是通过 SSPC 向用电设备提供 28V 直流电。由图可见，进入 RPDU 的 28Vdc 电源有两路：一路为主电源，另一路为备份 28V 电源。

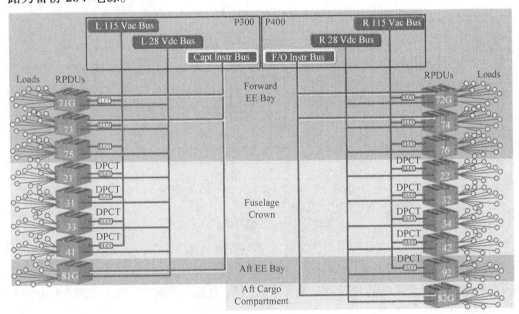

图 5.27　RPDU 系统框图

图 5.27 中还有 RPDU 的通信总线入口。RPDU 有两种：一种是入口 RPDU(Gateway RPDU)，另一种是标准 RPDU。Gateway RPDU 对外的通信总线为 CDN 总线，对标准 RPDU 的通信总线为 TTP/C 总线。标准 RPDU 只有和 Gateway RPDU 通信的 TTP/C 数据总线。

5.12.2　RPDU 群

图 5.28 是由 17 个 RPDU 构成的分布式 RPDS 电力线和信号线框图，由图可见，按入口 RPDU 与标准 RPDU 的通信关系可分为 4 个 RPDU 群。图中：

RPDU 75、RPDU 73、RPDU 21 和 RPDU 71 为第一个群，RPDU 71 为入口 RPDU；

RPDU 33、RPDU 31、RPDU 41 和 RPDU 81 为第二个群，RPDU 81 为入口 RPDU；

RPDU 74、RPDU 76、RPDU 22 和 RPDU 72 为第三个群，RPDU 72 为入口 RPDU；

RPDU 92、RPDU 34、RPDU 32、RPDU 42 和 RPDU 82 为第四个群，RPDU 82 为入口 RPDU。

由图 5.28 可见，入口 RPDU 既有 CDN 总线接口，也有 TTP/C 总线接口，后者为同一群的 RPDU 通信线。入口 RPDU 通过 CDN 总线和 CCR 通信。

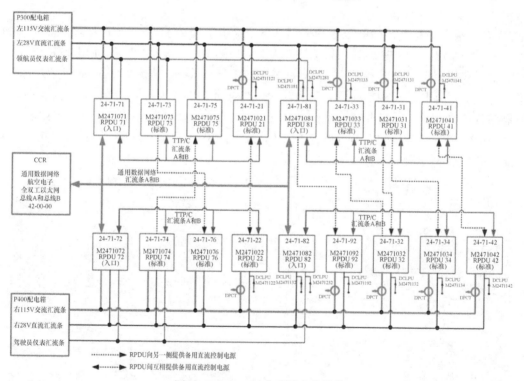

图 5.28　RPDS 的电力线和信号线

图 5.28 中，上方标有奇数编号的 RPDU 在飞机的左侧，115V 交流电由 L 115Vac Bus 供给，28V 直流电由 L 28Vdc Bus 和 Capt Instr Bus 供给。下方是标有偶数编号的 RPDU，在飞机右侧，115V 交流电由 R 115Vac Bus 供给，28V 直流电由 R 28Vdc Bus 和 F/O Instr Bus 供给。

由图 5.28 可见, 飞机左侧的 RPDU 71 和 RPDU 73 有一条 115V 交流输入线和 2 条 28Vdc 输入线, 其他 6 个 RPDU 只有一条 L 28Vdc 直流汇流条供电。类似的, 飞机右侧的 RPDU 72 和 RPDU 74 有一条 115V 交流输入线和两条 28V 直流输入线, 其他 7 个 RPDU 只有一条 115V 交流和一条 28V 直流输入线。这样降低了 RPDU 的供电余度, 为了弥补这个不足, 又增加了 RPDU 间的电源供给, 如图 5.28 中虚线所示。图 5.28 中有 8 条虚线, 如 RPDU 73 可向 RPDU 76 供电, 这路电只是增加了 RPDU 76 的控制电源余度, 不能作为 SSPC 的输出电源。RPDU 21 和 RPDU 22 间的虚线有两个箭头, 表示 RPDU 21 可以向 RPDU 22 提供 28V 直流电, 而 RPDU 22 也可向 RPDU 21 提供 28V 直流电, 从而互为余度。

图 5.28 中有 9 个 RPDU 的交流输入线有差动保护电流互感器组, 这几个 RPDU 的馈电线很长。图中的直流输入线端有雷电过压保护单元 DC LPU。

5.12.3 RPDU 的分布

图 5.29 是 RPDU 在 B787 飞机上的分布示意图。在飞机舱门 1 附近的前电气设备舱有 P300、P400 配电箱和 P500、P600 二次电源, 其中还有 6 个 RPDU, 其编号为 71、73、75(左侧), 72、74、76(右侧)。在舱门 2 附近有 RPDU 21 和 RPDU 22。舱门 3 附近是后电气设备舱, 有 P100、P150、P200 电源配电箱和 P700、P800 高压直流配电箱, 还有 4 台远程配电箱, 编号为 32、92、33 和 81。在舱门 4 附近有 RPDU 41 和 RPDU 42 两个配电箱。在舱门 3 和舱门 4 之间的舱段中有 RPDU 82、RPDU 31 和 RPDU 34 三个配电箱。

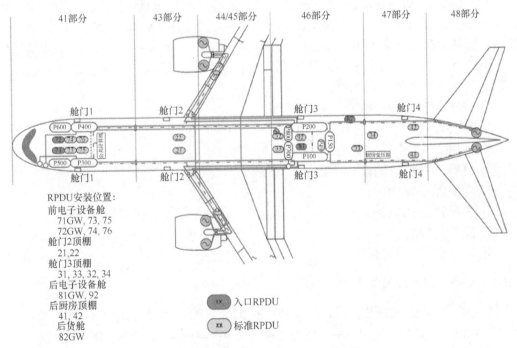

图 5.29 RPDU 在 B787 飞机上的分布

在 RPDU 的附近有数量较多的小功率用电设备。由于编号为 22、32、92、34、42、21、33、31、41 的 RPDU 在飞机中后段, 离 P300 和 P400 较远, 故有差动保护电路, 以实现 115V

配电线短路故障保护。在 P300 和 P400 中的 ELCU 通过三相馈电线向各 RPDU 提供 115V 三相交流电，如果馈电线发生接地短路或线间短路故障，该路的 ELCU 即使其 ELCC 迅速断开，切除短路故障，此时由该 ELCC 供电的 RPDU 的交流电源即中断，相应的交流用电设备即失电。

5.13　多电飞机负载管理

B787 飞机负载管理的目的是在飞机的不同工作条件下使飞机的用电量小于电源的额定容量，保证电源设备安全和可靠工作。由于供电系统为变频交流体制，各电源间为不并联运行状态，飞机在飞行中形成 4 条供电通道，即 L1、L2、R1 和 R2，故 B787 飞机负载管理实际上是让各发电通道的电源和二次电源设备不在过载状态下长期运行。

智能电器、智能控制器和快速通信网络的应用，使 B787 飞机负载自动管理达到了新的高度。负载管理必须注意三点：一是卸载的次序和时间间隔；二是负载恢复使用的条件、加载次序和时间间隔；三是飞行员仪表板上的多功能显示器必须及时反映负载的情况。负载管理是由 BPCU 执行的。

5.13.1　实行负载管理的电源设备

航空发动机的功率远大于其上的两台 VFSG 的额定功率，但是在飞机起飞和爬升阶段，发动机处于最大功率状态，必须限制在这种条件下由它传动的 VFSG 的输出功率。APU 在地面时的功率很大，远大于其传动的 2 台 ASG 的发电功率，但是随着飞机飞行高度的增加，空气密度降低，APU 的功率也随之降低，这也有限制 ASG 输出功率的必要。总体而言，需要实行负载管理的电源设备如下：

(1) 变频交流起动发电机(VFSG)；

(2) 辅助动力装置起动发电机(ASG)；

(3) 自耦变压整流器(ATRU)；

(4) 自耦变压器(ATU)；

(5) 变压整流器(TRU)；

(6) 主蓄电池(Main Battery)；

(7) 外电源(EP)；

(8) 航空发动机和辅助动力装置。

5.13.2　负载管理用控制电器

图 5.30 是 BPCU 通信网络结构示意图。由图可见，BPCU 和 GCU、SPDU、RPDU、ELCU、CMSC 间通信，还和飞机环境控制系统的组件控制器(PCU)、组合冷却系统(ICS)控制器、燃油系统控制器 Fuel、机翼防冰系统(WIPS)控制器、氮气发生器(NGS)控制器、飞机液压系统控制器 HYDIFF、APU 控制器(APUC)和发动机电子控制器(EEC)间通信。其中一个重要功能是实现负载自动管理。

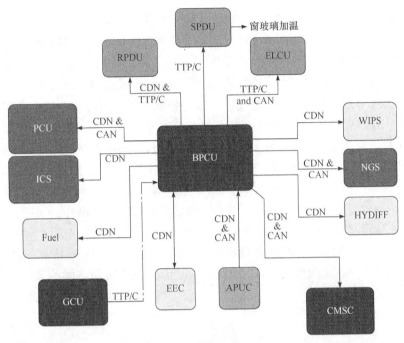

图 5.30　BPCU 通信网络结构示意图

L BPCU 是负载管理的主控机，R BPCU 是辅控机。

5.13.3　负载管理的类型

B787 飞机负载管理有以下七种类型：

(1) 事先估计到的负载管理；

(2) 电源过载时的负载管理；

(3) 温度过高时的卸载；

(4) 地面作业和地面服务模式时的负载管理；

(5) 外电源供电时的负载动态管理；

(6) 地面维护工作时的负载管理；

(7) 航空发动机起动时的卸载。

在以下几种情况下，由于发电设备的情况事先已估计到，故 BPCU 可卸去次要用电设备，防止电源过载。

(1) 飞机系统上电时；

(2) 飞机系统停止用电前后；

(3) 地面作业阶段；

(4) 地面服务阶段；

(5) 某一电源发生故障退出电网，实现电网重构期间；

(6) 某一电源变换器(ATU、ATRU、TRU)发生故障退出供电，电网转换期间；

(7) 电源设备的冷却系统出现故障，电源设备必须降额使用时；

(8) 需要大功率用电设备工作时，如起落架收起时或襟翼收放时。

发电设备发生故障时，BPCU 必须卸去该设备上的次要负载，使之回到额定运行状态。例如，某外电源发生过载，BPCU 必须以 5s 间隔逐步卸去其次要负载，直到该外电源不过载。若 VFSG 或 ASG 发生过载，BPCU 第一步是降低由 CMSC 驱动的电动压气机的转速，直到该发电机不过载。BPCU 还必须防止航空发动机过载，左侧两 GCU 或右侧两 GCU 发送到 BPCU 电流信号，通过 BPCU 协同 EEC 分析左或右发动机是否过载，若有过载即卸去次要负载。

B787 飞机机身顶部有温度传感器，因为碳纤维的机体温度不宜过高。若发现顶棚温度过高，BPCU 通知飞机座舱服务系统(CSS)，CSS 即降低座舱照明灯的亮度，降低功耗。若温度还是升高，则 CSS 将照明灯亮度降到最小值，若仍不能降温，则 CSS 会关闭娱乐设施。B787 飞机上的 ATRU 和 CMSC 借助功率电子系统冷却装置(PECS)进行液冷，若该冷却液的温度超过 64℃，BPCU 将发送指令以关掉优先级较低的设备，以让优先级高的设备继续工作，若冷却液的温度继续升高，则 CMSC 或 MC 中的过温保护电路工作，停止该设备运行。

由外电源供电进入地面作业模式，BPCU 只允许地面作业所需的约 530 个设备得电工作，这些设备主要有：

(1) 空勤人员信息系统；

(2) 厨房供电；

(3) 飞行员仪表板照明；

(4) 飞机外部照明；

(5) 飞机控制设备；

(6) 皮托管加温；

(7) 无线电台；

(8) 飞机内部通话设备；

(9) 窗玻璃加温；

(10) 机翼防冰；

(11) 公共计算机；

(12) 飞行记录仪；

(13) 仪表板上的显示器和冷却系统 PECS 等。

进入地面服务模式时，新加的设备约有 160 种，如：

(1) 座舱照明；

(2) 盥洗室电源；

(3) 中央维护计算机系统；

(4) 防冰用加热设备；

(5) 货舱加温；

(6) 循环通风风扇等。

地面服务和地面作业时使用的电器还和飞机当时的环境条件有关，如加温和防冰设备，仅在冬天气温低时才需要。

外电源向机上供电时，应考虑以下三种情况以实现用电设备的动态管理：一是飞机所在区域的环境温度，二是有无地面空调车接到飞机上，三是地面电源额定功率的大小。

当左右两前外电源接到机上时，L BPCU 监控 L EP，R BPCU 监控 R EP。当只有一个前 90kV·A 外电源，且温度环境高于 26℃时，应有地面空调车接入飞机，以使飞机上更多电气设备能工作。

若后外电源也接入飞机，则左侧的电动液压泵和环境控制系统的电动压气机(CAC)也可工作，从而可使更多的用电设备在两前外电源供电下工作。

表 5.9 是外电源动态卸载表。由表可见，仅一台 90kV·A 外电源时，有 5 种设备不允许工作，即氮气发生系统、机载娱乐系统、厨房电加热设备、货舱加温和液压系统。若有两台 90kV·A 外电源，则仅厨房电炉和货舱加温不能用，可有一台电动液压泵工作。

表 5.9　外电源动态卸载表

负载	一台 90kV·A 电源	两台 90kV·A 电源
驾驶舱显示器	可以工作	可以工作
货物/行李处理	可以工作	可以工作
燃油系统	可以工作	可以工作
厨房电冰箱	可以工作	可以工作
座舱通风—1 个厕所/厨房通风风扇	可以工作	可以工作
座舱照明	降低亮度	中等亮度
氮气发生系统	关闭	可以工作
机载娱乐系统	关闭	受限制
厨房电加热设备	关闭	关闭
货舱加温	关闭	关闭
液压系统	关闭	一台电动泵

地面维护模式十分重要，因为要对机上设备进行测试，此时至少要有一台 90kV·A 外电源接上飞机电网，且机上所有汇流条均有电。表 5.10 表示地面维护模式在不同外电源接入下，电动液压泵(EMP)的工作对其他用电设备工作的影响。第二列是仅一台 90kV·A 外电源接入飞机时的情况，若电动液压泵不工作，则除厨房电加热设备和机载娱乐系统不能工作外，其他设备均可开动。若此时要开动电动液压泵，必须关掉其他 5 种用电设备，如表中第三列所示。

表 5.10　地面维护时的五种工作状态

负载	一台 90kV·A 电源 无电动泵	一台 90kV·A 电源 一台电动泵	一台 180kV·A 电源 无电动泵	两台 180kV·A 电源 一台电动泵	两台 180kV·A 电源 两台电动泵
基础航空电子设备	可以工作	可以工作	可以工作	可以工作	可以工作
氮气发生系统	正常工作	关闭	正常工作	关闭	关闭
设备降温	通风风扇可用	关闭	通风风扇可用	通风风扇可用	关闭

续表

负载	一台 90kV·A 电源 无电动泵	一台 90kV·A 电源 一台电动泵	一台 180kV·A 电源 无电动泵	两台 180kV·A 电源 一台电动泵	两台 180kV·A 电源 两台电动泵
座舱通风	1 个厕所/厨房通风 风扇	关闭	1 个厕所/厨房通风 风扇	1 个厕所/厨房通风风 扇	关闭
空气循环	上风扇开启 下风扇可用	关闭	空气循环风扇低速	空气循环风扇低速	关闭
座舱照明	中等亮度	中等亮度	正常亮度	中等亮度	中等亮度
厨房电冰箱	单个 SCU	关闭	两个 SCU 可用	单个 SCU 可用	关闭
电力电子设备冷却 系统	仅一个循环	仅一个循环	双循环	双循环	双循环
厨房电加热设备	关闭	关闭	关闭	关闭	关闭
机载娱乐系统	关闭	关闭	靠背电源开启	关闭	关闭
地面作业/服务	可以工作	不推荐	可以工作	关闭	关闭
液压系统	关闭	一台电动泵	关闭	一台电动泵	两台电动泵

当有两台 90kV·A 外电源向飞机供电时，随 EMP 工作台数不同，能工作的用电设备变化也很大，没有 EMP 时表 5.10 中除液压系统外的前 11 项用电设备，只有厨房电加热设备一项不能工作。但当有两台 EMP 运行时，这 11 项设备中有 8 项必须停止工作。可见随维护工作的逐步展开，用电设备的工作不断在转换，在这个过程中，关键还是防止电源设备过载。

航空发动机电起动时需要大的电源供电，正常情况下均由 ASG 供电，ASG 供电时有两种情况：一是两发动机逐台起动，二是两发动机同时起动。若 APU 不工作，由外电源供电起动航空发动机时又可分为三个地面电源供电和两个地面电源供电两种情况。

在有 3 个 90kV·A 地面电源供电起动航空发动机时，以下用电设备必须停止工作 2min：

(1) 飞机下方循环通风风扇；

(2) 冲压空气进气道电风扇；

(3) 座舱电加热器；

(4) 环境控制系统的空气调节组件；

(5) 厨房电冰箱；

(6) 氮气发生系统；

(7) 窗玻璃加温。

并且，座舱照明和机载娱乐系统降低用电量 50%。

仅两台 90kV·A 外电源供电时要进一步关掉一些用电设备 2min，见表 5.11。在仅两台 90kV·A 外电源时，起动航空发动机期间，Capt Instr Bus 和 F/O Instr Bus 转接到由主蓄电池供电。由表 5.11 可见，由 APU 的两台 ASG 供电起动航空发动机是最好的选择。这也说明，为了实现航空发动机的电起动，必须合理配置 APU 和 ASG。

表 5.11 起动航空发动机期间必须停止工作的设备

负载	双起动发电机	单起动发电机	三个外电源	两个前外电源
ECS 组件运行	关闭	关闭	关闭	关闭
循环风扇	打开	打开	上风扇	关闭
厕所/厨房通风风扇	打开	打开	打开	关闭
冲压冷气风扇	打开	打开	关闭	关闭
电子设备冷却风扇	打开	打开	打开	关闭
座舱加热器	打开	关闭	关闭	关闭
厨房电加热设备	打开	关闭	关闭	关闭
厨房电冰箱	打开	关闭	关闭	关闭
座舱照明	打开	中等亮度	中等亮度	最低亮度
机载娱乐系统	打开	50%最大功率	50%最大功率	关闭
窗玻璃加温	打开	关闭	关闭	关闭
氮气发生系统	关闭	关闭	关闭	关闭

5.14 本 章 小 结

开关电器是飞机电网的重要元件，B787 飞机的开关电器有两类：一类是可控的电器，如断路器、接触器、继电器和固态功率控制器；另一类是不可控的电器，即热断路器(TCB)。TCB 相当于自动开关，平时总是接通的，故在 TCB 电路中的用电设备在飞机电源接通后，设备即通电工作，它们是飞机上长期工作的电气设备，仅当电路故障 TCB 自动跳闸后才断电。但因 TCB 都接于 28Vdc 汇流条上，若这些汇流条失电，则由 TCB 配电的设备也将失电，在 B787 飞机上由 TCB 配电的负载约 150 个。

可控的开关电器为智能电器,有两类：ELCU 和 SSPC。智能电器、智能控制器(如 GCU、BPCU 等)、公共计算机及其数字网络的应用，实现了飞机电网的自动化、负载的自动管理，大幅度减轻了飞行员的负担，同时大幅度减少了常规电网中的检测线、信号线和控制线，减少了开关板，从而大幅度减轻了电网的重量，提高了电网的可靠性和生命力，提高了飞行员对电网运行了解的深度和广度，也让地勤人员提高了对飞机电网的认知，让飞行员更放心，让地勤人员能更快地了解电气系统的故障，加快排故的进度，提高飞机出勤率。

智能电器的应用，特别是量大面广的固态功率控制器的应用大幅度提高了电网电能品质，因为当发生配电网的短路故障时，SSPC 可在很短时间内切除短路。

B787 飞机的 P100、P200、P150、P300、P400、P700、P800 等电源配电箱，SPDU 和 RPDU 等二次电源配电箱和远程配电箱中都有微处理器，这些处理器也都有数字数据总线的通信，从而实现了设备的初始自检和运行自检，防止带故障起飞。如果发生故障，GCU

和 BPCU 等智能控制器将以合理的方式快速排除故障，并向飞行员报告。让飞机在故障排除后仍能安全完成飞行任务。B787 飞机的 GCU 和 BPCU 已不同于恒频交流电源的常规飞机中的 GCU 和 BPCU，它们的功能已大幅度增强了。

由此可见，多电飞机的电气系统实际上含有两个网络：一个是电力网络，另一个是计算机数字网络。这两个网络紧密配合，大幅度提高了飞机电气系统的技术水平和技术性能，从而也提高飞机的安全性、可靠性、维修性和出勤率。

第6章　变频交流电源的发展

6.1　VFSG 和 ATRU 的发展

B787 飞机的 250kV·A VFSG 是自 20 世纪 90 年代开始发展起来并成功装机运行的变频交流起动发电机。从分析来看，VFSG 尚有进一步优化的可能，优化的目标是提高功率密度和效率。

A380 飞机的 150kV·A 变频交流发电机最低发电工作转速为 10800r/min，C919 飞机 120kV·A 变频交流发电机发电工作转速为 10800~24000r/min。而 B787 飞机 250kV·A VFSG 发电工作转速为 7200~16000r/min，工作频率为 360~800Hz。最低发电工作转速的提高有利于降低电机重量，若将 VFSG 的转速提高到 10800~24000r/min，重量可降低约 20%。由于转速的提高，起动工作转矩也可以从 407N·m 降到 272N·m，有利于降低电机转子结构重量。

ATRU 的应用是 B787 飞机电源的一个特色，由于 ATRU 中应用了自耦变压器和多相整流，降低了 ATRU 的重量，改善了输入电流波形、输入功率因数并减小了输出电压脉动。由于自耦变压器是由硅钢片和铜导线构成的，钢和铜的比重高，故 ATRU 的重量较大。减小 ATRU 重量的最简单方法是去除自耦变压器，将 VFSG 的输出三相交流电用三相二极管整流桥直接转为±270V 直流电。这种方法的缺点是会导致交流电流的波形畸变和输出电压的脉动较大。在地面电力系统中早就采用有源电力滤波器(APF)来消除线路上因引入整流负载导致的谐波。由于谐波成分不大，所需 APF 的容量不大。APF 是一个三相 DC/AC 变换器，产生和线路上电流谐波频率相同、幅值相同但相位相反的谐波，以抵消线路谐波，使馈电线电流只有基波分量，见图 6.1(a)。

APF 还可以输出和 VFSG 相同频率的容性无功电流，以抵消网络上感性负载产生的无功分量，使发电机输出功率因数为 1.0，从而降低 VFSG 对励磁功率的需求。进一步可让 APF 输出更多容性电流，使发电机中流入直轴增磁电流，从而进一步降低对励磁电流的需求，降低电机转子的应力，提高转子工作可靠性。

为了减小整流桥输出直流电压的脉动，在 APF 中设置直流 APF(DC APF)，用于补偿整流桥换相导致的电压损失。由于电压损失占比较小，DC APF 所需功率也不大。

也就是说，用三相整流桥 AC APF 和 DC APF 来替代 ATRU，有助于降低 AC/DC 变换器的重量。

在变频交流发电系统中，瞬态过电压保护器(OVTPU)是一个不可缺少的部件，主要用于抑制突卸大功率负载或短路突然切除时引起的过电压浪涌。OVTPU 引入一个瞬时大容量有功或无功负载来抑制电压浪涌。当在系统中引入 APF 后，APF 即可代替 OVTPU，因为 APF 本身就是一个无功负荷发生器，可以用于抑制过压浪涌，也可抑制欠电压浪涌。

由此可见，含有有源电力滤波器 APF 的桥式整流器 ARU 是一台多功能电力电子变换器：第一个功能是实现 AC 到 DC 的转换，代替 ATRU；第二个功能是生成发电机到整流桥 DU 馈电线电流的正弦波；第三个功能是降低 DU 电压脉动的补偿；第四个功能是 VFSG 的无功功率补偿；第五个功能是 VFSG 调节点电压的动态补偿，不再使用 OVTPU，且有比 OVTPU 更好的功能，因 APF 既可输出感性无功也可输出容性无功；第六个功能是实现 VFSG 电枢反应去磁作用的补偿，降低转子励磁功率。多功能是电力电子装置的特点。图 6.1(b) 的 AC/DC 变换器可起到和图 6.1(a) 相同的作用，且该 AC/DC 还是一个双向电能变换器。

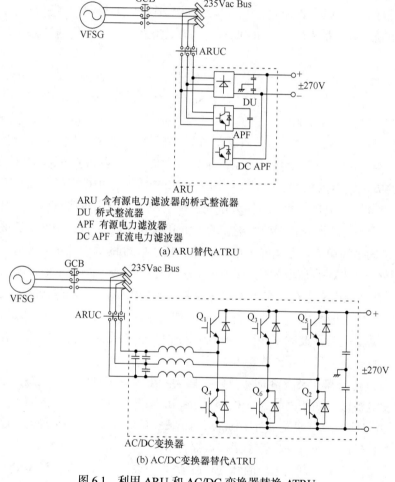

ARU　含有源电力滤波器的桥式整流器
DU　桥式整流器
APF　有源电力滤波器
DC APF　直流电力滤波器

(a) ARU 替代 ATRU

(b) AC/DC 变换器替代 ATRU

图 6.1　利用 ARU 和 AC/DC 变换器替换 ATRU

6.2　APU 起动发电机的简化

B787 飞机的 APU 上装两台 225kV·A、12000r/min、400Hz 235Vac 起动发电机 ASG。由于 ASG 的容量很大，而 APU 起动功率较小，约 10kW。ASG 由 50A·h 锂电池起动时，由 SPU 将 28V 电池电压转换成 115Vac 360～800Hz 变频交流电，其中一部分向 ASG 的励磁绕组供电，另一部分送 CMSC 向 ASG 电枢绕组供电。SPU 额定功率为 13.5kV·A。

由于 ASG 发电功率远大于起动功率，也就是说，从电机本身来看，ASG 输出能力远超 APU 起动需求，故起动时可以考虑不用交流励磁，直接用磁阻转矩起动。同步电机的磁阻转矩表达式和$(X_d-X_q)I_dI_q$ 成正比，合理的电机结构参数可使 X_d-X_q 值加大，表明不改变 I_dI_q 值可进一步加大磁阻转矩。同时，合理配置 I_dI_q 的比值也很重要，比值合理有利于减小 CMSC 的输出电流有效值和 CMSC 的消耗功率。

ASG 的起动不用交流励磁后，为 SPU 的小型化也创造了条件。B787 的 SPU 实际上由 DC/DC 和 DC/AC 两个变换器组合而成，这样只要其中的 DC/DC 就可向 CMSC 提供直流电，从而向 ASG 供电以起动 APU。

ASG 起动 APU 不用交流励磁后，ASG 的励磁机励磁绕组的设计功率得以大幅度减小，减轻了 ASG 的励磁机重量和相应的交流励磁供电电路的重量。由此可见，B787 电源系统的潜力可以进一步挖掘。

6.3　变压整流器的改进

B787 飞机上有四台 240A TRU，四台 TRU 在前电气设备舱，而向 TRU 供电的 235Vac Bus 在后电气设备舱，235Vac Bus 向 TRU 供电的线路相当长。同时，远程配电箱 RPDU 又分布于飞机的各处，仅 1/3 RPDU 在前电气设备舱，故约有 640A 的 28V 电能要向远离前电气设备舱的 RPDU 馈送，导致馈电电缆较重。因此更合理地分布 TRU 是值得探讨的。

优化的配置方式是 TRU 设于 RPDU 的内部，这样可省去所有从 TRU 到 RPDU 的 28V 馈电线。

然而由于 TRU 由低频(360～800Hz)变压器和二极管三相整流桥构成，体积重量大，置于 RPDU 内部的可能性较小。较现实的办法是用电力电子变换器来代替 TRU。

最简单地将 235Vac 360～800Hz 交流电转为 28V 直流电的电力电子变换器由两部分构成，前级为功率因数校正器(PFC)，后级为 DC/DC 变换器。PFC 将 235V 交流电转换为 600V 直流电，DC/DC 将 600V 直流电转为 28V 直流电。这样 PFC 和 DC/DC 均可构成板卡式电源。若每块板卡可输出 100A、28V 直流电，则 17 个 RPDU 可输出 17×100A 的电能，已大于现有的 TRU 总输出。板卡可置于 RPDU 机箱内。

这样，自电源到 RPDU 的电力线均为 235V 和 115V 导线，消除了截面较大的 28V 导线。若 PFC 的输入电源为 115V 交流电，则 RPDU 的输入线只有 115V 导线。

6.4　起动航空发动机电源构成和特性

B787 飞机的 SPU 将 28V 直流电转换为 360～800Hz 115V 三相交流电，三相 SPU 由三个相同的单相单元构成，图 6.2 是构成框图。该图和 6.2 节的讨论不同，H 桥将 28V 直流电转为高频交流电，升压变压器将交流电压提高，经同步整流，高频交流电转为 360～800Hz 交流电，中间没有直流环节。实际输出频率由 PWM 控制器实现，在 B787 飞机上输出频率为 750Hz。

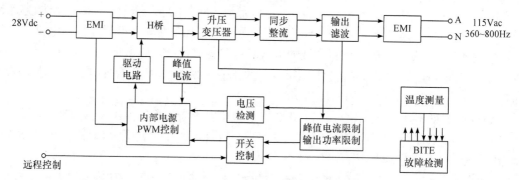

图 6.2　SPU 构成框图(单相)

SPU 的主要技术指标见表 6.1。

表 6.1　SPU 主要技术指标

序号	SPU 参数	技术数据
1	输入电压/Vdc	22～33
2	输出相电压额定值/Vrms	115
3	接线方式	三相四线制
4	输出电压/Vrms	100～122
5	输出频率/Hz	360～800
6	额定输出相电流/Arms	39.2
7	过载电流/Arms	43
8	短路电流/Arms	49
9	额定输出功率/kW	13.5
10	过载功率(4s 内)/kW	14.8
11	最大相移/电角度/(°)	±4
12	总谐波含量/%	3(相对基波)
13	单次谐波含量/%	1(相对基波)
14	相电压最大不平衡/Vrms	6
15	对地最大直流分量/V	±0.1
16	输出中线连接	和直流电源地相接
17	输出端对机壳抗电强度/Vrms	1500
18	输出端对直流输入抗电强度/Vrms	1500
19	交流电压允许最大调制量/Vrms	5

若将现有 SPU 改为 DC/DC 变换器，不仅电路简化，功率密度和效率都将提高。

6.5 本 章 小 结

SiC 和 GaN 器件的发展与逐步商业化为飞机变频交流电源的发展提供了新的基础，使之从电磁式变换器转向电力电子变换器，ATRU 和 TRU 的变革是典型实例。由于 ATRU 由图 6.1(b)的 AC/DC 替代，成为 ARU，不仅减轻了重量，而且可补偿负载的无功需求，甚至补偿 VFSG 的外特性，减小对励磁电流的需求，并减小转子应力，进一步提高 VFSG 的可靠性。同样，TRU 等都可以由高频电力电子变换技术进行革新、优化，并实现性能提升。

由此可见，电力电子器件和电力电子变换器的发展将推动变频交流电源系统的发展。

第 7 章　多电大型民机供电系统的发展

7.1　第一代多电飞机电气系统的特点

21 世纪初升空的多电飞机代表性机型有三种，一是 B787 大型客机，二是 A380 大型客机，三是 F-35 战斗机。它们属于第一代多电飞机。

B787 飞机的特点是不提取航空发动机的引气，采用变频交流起动发电机替代空气涡轮起动机，简化了发动机附件机匣，提高了发动机燃料利用率，成为节能和减少污染物排放的大型客机。该飞机每次飞行要消耗约 100t 燃油，若节能 5%，每次飞行就可少带约 5t 燃油。B787 电气系统的一个特点是变频交流起动发电机与环境控制系统的电动压气机共用电力电子设备，该设备称为通用电动机起动控制器，实现了飞机环控系统和起动发电系统的融合，降低了电气系统总重量。

A380 飞机将以往飞机的集中式液压系统局部改为分布式液压系统和电力作动系统的组合，飞机舵面操纵既有液压作动机构，也有电动液压作动机构，从而提高了飞行控制系统的可靠性和飞行的安全性，成为多电飞机 A380 的另一种特色。A350 飞机也采用变频交流电源。

B787 和 A380 飞机用变频交流电源代替了以往飞机用的 400Hz 恒频交流电源，大幅度提高了电源的效率，为飞机电源容量的增大创造了条件，为多电飞机的诞生做了准备。

F-35 是新一代战斗机，其电源系统和 B787、A380 不同，采用高压直流电源和高压直流起动发电机。辅助动力功能、应急动力功能和环境控制系统的制冷功能综合于一体，称为具有制冷功能的组合动力装置 IPCU，多个设备综合在一起大幅度减轻了设备的重量，提高了设备利用率，这成为飞机机电设备的发展方向。F-35 飞机的舵面操纵全由电动液压作动机构完成，提高了能源利用率和飞行控制系统的可靠性和生命力。

B787 的起动发电机为 250kV·A，早期针对 F-35 研制的起动发电机为 250kW，B787 的 VFSG 电机本体重 92kg，起动变换器(即 CMSC)重 52kg，总重为 144kg。F-35 早期的开关磁阻起动发电机本体重 46.6kg，起动变换器重 53.1kg，总重 99.7kg。只有 B787 的 69.2%，二者发电工作效率都在 90%左右。F-35 的起动发电机系统主要是电机本体的重量较轻。当然由于 B787 的起动变换器不仅可用于起动航空发动机，还可用于驱动压气机，从系统对比角度来看，上述 144kg 质量的计算方法不尽合理。

这三种第一代多电飞机的研发阶段为 20 世纪八九十年代。近二三十年电工科技又有了新的发展，最实用的成就是 SiC 和 GaN 电力电子器件的商业化。B787 和 F-35 的电力电子器件是以硅为基础的 IGBT 和快恢复二极管,硅器件的缺点是允许工作结温低和开关频率受到约束。SiC 和 GaN 器件不仅允许结温高而且开关频率也高，因而可显著降低电力电子变换器的重量。B787 的 CMSC 中滤波器质量为 20kg 左右，F-35 的开关磁阻起动发电机的变换器滤波器重约 14.5kg。无源滤波器的重量和器件开关频率负相关，频率高，重量轻，滤波器减轻，变换器结构重量也会下降。电力电子器件的发展方向是模块化，目前多数是将开关器件和二极管组合成模块，进一步可将驱动电路和电流、温度等检测器件集成到模块中。电力电子的集成不仅减小了体积、重量，也提高了可靠性。电力电子变换器的发展进一步带动了电机系统技术的发展，使之更轻、效率更高。电工科技的发展还表现在计算机和数字网络的发展上。

不少人提过这样的问题，B787 飞机的多电化，使飞机电气设备的重量增加了，不是减少了，可能得不偿失。这是仅从设备本身重量来看的结果。前面已讨论过，B787 飞机一次飞行载油 100t，若节油率为 5%，可节省 5t 油，而 B787 电气系统重量增加和 B767 相比，不到 5t。再进一步看，燃油消耗的减少，同时也减少了污染物的排放，是更重要的收获。

减小电气设备的重量，提高电气设备能量转换效率对电工科技人员来讲是一个永恒的话题。为此必须从电气部件和装置、子系统和整个电气系统的顶层三个层面来考量并深入研究分析。从前面列举的 B787 和 F-35 的 250kW 级起动发电机的电机本体来看，F-35 的开关磁阻起动发电机本体重量只有 B787 的变频交流起动发电机的一半，并且开关磁阻起动发电机还有进一步减重的潜力。从子系统来看，F-35 的组合动力装置 IPCU 综合了辅助动力装置(APU)、应急动力装置(EPU)和环控系统中的制冷单元，从而减轻了重量，还提高了工作效率，成为子系统综合的范例。从电源和起动系统的角度来看，B787 的变频交流起动发电机替代了空气涡轮起动机，不仅简化了发动机附件机匣，而且取消了辅助动力装置 APU 到各发动机间的大直径空气管路，为不提取引气而提高发动机工作效率创造了条件。起动变换器在不起动航空发动机时还可用于驱动电动压气机，实现电环境控制系统，这是从顶层设计角度减重并降低能耗的亮点。从这三个实例来看，多电飞机的电气系统的确优于常规飞机的电气系统，同时也有不足之处，因为这是第一代多电飞机。

如果能深入学习和消化这几种多电飞机的电气系统知识，结合电工科技的新进展来发展我国的新一代大型民机电气系统，必将走出一条自主创新之路。引进，消化吸收，再创新，我国的新一代大型民机电气系统宜建立在第一代多电飞机电气系统基础上，但不宜照搬国外的系统，必须走自主创新与发展之路，其性能将优于第一代多电飞机的电气系统。

7.2　变频交流与高压直流电气系统的对比

第二次世界大战前期的飞机上都用 28V 直流电源，随着飞机用电量的增加，28V 直流系统电网重量大幅度增加，故在第二次世界大战后期，飞机出现了 120V 高压直流电源。由于有电刷和换向器的高压直流电机高空工作换向困难，直流开关电器高空断弧不易，直流转交流的变流机体积重量大和直流电流隔离检测困难等，120V 直流电没有继续发展。1946 年，美国发明了恒速传动装置(CSD)，飞机 400Hz 115V 恒频交流电源随之诞生，半个多世纪中恒频交流电源成为飞机电源的主流，获得了广泛应用。

无论是恒速恒频 CSCF 电源，还是变速恒频 VSCF 电源，都因能量二次转换导致效率降低，损耗发热严重，阻碍了单发电机容量的进一步加大，成为多电飞机大容量电源发展的障碍。于是变频交流电源得以发展，最初是频率范围较窄的窄变频交流电源，后来转为频率从360~800Hz变化的宽变频交流电源，B787和A380飞机装备的就是宽变频交流电源。从恒频交流电源到宽变频交流电源，舍去的是CSCF电源的恒速传动装置(CSD)和VSCF电源的功率变换器。电源系统的主要部件——三级式无刷交流发电机没有变化，仅加大了容量。在VSCF电源中用的就是宽变频三级式交流发电机。与此同时，辅助动力装置(APU)的发电机也未变化，冲压空气涡轮应急发电机也没有变化，二次电源变压整流器(TRU)没有变化，自耦变压整流器(ATRU)仅将TRU的双绕组变压器改为单绕组自耦变压器，也变化不大。在400Hz电源中用的开关电器、导线、接插件等在360~800Hz电源中也可沿用。这样，从恒频交流电源转为变频交流电源的风险显著减小，而获利更多。这对于波音和空中客车公司来说投入少、产出大，因此B787和A380飞机采用了变频交流电源。

F-35则不同，这是高性能战斗机，希望电气系统的重量更轻、效率更高，于是采用了270V高压直流电源。高压直流电源的应用使原400Hz的电源和配电设备都不能再使用，不少用电设备也必须改造，从而增加了飞机电气系统的研发和生产成本，但是其带来的利益将远大于变频交流电源。

电工科技在20世纪后半叶的发展解决了飞机高压直流电源的技术难点，无刷电机、固态开关电器、固态电能变换器、霍尔电流检测元件相继诞生了，它们打开了飞机高压直流电气系统发展和应用的大门。

飞机变频交流电源的频率为360~800Hz，比地面的50Hz或60Hz高了很多，从而使飞机交流电机的功率重量比远大于地面电机。但是这个频率限制了发电机的转速和极对数，B787的250kV·A发电机为三对极，转速只能是7200~16000r/min。A380的150kV·A发电机为两对极，转速只能是10800~24000r/min。一对极的发电机转速则为21600~48000r/min，由于最高转速太高，至今还没有飞机用一对极的宽变频发电机。根据电机设计原理，电机有效材料的体积和重量与它的转速成反比，同样功率的发电机，转速10800r/min的发电机比7200r/min的发电机应轻一半，因为最低工作转速10800r/min是7200r/min的1.5倍。但实际上做不到，因为有频率制约，10800r/min的电机必须为两对极，两对极电机铁心材料的利用率比三对极低。从250kV·A VFSG与250kW的开关磁阻起动发电机重量的对比也可见VFSG的不足。VFSG是在多种约束条件下的优化设计，而开关磁阻起动发电机的约束条件要少得多，因为其输出的是直流电。由APU传动的恒速交流发电机也同样受频率和转速的约束。

恒频和变频交流电源的二次电源为变压整流器(TRU)和自耦变压整流器(ATRU)，其核心是变压器、自耦变压器和二极管整流桥。400Hz恒频交流电源中的TRU由于有400Hz变压器，与隔离式直流变换器中开关频率几十kHz的变压器相比要重得多。将115Vac 400Hz三相交流电转为28V直流电的TRU，与相同输出功率的AC/DC电力电子变换器相比有三点不足：一是体积重量大；二是电能转换效率低，TRU的效率为85%左右，而AC/DC变换器为95%左右；三是输出电压变化大，TRU的输出电压受115Vac 400Hz电源电压变动、供电线路电压降变化和TRU内部压降变化的影响，通常输出电压为26~31Vdc，而AC/DC变换器的输出电压可控制在(28±0.5)V以内。

B787的250kV·A VFSG产生的变频交流电中有150kW由ATRU转为±270V直流电，

有 7.2kW 由 TRU 转为 28V 直流电，转为直流电的总功率为 157.2kW，和 250kV·A 相比，占 62.9%，这说明 B787 飞机的用电设备大部分是直流负载。

B787 飞机有两台发动机，每台发动机传动两台 250kV·A VFSG，由于是变频交流电，4 台 VFSG 均为独立运行，不能并联运行。当一台 VFSG 故障切除后，原由该电机供电的电源汇流条必须转接到其他正常工作的发电机电路中，这个转换必造成用电设备的短时供电中断，因此该飞机上重要用电设备，如 BPCU、CCR、多功能显示器和各种电动阀门、ELCU 等都由 28V 直流电供电，28V 直流电可以并联，并有蓄电池备份，能实现不中断供电。考察 B787 飞机 235V 交流供电网，为了使任一 235Vac 汇流条在任一 VFSG 故障时能得电，必须由 6 个 BTB 来完成汇流条的转换，转换电路较复杂。

在 B787 飞机中，有 4 台 VFSG、2 台 ASG 和 1 台 RATG，在每台 VFSG 中还有供飞行控制和发动机控制的专用永磁发电机。足够多的发电机保证了飞机电源的高可靠性，因而不再需要将蓄电池的直流电转为交流电向重要交流用电设备供电。在其他飞机中，由于没有那么多发电机，就需要将电池电能转为 400Hz 交流电，从而使飞机电网进一步复杂化。

变频交流电网的馈电线为三相导线，中线为飞机机体，B787 飞机由于大量采用复合材料飞机蒙皮，复合材料本身没有导电性，故必须另加导电回路，让整个机体成为电源中线。交流馈电线中既有有功电流，又有无功电流，无功电流不传递能量，却带来损耗。交流馈电线不仅有电阻压降，还有电抗压降，且电抗压降较大，当电机频率处于 800Hz 附近时，电抗压降比 400Hz 大一倍，为了防止过大线路压降，不得不用更粗更重的馈电线。和 115V 三相馈电线相比，270V 直流馈电线即使使用双线馈电，也比三相线轻。再加上双线馈电短路故障概率大幅度降低，电网可靠性和生命力显著提高。大电流的交流电器均为有三对触点的三相电器，和一对触点的直流电器相比，体积重量要大些，但是，高压直流电器必须有专门的灭弧设施，也造成结构复杂化，目前高压直流电器都在向无触点固态电器发展。由前面对固态功率控制器(SSPC)的讨论可见，交流 SSPC 的功率开关由两个反串的 MOSFET 器件构成，而直流 SSPC 只需要一只 MOSFET 器件，故直流 SSPC 的线路压降和功率损耗均比交流 SSPC 小，相应地体积重量也小。

B787 飞机中交流电流的检测用电流互感器或三相互感器组，直流电流检测用霍尔电流传感器。电流互感器的优点是结构简单，不需要外加电源，但体积重量较大，应避免直流电流通过。霍尔电流传感器体积重量小，但必须有外电源支持。

在 B787 飞机中，风机和泵都用三相鼠笼异步电动机传动，异步电动机的特点是结构简单、工作可靠、接入三相交流电即能运行，其不足是直接连接电网的异步电动机转速不易调节，三对极异步电动机由 400Hz 电源供电时，转速在 7800r/min 左右，两对极异步电机的转速在 11560r/min 左右。当变频交流供电时，异步电动机转速随电源频率变化而改变，由于为恒压变频电源，异步电动机的电能转换效率将显著降低。F-35 和 A380 的电液作动机构(EHA)控制飞机舵面，必须能四象限运行和快速响应飞控计算机的指令，采用由 DC/AC 变换器驱动的永磁伺服电动机。由变频交流供电的 A380 中，调速电动机和伺服电动机的变换器为 AC/DC/AC 结构，所用开关器件更多。B787 飞机的 CMSC 由 ATRU 供电，CMSC 内的变换器为 DC/AC 变换器，所用开关器件较少，但因 ATRU 只能将变频交流电转为直流电，电能不能反向转换，故 CMSC 中电动机的制动能量不能返回交流电网，只能内部消耗掉。这样由 CMSC 驱动的调速电动机均为慢响应电动机，所幸的是，电动压气机、电动液压泵、电动风扇都不需要快的响应速度。在 B787 中也有电力作动机构，但均不由 ATRU 供电。这表明直接由变频电网供电的异步电动机的应用范围将日益缩小。

随着电力电子装置的应用和航电系统的发展，飞机上的非线性用电设备日益增多。B787飞机的照明灯也由白炽灯改为发光效率更高和使用寿命更长的 LED 灯，也为非线性用电设备。非线性用电设备的增多，对正弦交流电源是一个大的冲击。从工频交流设备来看，功率因数校正器、由 LC 构成的无源滤波器、有源滤波器不断得到应用，目的是减小进入 50Hz或 60Hz 电网电流的高次谐波。非线性用电设备引入的高次谐波不仅增加了飞机电网的损耗，也使电网波形发生畸变，甚至导致发电机控制器中电压调节器误差加大、电能质量降低，从而降低用电设备的性能。而直流电对非线性负载的敏感性要小得多。非线性负载仅导致直流电压脉动加大，而直流电压脉动易于被网络中的储能元件所吸收。

飞机发动机正在向多电发动机转换，以进一步简化发动机，提高发动机的节油率，减少发动机污染物的排放。多电飞机发动机有三个特点：一是不提取发动机引气，二是消去附件传动机匣及其齿轮机构(国外称为 gearless，无齿轮)，三是不使用滑油润滑和冷却轴承(国外称为 oil-free，无滑油)。这就要求由发动机高压轴直接驱动起动发电机，构成内装式起动发电机，转子支承采用气浮或磁浮轴承。目前，无论恒频交流电源，还是变频交流电源，其发电机均为三级式同步发电机，电机转子上不仅有绕组，还有旋转整流管，这样复杂的转子结构很难适应发动机内部的高温和有限空间环境，因而不得不采用高压直流电源，以便采用更合适的内装式起动发电机。

由此可见，高压直流电气系统在体积和重量、损耗发热和环境适应性等方面都优于变频交流电气系统。变频交流电气系统是恒频交流电气系统的继承者，发展风险相对较小，投资相对较少。

7.3　高压直流电源的电压

28V 低压直流电源由于电压低，可以用普通开关、按钮、继电器和接触器实现汇流条切换和负载控制，即使在高空工作也比较安全。115Vac 400Hz 交流电或 360～800Hz 变频交流电由于在一个电源周期内电压和电流过零两次，因而也可沿用 28V 直流电源用的开关电器，不同的是三相电路的开关电器必须要有三对互相隔离的触点。

直流电源电压升高后，开关电器断开时会拉出电弧烧损开关电器触点，这种现象在高空稀薄大气时更为严重，甚至无法断开电路。有刷直流电机在高空换向困难，换向器火花增大，甚至出现换向器环火现象。因此高压直流电很长时间内无法在飞机上使用。

无刷电机和固态电器的出现，为飞机高压直流电气系统的发展创造了条件。

F-22 和 F-35 飞机上使用 270V 直流电，B787 飞机的 ATRU 输出±270V 直流电，而通用电动机起动控制器(CMSC)中的开关器件实际上是在 540V 直流电压下工作。

因此高压直流电源的电压可为 270Vdc、±270Vdc 或 540Vdc。

电压高低对导线重量的影响最大，12kW 28V 直流发电机额定电流为 400A，120kW 270V

直流发电机额定电流为 444A，240kW 540V 直流发电机额定电流为 444A，说明三种不同电压的直流发电机采用相同截面积的馈电线时，输送功率差别很大。反过来说，若输送同样功率的馈电线，电压为 540V 时馈电线截面积仅为 270V 时的 1/2(按电流密度相同原则选择导线)，为 28V 的 1/19。

限制直流电压进一步提高的因素主要有两个：一是电晕，二是功率电子器件的耐压。电晕是气体中发生的放电现象，当电压相同时，空气越稀薄越易引起电晕。B787 飞机的ATRU 输入为 235V 交流电，输出为±270Vdc,其目的是使 ATRU 的输出端对地电位为 270V，以降低发生电晕的可能性。无论硅 IGBT 器件，还是碳化硅 MOSFET 器件，常用的器件工作电压为 1200V，该电压下工作的器件性价比较高，使用较方便。从可靠性出发，1200V器件的工作电压不宜高于 600Vdc。

由此可见，高压直流电气系统的电压取 540V、270V 和 28V 三种是比较合理的。540V适用于发电机、发电机馈电线、540V 直流电源汇流条和大功率用电设备。270V 适用于现有 270V 用电设备。28V 适用于现有低压用电设备,多数为小功率用电设备和重要用电设备，因为 28V 直流汇流条可以加上蓄电池，进一步提高电源余度和不中断供电能力。

图 7.1 是 540V、270V 和 28V 直流汇流条间的连接，双向不隔离 DC/DC 变换器连接 540V和 270V 直流汇流条，若起动发电机运行于发电状态，则 540Vdc Bus 有电，通过双向 DC/DC向 270Vdc Bus 供电。若起动发电机不发电而 270Vdc Bus 接上电源(如 270Vdc 外电源)，则270Vdc Bus 通过双向 DC/DC 向 540Vdc Bus 供电。540Vdc Bus 与 28Vdc Bus 间用隔离型双向 DC/DC 变换器连接，采用双向变换器便于能量双向流动。540Vdc Bus 和 28Vdc Bus 间也可用单向隔离型 DC/DC 变换器。

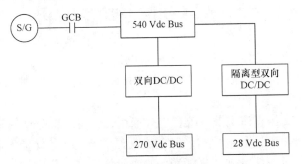

图 7.1 三级电压直流汇流条间的连接

图 7.2(a)是非隔离的双向 DC/DC 变换器，实际上是 Buck 和 Boost 变换器的组合，Q_1、D_2、L 和 C_2 构成降压式 DC/DC 变换器，用于将 540Vdc 转为 270Vdc。Q_2、D_1、L 和 C_1 构成升压式 DC/DC 变换器，将 270Vdc 转为 540Vdc。这类大容量变换器可用于交叉并联电路，以降低无源元件体积和重量。

图 7.2(b)是有变压器隔离的双向 DC/DC 变换器，这种谐振式半桥变换器的优点是开关器件可工作于软开关状态，从而降低开关损耗，提高开关频率，有助于提高变换器的功率密度和电能转换效率。

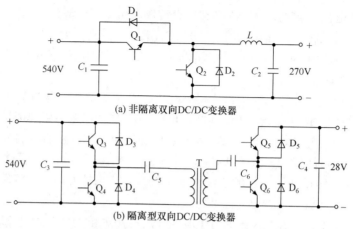

(a) 非隔离双向DC/DC变换器

(b) 隔离型双向DC/DC变换器

图 7.2　双向 DC/DC 变换器基本拓扑

图 7.2 仅是双向 DC/DC 变换器的两个简单例子，实际双向 DC/DC 变换器电路拓扑类型很多，可根据实际场合和具体技术要求灵活选择与设计。

由于图 7.2 的双向 DC/DC 变换器的开关器件均为高频开关，故所用电磁元件的尺寸和重量较小，其功率密度比 ATRU 和 TRU 高得多，并且 ATRU 和 TRU 的能量只能单向传输。在 B787 中，235Vac Bus 和 115Vac Bus 间用三相自耦变压器 ATU 连接，ATU 属于双向交流变换器，由于最低工作频率为 360Hz，体积重量较大。ATU 的优点是结构简单、工作可靠性高，而 SiC 构成的双向 DC/DC 变换器也不逊于 ATU。

7.4　大型多电飞机电源架构

4 台航空发动机驱动的发电机和 2 台由辅助动力装置驱动的发电机成为大型多电飞机电源的典型技术特征，B787 是这样，A380 也是这样。6 台发电机显著提高了电源余度和运行可靠性。

大型多电飞机的高压直流电源系统，也宜采用 4 台发动机驱动的发电机和 2 台由 APU 驱动的发电机。尽管发电机数量相同，但直流电源系统和变频交流电源系统是不同的：一是变频交流电源发电机不能并联，只能转换；二是变频交流供电网只能是开式电网，不宜用闭式电网。直流发电系统则不同，直流电机易于并联，直流电网可为闭式电网。

图 7.3 是高压直流电源并联系统架构的一种方案，系统中由 4 台发动机驱动发电机，2 台 APU 发电机和 2 个外电源插座，将发电机通过 GCB 接至发电机汇流条 540Vdc Bus，大功率用电设备和电能变换器均从发电机汇流条接出。4 台汇流条连接断路器(BTB)将发电机汇流条与左右并联汇流条相连，当 BTB 闭合时形成左右两组并联电源，每组有 2~3 台发电机并联。若并联汇流条连接断路器 PTB 接通，则可构成 4~6 台发电机并联的电源系统。

若 4 台发动机驱动发电机未工作，APU 发电机也未工作，但接上机场地面电源，PTB 未接通时，L EP 可向 L 540Vdc Bus 供电，R EP 可向 R 540Vdc Bus 供电。若仅一台地面电源供电，则宜接通 PTB，以由该电源向 L 540Vdc Bus 和 R 540Vdc Bus 供电。

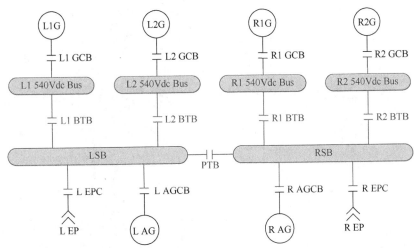

L1G, L2G, R1G, R2G 主发动机传动发电机
L AG, R AG 辅助动力装置发电机
L EP, R EP 机场地面电源机上插座
L1 540Vdc Bus 左侧1号540V直流汇流条
LSB, RSB 左右并联汇流条
GCB 发电机断路器
BTB 汇流条连接断路器
PTB 并联汇流条连接断路器
AGCB 辅助动力装置发电机断路器
EPC 外电源接触器

图 7.3　高压直流电源并联系统架构

若 APU 发电机已工作，则在 AGCB 接通前断开 L EPC 和 R EPC，EPC 断开后再接通 AGCB，向 L 540Vdc Bus 和 R 540Vdc Bus 供电。如果机场电源不是 540Vdc 而是 270Vdc，则 EPC 应接到机上 270Vdc Bus，再经 270V/540V 双向 DC/DC 变换器向 540Vdc Bus 供电。图中未画出 270Vdc 汇流条。

由此可见，这是典型的开式电网并联电源系统。

图 7.4 是一种闭式电网的并联电源系统布局。该系统中用电设备汇流条可以从闭式电网的干线上任意一点接入，从而形成分布式配电结构。4 台发动机驱动发电机，2 台 APU 发电机和外电源插座均在闭式电网干线的节点上接入。当 6 台发电机不工作时，由地面电源向飞机 540V 网络供电。若地面电源为 270Vdc，则宜接至机上 270Vdc 汇流条(图中未画出)，再经 270V/540V 双向 DC/DC 变换器向干线送电。

图 7.4 中的闭式电网由 4 条干线 MC 构成口字网，也可由 5 条干线构成日字网。干线两端的断路器为固态功率控制器，其主电路如图 7.5(a)所示。图中的 OL BTB 和 OR BTB 实际上是大电流直流 SSPC 的末级功率电路。直流 SSPC 实际上是一个单向可控的开关，另一方向是二极管不受控。干线 OMC 两侧的 SSPC 导通时构成了一条双向功率可自由流动的干线，两侧的 SSPC 截止时，切断了 AB 间的电路。若仅一个 SSPC 导通，则电能只能单方向流动。

闭式电网的干线常采用双线并行馈电结构，如图 7.5(b)所示。若发生其中一条干线有过流或短路，可切除该干线两端的 SSPC，这条干线退出电网，电能可由另一条干线传输。

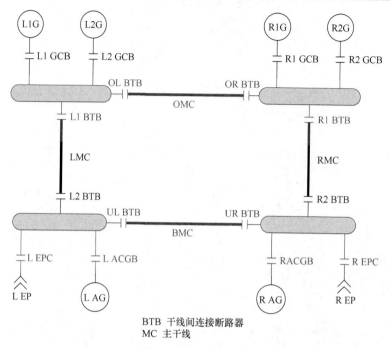

BTB 干线间连接断路器
MC 主干线

图 7.4 闭式电网的并联电源系统布局

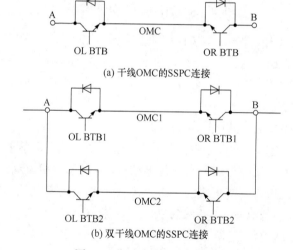

(a) 干线OMC的SSPC连接

(b) 双干线OMC的SSPC连接

图 7.5 位于干线两端的 SSPC

图 7.6 是从干线上引出电能向负载汇流条供电的原理图，图中左侧的 L 540Vdc Bus 和右侧的 R 540Vdc Bus 为负载汇流条，左侧的汇流条从节点 1 和节点 1′ 引出，右侧的汇流条从节点 2 和节点 2′ 引出。实际上该干线上可设多个节点，接多个负载汇流条。由图可见，这些负载汇流条均为双线馈电，即双余度供电，一条干线的故障不会导致用电设备供电的中断。由此可见，闭式供电网不仅工作可靠，而且因为分布式配电，电网重量可显著减轻。

图 7.3 和图 7.4 的发电机与外电源接入供电网的方式是通过 GCB 或 EPC 接入，由于 GCB 和 EPC 的反应延时，如果并联系统中有一台发电机或外电源发生故障，在故障切除

前，故障发电机必对整个并联电网产生一个大的扰动，从而使供电系统瞬时电能品质降低。若在 GCB 之后接一个反向保护二极管，如图 7.7 所示，则该发电机或外电源的故障被二极管隔离，不会给供电网带来扰动。为了减小反向保护二极管导致的功率损耗，宜用通态压降较小的二极管。

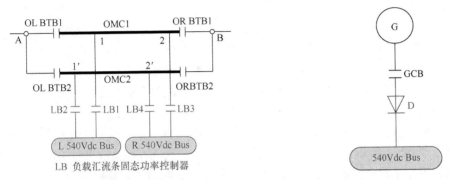

图 7.6　从干线节点上引出负载汇流条　　　　图 7.7　具有反向保护二极管 D 的发电机接入电路

交流馈电线不仅有电阻压降，而且有电抗压降。对于变频交流电源，当其工作在高频 800Hz 附近时，电抗压降达最大值，因而交流馈电线选取时不仅要从发热角度控制导线中的电流密度，还要校核导线的阻抗压降，让电压降在允许范围内。对于直流电网，馈电线不计算电抗压降，因为电抗为零，只计算电阻压降，但这是静态情况的考虑。实际上在负载突加突卸或汇流条转换的动态过程中，馈电线的电感起着阻止电流变化的作用，突加负载时，$L\dfrac{\mathrm{d}i}{\mathrm{d}t}$ 阻止电流快速增加，使电器刚接通时负载端电压小于电源电压。突卸负载时，$L\dfrac{\mathrm{d}i}{\mathrm{d}t}$ 阻止电流快速减小，在开关电器上引起电压尖峰。L 是馈电线的电感，$\dfrac{\mathrm{d}i}{\mathrm{d}t}$ 是电流变化率。这表明导线电感阻碍了供电网中电能的快速转移，导致电网电压的浪涌，降低电网的供电品质。由于飞机高压直流电网采用双线制，双线制在两导线靠得很近时有利于减小导线电感。若往返馈电线采用扁平线，构成无感母线则可显著降低网络中电流突变时的电压浪涌，实现瞬态能量的自由流通。

7.5　飞机直流发电机的主要类型

飞机恒频或变频交流电源的发电机到目前为止只有一种结构，即三级式同步发电机或三级式同步起动发电机。该电机由主电机、励磁机、永磁副励磁机和旋转整流器构成。之所以广泛应用，是因为只有同步发电机才能满足飞机交流电源的要求：线电压和相电压为正弦波，不对称负载时三相电压的幅值和相位不平衡在允许范围内，发电机不仅应输出额定功率还应有足够的过载能力和短路电流的要求。由于 360～800Hz 变频交流电源频率的限制，三级式同步发电机的功率密度受到了限制。

线电压和相电压正弦波的要求使极对数为 2 或 3 的同步发电机必须采用 120° 相带的短距绕

组,一对极的同步发电机只能采用短距 1/3 的 60°相带绕组。这两种绕组的绕组系数均在 0.8 左右,从而加大了绕组尺寸和铜耗。例如,B787 的 250kV·A VFSG 每相串联匝数为 18 匝,有效匝数为 18×0.8=14.4(匝),可认为有 3.6 匝只导致损耗和加大铜的重量而没有贡献出电动势。

　　三相电压对称性要求必须选用较少的每相串联匝数和较重的阻尼绕组,从而增加了导磁材料的重量和铁心损耗。

　　工作频率 360~800Hz 的限制,使发电机极对数和转速间联系起来,三对极发电机转速只能是 7200~16000r/min,两对极电机转速为 10800~24000r/min,一对极电机转速为 21600~48000r/min。由电机设计原理可知,电机有效材料的体积和重量与转速成反比,而同一转速的电机极对数多、所需有效材料少。由于频率的约束,发电机功率密度的提升受到制约。

　　普通同步发电机转为同步电动机,不需要增加电机的重量。三级式同步发电机则不同,尽管发电机的重量没有变化,但励磁机的重量不同。B787 250kV·A VFSG 发电工作时,励磁机的励磁功率在 8000r/min 75%过载时达最大值,约 550W,而起动航空发动机工作时,励磁机在变压器状态工作,励磁机励磁绕组的输入功率最大值约 8000V·A,从而也加大了励磁机的尺寸。与此同时,由于三级式电机有旋转整流器,转子结构复杂化,降低了电机的可靠性。

　　相比之下,可作飞机电源使用的无刷直流电机种类较多。一是三级式交流发电机加输出二极管整流桥,二是永磁发电机加可控整流桥,三是开关磁阻发电机,四是电励磁双凸极直流发电机。

7.5.1　三级式无刷直流发电机

　　图 7.8 是三级式无刷直流发电机的电路图,由三级式交流发电机和输出二极管整流滤波电路两部分构成,通常整流滤波电路也在电机壳体内。

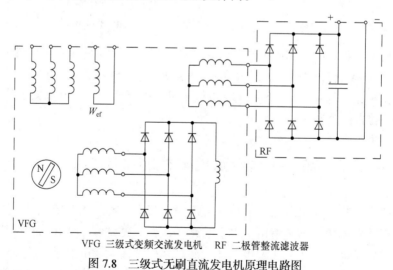

VFG 三级式变频交流发电机　　RF 二极管整流滤波器

图 7.8　三级式无刷直流发电机原理电路图

　　尽管三级式无刷直流发电机的本体仍为变频交流发电机,但因其摆脱了变频交流发电机频率范围等约束条件,功率密度显著提高。

　　直流发电机的转速和极对数不受约束,故转速和极对数都可提高,如 F-22 飞机的 65kW 270V 直流发电机的转速为 17500~27500r/min,若电机极对数为 6,则发电机的频率为

1750～2750Hz，由于极对数多，定子铁心轭薄，磁性材料用量少，尽管频率高，但铁耗不一定会高。由于转速高，发电机电枢和励磁绕组的重量与铜耗也减小。

直流发电机的相电压不要求正弦波，不必用 120°相带或 1/3 短距的 60°相带绕组，从而提高了电枢绕组利用率，降低了铜耗。值得注意的是，由于电枢绕组电流频率高，电枢导体的集肤损耗必须减小，不宜用大截面积的导线。

直流发电机输出接整流桥，正常情况不会出现三相不对称工作状态，又因电机转速高，每相串联匝数少，绕组电感小，不必用重的阻尼绕组。但是如果输出整流桥的二极管发生开路或短路故障，必将使电机转子损耗大幅度增加，因此检测整流二极管的故障十分重要。

由此可见，三级式无刷直流发电机的特点是转速高、极数多和频率高。由于频率高，整流后直流电压的脉动频率高，故输出整流滤波电路的滤波器件体积重量也较小。和 VFSG 一样，电机必须油冷。

描述这种直流发电机的工作特性曲线仍为空载特性和外特性。空载特性是最低工作转速、中等工作转速和最高工作转速时发电机输出直流电压 U_o 和励磁机励磁电流 I_{ef} 的关系。外特性是在上述三种转速下输出直流电压 U_o 和直流负载电流 I_o 间的关系，此时励磁电流 I_{ef} 保持不变。

在 I_{ef} 不变和转速不变时，发电机端电压 U_o 随负载电流 I_o 的增加而下降，且转速越高，下降越快。电压下降原因有四个方面：一是发电机内阻压降，二是整流桥的电压降，三是电枢反应去磁作用，四是输出整流电路导致的换向重叠电压损失。同步发电机与三相桥式二极管整流电路联合工作时有四种工作模式：一是空载模式，二是小负载时的相电流断续模式，三是两相导通和三相导通换向重叠模式，四是三相连续换相模式。直流发电机空载时，图 7.8 的整流桥由电机线电压充电，使电容上电压等于线电压的峰值，此时在转速和 I_{ef} 一定时，空载输出电压达最大值。

图 7.9 是电容滤波三相桥式整流电路不同工作模态时的空载相电势和相电流波形。图 7.9(a) 是断流工作模态的相电流波形，为脉动波，仅当线电势大于电容电压时才有相电流流动，这是在负载电流 I_o 很小时的情形。随着负载的增加，相电流变宽，两个电流脉冲组合在一起，进入整流模态三，由图 7.9(b) 可见，在电动势 e_a 和 e_b 正自然换相点处电流 i_a 下降，i_b 从零增加，到 γ 角末处，i_a 降为零，i_b 不为零，当 $i_a=0$ 后换相结束，转为 B 和 C 两相导通。在换相角 γ 期间，由于 A 相和 B 相同时通电流，这两相的合成电压必比 B 相电动势低，这个电压降低量就是电流换相导致的电压损失。

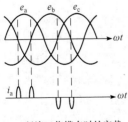

(a) 断流工作模态时的空载
相电势与相电流波形

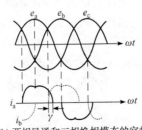

(b) 两相导通和三相换相模态的空载
相电势和相电流波形($\gamma<60°$)

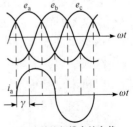

(c) 连续换相模态的空载
相电势和相电流波形($\gamma=60°$)

图 7.9　三相桥式整流电路的工作模态(电容滤波)

图 7.9(c)是负载电流 I_o 进一步增大，导致 $\gamma=60°$ 的整流模态，即连续换相模态，这时正侧二极管换相刚结束即进入负侧二极管的换相，负侧换相刚结束又进入正侧换相，故相电流半周宽度增加到 180°，相电流成为连续周期波形。由于换相重叠角为 60°，故换相重叠造成的电压损失达最大。

由此可见，三级式无刷直流发电机外特性的电压降落主要由电枢反应去磁作用和换相重叠的电压损失造成，内压降和二极管电压降占比很小。

桥式整流电路的输出滤波器有两种：电感电容 LC 滤波器和电容 C 滤波器。三级式无刷直流发电机不采用 LC 滤波器。因为 LC 滤波器的电感储有磁场能量 $Li_o^2/2$，L 是滤波电感的电感量，i_o 是通过电感的负载电流值。电机突卸负载时，i_o 急剧下降，引起自感电势 $L\dfrac{\mathrm{d}i}{\mathrm{d}t}$，使电容电压即发电机输出电压急剧升高，即出现过电压浪涌，这是不希望的。

三级式无刷直流发电机的优点是功率密度高，可借改变励磁机励磁电流 I_{ef} 调节输出电压，调节功率小。该电机的不足是转子结构复杂，易发生转子故障，由于电压调节系统中有励磁机和发电机两个环节，且这两台电机的参数随电机转速的变化而变化，高转速时电压调节性会降低，必须采取有效措施改善此时的电能品质。

和 B787 的 VFSG 一样，三级式无刷直流发电机也可构成起动发电机。这时电机内应有电机转子位置检测器，励磁机应输入高频交流电，主电机电枢应接到三相 DC/AC 变换器(相当于 B787 的 CMSC)，实现电机的磁场定向控制。

7.5.2　永磁直流发电机

常用的永磁材料有三种：铁氧体永磁、铝镍钴永磁体和稀土永磁。前两种永磁材料由于磁能积低，没有在电机中广泛使用。稀土永磁的特点是剩磁感应强度大、矫顽力大、磁能积大，且为线性去磁曲线，相对磁导率接近空气磁导率，在电机中得到广泛使用，形成了一类新电机，即稀土永磁电机。稀土永磁电机与电励磁同步电机相比，其有功率密度高、效率高、转子结构简单、没有电刷与滑环等特点。

稀土永磁主要有两种：钕铁硼永磁和钐钴永磁。钕铁硼永磁的磁能积比钐钴永磁大，但它的居里点温度较低，且磁性能随温度变化较大，故航空电机常用钐钴永磁。

永磁电机类型很多，常用的是径向结构电机，定子上匝绕电枢绕组，转子上有永磁体，永磁体的磁场通过径向气隙进入定子，形成磁回路。转子结构有两类：表贴式转子和内置式转子。发电机大都使用表贴式转子，即瓦片形的磁钢粘贴于圆柱体转子的表面，在磁钢外套有保护套，以加强转子结构强度，形成光滑表面，以便在高转速时降低风阻损耗。

由于稀土永磁的相对磁导率系数和空气接近，故表贴式转子永磁发电机的电枢反应很小，外特性很平坦，电机的短路电流与额定电流之比常在 4 以上，这种特性对航空发动机传动的发电机来讲是很不安全的，一旦发生短路，大的短路电流不仅使电机起火，还会导致其馈电线烧损。因此，目前的飞机用永磁发电机均设计成高阻抗电机，以让其短路电流接近额定电流。

飞机三级式无刷发电机的副励磁机就是小功率高阻抗永磁发电机，它经二极管三相整流桥整流成直流电，该直流电给励磁机的励磁绕组供电，同时通过 DC/DC 电源模块将整流后的直流电压转为 28V、±5V 和±15V 直流电，给发电机控制器 GCU 的微处理器、接口电路和 GCB 的工作线圈等供电。

在 B787 的 VFSG 中的永磁副励磁机除有向 GCU 供电的一组三相绕组外，还有一套独立的三相绕组给飞行控制系统供电，因而常称为永磁专用发电机。由于该电机仅向飞控或发动机控制器供电，和飞机电网隔离，因而故障可能性很小，再加上飞机上有四台 VFSG，故对飞控系统来讲是有 4 个供电余度，使用可靠性更高。

永磁专用发电机多为仅几百瓦的小功率电机。一种典型专用发电机是具有集中绕组的 12 个槽、10 块磁钢的 5 对极永磁电机。该电机每个齿上套有一个电枢元件，为集中绕组永磁电机，图 7.10(a)是该电机电枢元件电动势星形图，由图可构成两套互相独立的三相绕组，形成两个专用永磁电机，但电机定子铁心和转子是公用的。图 7.10(b)是两套独立三相绕组构成的元件表。A_1、B_1、C_1 构成一套三相绕组，A_2、B_2、C_2 为另一套三相绕组。每相由两个元件反向串联构成。

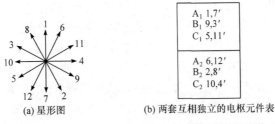

（a）星形图　　　　（b）两套互相独立的电枢元件表

图 7.10　Z=12，P_r=5 永磁发电机电枢元件星形图

集中绕组永磁电机电枢电感大于同尺寸分布绕组电机。图 7.11 是小功率专用永磁发电机的电路，由三部分构成，PMG 是高阻抗永磁发电机，Rect 是二极管三相整流桥，Buck 是降压式直流变换器。由于由航空发动机传动的发电机为变速电机，故 PMG 的电动势和电机转速成正比，不为恒定值。Rect 将三相变频交流电整流为直流电，C_1 为滤波电容。Buck 变换器将 C_1 上变化的直流电压转为恒定的输出电压 U_o。

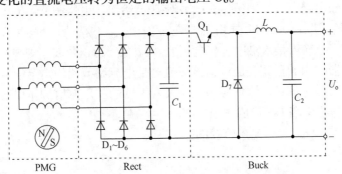

图 7.11　小功率专用永磁发电机的电路

Buck 变换器是最简单的直流变换器，主电路由开关管 Q_1、二极管 D_7、滤波电感 L 和电容 C_2 构成。其输出电压 U_o 由式(7.1)决定：

$$U_o = DU_{C1} \tag{7.1}$$

式中，U_{C1} 是 C_1 电容上的电压，即整流桥输出直流电压，大小也和电机转速成正比。$D=t_{on}/T$

为开关管 Q_1 脉宽调制工作的占空比，T 是 Q_1 的开关周期，t_{on} 是一个周期 Q_1 导通的时间。由此可见，若发电机转速升高导致 U_{C1} 升高，则 Buck 的占空比 D 相应减小，即可使 U_o 保持为额定值。

B787 的永磁发电机为 54 槽 9 对极的电机，每对极 6 个槽，为整数槽电机。由电机绕组理论可知，该电机最多可构成 6 组独立的三相绕组，构成 6 个专用 PMG。独立是指同一电枢槽中不能放置不同组的三相绕组，也可构成 5 组独立绕组，这时其中两组三相绕组的同相绕组串联或并联，这组三相绕组的功率容量比其他 4 组大一倍。也可构成 4 组独立的三相绕组，其中有两组是两两串联的，另两组不串联。自然也可构成 3 组独立的三相绕组，或两组独立的三相绕组，或仅一组三相绕组。这是一种简单的由一个定子和转子构成多个独立三相绕组的解决方法。

B787 的永磁机输电压调节方式也和图 7.11 类同。这种用二极管整流桥构成的专用永磁发电机只在小功率(数百瓦)的场合使用。因为整流前的交流电发生了畸变，为非正弦电流，电流中的谐波导致电机和馈电线损耗加大，也导致电磁干扰。

采用开关管构成的单相桥式电路就可以将相电流控制为正弦波，如图 7.12(a)所示。图中左侧是永磁发电机的 A 相电枢绕组，右侧是由 4 个开关管 $Q_1 \sim Q_4$ 及其反并二极管的桥式电路。若电机 A 相绕组 A 端电压为正，X 端电压为负，则让开关管 Q_2 工作于 PWM 方式，Q_2 导通时，A 端电压作用下，电流自 A 端经 Q_2 和 D_4 回到 X 端，A 相绕组被短路，电流 i_a 增加，Q_1 断开后，电流 i_a 经 D_1、R_L(负载电阻)和 D_4 续流，如此不断开通与关断。在 A 端电压为负，X 端电压为正时，让 Q_4 工作于 PWM 方式，Q_4 开通时相电流经 Q_4、D_2 流动，Q_4 关断时 i_a 经 D_3、R_L 和 D_2 续流。

图 7.12(b)是图 7.12(a)的控制框图，该控制框图实现相电流的正弦化，同时使相电流和相电压同相，即使 $\cos\varphi = 1.0$，且大幅度减小输出直流电压 U_o 的脉动，故常称为功率因数校正电路，简称 PFC。

这是一个电流电压双闭环调节电路，电流调节器(IR)构成电流调节内环，ID 为相电流检测元件，它的输出是电流反馈信号，i_{ref} 由乘法器给出。电压调节器(UR)的给定信号是直流量 U_{ref}，反馈信号取自 AC/DC 输出端的分压电阻 R_o，也为直流量，UR 的输出进入乘法器，乘法器的另一个输入是永磁电机相电压 U_{ax}，若 U_{ax} 为正弦波，则乘法器的输出是幅值取决于电压调节器输出的正弦交流电，该交流电是电流调节器的给定信号。显然电流调节器的输出也为正弦电压信号，该信号与三角波发生器的三角波信号作用形成正弦波脉冲宽度信号，经逻辑转换电路 LG 形成 4 个控制 $Q_1 \sim Q_4$ 的驱动信号 $Q_{1g} \sim Q_{4g}$。在 PFC 电路中，Q_1 和 Q_3 的驱动信号 Q_{1g}、Q_{3g} 是屏蔽掉的。

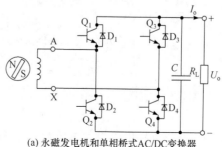

(a) 永磁发电机和单相桥式AC/DC变换器

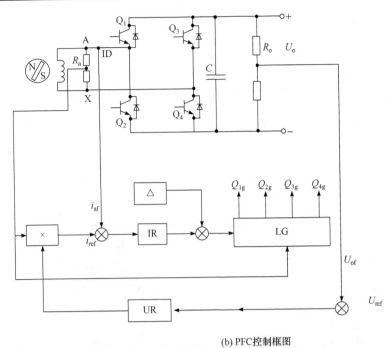

R_a，R_o 电压检测电阻
ID　相电流检测元件
×　乘法器
IR　电流调节器
UR　电压调节器
△　三角波发生器
LG　逻辑转换电路

(b) PFC控制框图

图 7.12　功率因数校正电路 PFC 控制框图

由以上 PFC 的控制框图可见，这是一个 Boost 电路，故输出直流电压 U_o 大于相电压的幅值，若相电压有效值为 U_a，则 $U_o > \sqrt{2}U_a$。同时因电流 i_a 跟踪 u_a，故 i_a 和 u_a 同相，消除了 i_a 中的无功电流，提高了系统效率，降低了电机损耗，减小了电磁干扰。实际上电路中还有 EMI 滤波电路，图 7.12 中未画出。由航空发动机传动的大容量永磁发电机为变速电机，相电势和电机转速成正比，通常转速变化范围即最高工作转速与最低发电转速之比为 2∶1，故永磁电机的相电势的变化范围也与此相当，在这种情况下，直接应用 PFC 技术已不能满足要求了。而图 7.12(a) 的单相桥式变换器也是一个移相器，它不仅可使相电流和相电压同相，还可使相电流滞后或超前于相电压。当相电流与相电压差 180°电角度时，变换器成为电动机控制器，永磁发电机转为电动机工作。

图 7.13 是 PMG 相电压 u_a 与相电流 i_a 的三种相位关系，图 7.13(a) 中 i_a 与 u_a 同相，图 7.13(b) 中 i_a 超前 u_a，图 7.13(c) 中 i_a 滞后 u_a。图中将 i_a 和 u_a 不同极性在一个周期内分为四个区间，图 7.13(a) 因 u_a 和 i_a 同相，只有 B 和 D 两个区间，B 区 i_a 和 u_a 均为正，D 区 i_a 和 u_a 均为负。图 7.13(b) 有四个区间，A 区 i_a 为正，u_a 为负，C 区 i_a 为负，u_a 为正。这样划分是为了便于讨论 AC/DC 变换器的移相工作原理。

图 7.14 是单相桥式 AC/DC 变换器移相控制工作原理图。考察图 7.14(a) 和图 7.14(b)，这时相电压 u_a 为负，相电流 i_a 为正，为此应让 Q₃ 和 Q₂ 工作于 PWM 状态。当 Q₃ 和 Q₂ 导通时，在电容 C 的直流电压作用下，使电流经 Q₃ 流入 X 端，并从绕组 A 端流出经 Q₂ 返回，故电容 C 向电机馈电。当 Q₂ 和 Q₃ 关断时，二极管 D₁ 和 D₄ 续流，电机绕组储磁能和 A 相绕组电动势共同作用下，电流流向电容 C。由此可见，此时，电机实为电动工作状态，u_a 和 i_a 极性相反。

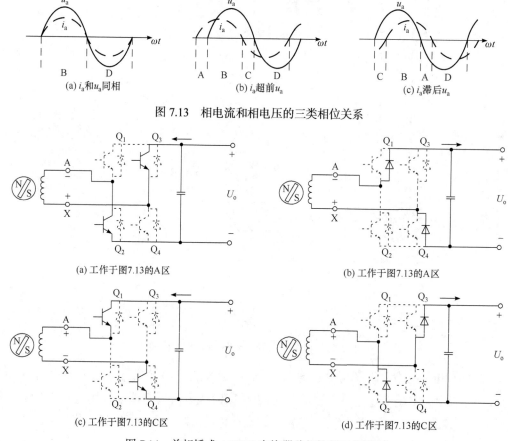

图 7.13　相电流和相电压的三类相位关系

(a) i_a 和 u_a 同相　　(b) i_a 超前 u_a　　(c) i_a 滞后 u_a

(a) 工作于图7.13的A区　　　　(b) 工作于图7.13的A区

(c) 工作于图7.13的C区　　　　(d) 工作于图7.13的C区

图 7.14　单相桥式 AC/DC 变换器移相控制工作原理

由图 7.14(c) 和图 7.14(d) 可见，相电压 u_a 为正，电流 i_a 为负，工作于 C 区。为此应使 Q_1 和 Q_4 工作于 PWM 状态，Q_1 和 Q_4 导通时，电容 C 的电能经 Q_1 和 Q_4 流向电机，Q_1 和 Q_4 截止时二极管 D_2 和 D_3 续流，电机电流经 D_2 和 D_3 返回电容 C。故此时电机也为电动工作，吸收电容能量。

在图 7.13 的 B 区和 D 区，相电压 u_a 和相电流 i_a 同向，电机工作于发电状态，电能向直流负载馈送。

值得注意的是，若相电流超前相电压 90° 电角度，或相电流滞后相电压 90° 电角度，A 区与 B 区所占时间长度相同，C 区和 D 区所占时间长度也相同。这表示在 A 区电容能量向电机输送，在 B 区电机能量向电容输送，二者的能量大小相同，若不计损耗，则系统不消耗功率，也就是说系统只有无功功率的循环，没有有功功率的流动，这正是 $\cos\varphi = \cos 90° = 0$ 的状态。这表明在 $\varphi = 0 \sim 90°$ 或 $\varphi = -90° \sim 0$ 区间，在一个电源周期中，能量总的是流向直流侧的，电机处于发电状态。而在 $\varphi = 90° \sim 180°$ 或 $\varphi = -180° \sim -90°$ 区间，在一个电源周期中，能量总体上是由直流侧流向电机端，电机为电动工作状态。

由此可见，单相桥式 AC/DC 变换器是一台移相器，随着相位的移动，直流和交流侧的能量转换方式也在不断改变，也就是说，相电流中的有功分量和无功分量在不断转变中。

该电路的特点是直流电压 U_o 大于 $\sqrt{2}U_a$，变换器的工作模式为升压变换。

对于三相永磁发电机，应接三相桥式 AC/DC 变换器，如图 7.15 所示。和单相 AC/DC 变换器一样，三相桥式 AC/DC 变换器也是一个平滑移相的变换器，即可改变相电流和相电压间的相位关系。由同步电机原理可知，若相电流滞后相电压，电流的直轴分量 I_d 起去磁电枢反应作用，减弱励磁磁场，使电机电压降低。反之，超前的电流，对应的 I_d 起增磁作用，加强励磁磁场，使电机电压升高。电机电压的改变同时改变了 AC/DC 变换器的输出电压 U_o，因此 AC/DC 变换器既是一台移相器，也是一台电压调节器，在永磁电机转速改变或负载电流改变时，将保持直流电压 U_o 为额定值。

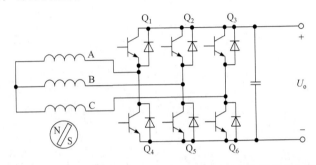

图 7.15　三相永磁发电机和三相桥式 AC/DC 变换器的主电路

图 7.16 是两种不同转速时永磁电机的相量图，图 7.16(a)为低速工作，电机电动势 $\dot{E}$ 小。图 7.16(b)为高速工作，电动势 $\dot{E}$ 大，改变电流 $\dot{I}$ 和电压 $\dot{U}$ 间相角 φ，使 $\dot{U}$ 的值不随转速改变，从而使直流电压恒定。这种工作方式适合大容量永磁直流发电机。这也说明永磁直流发电机只有与三相桥式 AC/DC 变换器配合，才能满足航空电源的要求。为了实现移相控制，还需要电机转子位置传感器。由于永磁电机和 AC/DC 变换器均有好的可逆性，故永磁电机也可构成起动发电机。

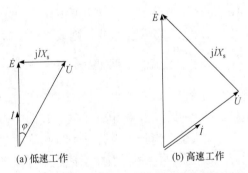

图 7.16　两种转速时同步电动机简化相量图

由此可见，永磁直流发电机中电机与 AC/DC 变换器是不能分离的，发电工作借助移相控制，使 U_o 不变。电动工作时借助磁场定向控制，使转矩/电流比达最大。永磁起动发电机无论发电工作还是电动工作均离不开电机转子位置信息(采用位置传感器或无位置控制技术)。

7.5.3　开关磁阻电机

开关磁阻电机是变磁阻电机的一种类型，结构简单。图 7.17(a)是 6/4 极结构开关磁阻电机本体的剖面图，图 7.17(b)是电机主电路图。由此可见，开关磁阻电机也必须和电力电子变换器组合。开关磁阻电机由电机本体、电机转子位置传感器、电力电子变换器和电子控制器四部分组成。

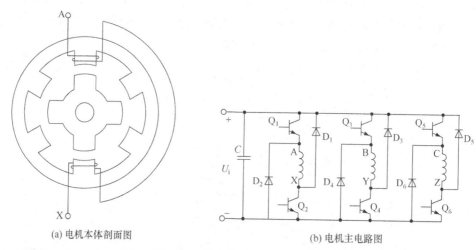

(a) 电机本体剖面图　　　　　　　　　　　　(b) 电机主电路图

图 7.17　开关磁阻电机结构原理图

图 7.17 中的开关磁阻电机本体由定子和转子两部分构成，定子 6 个极，均匀分布，每个定子极上有电枢绕组元件，相对两极上的元件串联构成电机一相绕组，6 个极上的元件构成三相电枢绕组。转子有 4 个均匀分布的极。通常定子极弧和转子极弧宽度相同。如图 7.17 所示，此图中 A 相定子极正好和转子极对齐，故 A 相电机该相磁路的磁阻最小。转子旋转时磁阻将不断地变化。磁阻电机就是借助磁阻的变化实现能量转换的。

图 7.17(b)中 A 相接不对称半桥电路工作，在电源电压 U_i 作用下使 A 相绕组中通过一个恒定的电流 I_a 的情形。设 A 相绕组的匝数为 W，则该绕组中的磁势为 I_aW，在 I_aW 作用下形成 A 相磁通，$\phi = \dfrac{I_aW}{R}$，式中 R 为磁阻，理想条件下，$R = \dfrac{\delta}{\mu_0 S}$，式中，$\delta$ 为电机气隙大小，是指定转子极有交叠时的气隙，没有交叠时的 δ 相当大。μ_0 是气隙中的磁导率，即空气磁导率，该式是忽略电机铁心磁阻的。S 是定转子铁心径向交叠的面积，在定子 A 相极与转子极对齐时，该面积 S 达最大值，当转子极转过 45°时，转子槽与定子极对齐，S 为零。但是由于磁阻不可能为无穷大，定转子之间仍有少量磁通通过。若设转子槽与 A 相定子极对齐时的角度为零度，则转子极与定子 A 相极对齐时的角度为 45°。二者间角度用 θ 表示，转子槽与 A 相极对齐时 $\theta = 0°$，随着 θ 的加大，转子极将进入定子极，且定转子间交叠面积 S 不断增加，A 相极下气隙磁通 ϕ_a 和 A 相绕组的磁链 $\psi_a = W\phi_a$ 也不断增大。当 $\theta = 45°$时，A 相定子极与转子极对齐，ϕ_a 和 ψ_a 达最大值，为 ϕ_{amax}、ψ_{amax}，转子继续转动，交叠面积 S 不断减小，故 ϕ_a、ψ_a 也相应减小，当 $\theta = 90°$时，ϕ_a 和 ψ_a 达最小值 ϕ_{amin} 和 ψ_{amin}。

图 7.18 绘出了理想开关磁阻电机的磁链 ψ_a 与 θ 的关系，电感 $L_a = \psi_a/i_a$ 与 θ 的关系及转矩

T_a 和 θ 的关系。转矩 T_a 和电感 L_a 间关系为

$$T_a = \frac{1}{2}i^2\frac{dL_a}{d\theta} \tag{7.2}$$

式中，$\dfrac{dL_a}{d\theta}$ 是电感 L_a 对 θ 的导数。由图 7.18(b)可见，在 L_a 曲线上升段 $\dfrac{dL_a}{d\theta}$ 为正，故 T_a 为正转矩，电机在电动状态工作。在 L_a 的下降区，$\dfrac{dL_a}{d\theta}$ 为负，为负转矩 T_a，这是电机的发电工作状态。

由此可见，根据开关管 Q_1 和 Q_2 的开通角度不同，电机可工作于电动状态，也可工作于发电状态。若 Q_1 和 Q_2 在 $\theta = 0 \sim 45°$ 工作，则为电动机，若在 $45° \sim 90°$ 工作，则为发电机。开关磁阻电机的名称由此得到，没有开关管就不能使电机工作。开关磁阻电机简称 SRM，开关磁阻发电机简称 SRG，开关磁阻起动发电机简称 SRSG。

图 7.19 是 SRM 工作时的相电流波形，其中，图 7.19(a)为低速电动相电流波形，图 7.19(b)为高速电动相电流波形。

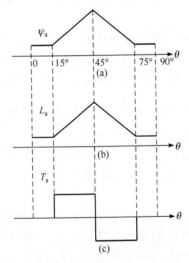

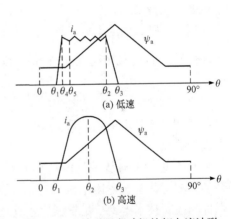

图 7.18　开关磁阻电机 A 相磁链 ψ_a、电感 L_a 和转矩 T_a　　　　图 7.19　开关磁阻电动机的相电流波形

通常开关管 Q_1 和 Q_2 在电机转子极尚未进入定子极时即导通，导通角为 $\theta = \theta_1$，此时由于 L_a 很小，相电流快速增加。为了控制转矩，必须控制电流的幅值，故当电流达限幅值($\theta = \theta_4$)时，应关断 Q_2，切除电源 U_i，于是 i_a 在 D_1 和 Q_1 构成的续流回路内流动，i_a 在电动机的反电势 $e_a = \dfrac{d\psi_a}{dt}$ 和内阻压降 i_aR_a(R_a 是 A 相绕组电阻)作用下下降。电流 i_a 下降值达 Δi_a 时，Q_2 又导通，电流 i_a 又上升，Q_2 处于 PWM 工作状态。显然在 $\theta = 45°$ 前 Q_1 和 Q_2 应同时关断，图 7.19 中 Q_1 和 Q_2 同时关断的角度 $\theta = \theta_2$，Q_1 和 Q_2 同时关断，则 i_a 将通过 D_1 和 D_2 续流，电机电枢储能经 D_1 和 D_2 返回电源，于是 i_a 快速下降，在 $\theta = \theta_3$ 时 $i_a = 0$。θ_3 宜等于 $45°$ 或稍大于 $45°$，因为大于 $45°$，电机即进入发电状态，产生负转矩。

SRM 高转速时，由于反电势加大，电流增长较慢，不必再让 Q_2 工作于 PWM 状态，而是处于导通状态。随着 i_a 的增长，反电势 e_a 也增长，阻止 i_a 的增长率。在 $\theta = \theta_2$ 时应同时关

断 Q_1 和 Q_2 使 D_1 与 D_2 续流，让 i_a 下降，同样 $i_a=0$ 的角度 θ_8 不宜过分大于 45°。

由此可见，SRM 电动工作时控制电机电流和转矩的方式为角度控制，即 θ_1 和 θ_2 的控制，减小 θ_1 有利于电流 i_a 的增长，可使 T_a 加大。θ_2 不宜过大，太大的 θ_2 必导致 θ_3 超过 45°，形成负转矩。

图 7.20 将 A 相开关管导通角 θ_6 置于 $\theta=45°$ 附近，Q_1 和 Q_2 导通时，在电容 C 的电压下

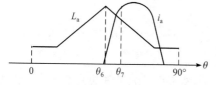

图 7.20 开关磁阻发电机的相电感和相电流

使电流 i_a 自零增长，气隙磁感应强度、相绕组磁链 ψ_a 也随之增长，当 i_a 足够大时，即在 $\theta=\theta_7$ 时关断 Q_1 和 Q_2，电流 i_a 经 D_1 和 D_2 续流，电机能量向电容侧传送。由于此时相磁链和相电感处于电感曲线的下降段，电机电动势的 X 端为正，A 端为负，

故在 Q_1 和 Q_2 关断后，电枢电感的储能 $\frac{1}{2}i_a^2$ 和电机的旋转电动势的能量一起向电容侧传送，构成开关磁阻电机的发电状态，直到 i_a 下降为零。

由此可见，SRG 的发电工作分为两个阶段，第一阶段 $\theta=\theta_6\sim\theta_7$ 是电容 C 通过 Q_1 和 Q_2 使 A 相绕组电流增长的阶段，实际上就是电机励磁的阶段。故发电机 A 相实际输出功率是 $\theta>\theta_7$ 后输出的功率与 $\theta<\theta_7$ 前输出功率之差。

减小 θ_6，增大 θ_7，使 $\theta=\theta_7$ 时的励磁电流加大，必能加大电机的输出功率，同时也可调节电机的输出直流电压。

对于 6/4 极结构的电机，转子旋转一圈，转子极和 A 相定子极对齐 4 次，产生 4 次发电电流脉冲，若电机转速为 n(r/min)，则每秒发电脉冲数 $f=\dfrac{4n}{60}$，此式写成一般表达式为 $f=\dfrac{P_r n}{60}$，P_r 为转子极数，f 就是电机的工作频率。由于 6/4 极结构电机，还有 B 和 C 两相，故每秒送到电容的电流脉冲数为 $3f$。故若电机转速越高，必能使 SRG 输出电压的脉动减小，提高电能的品质。

由此可见，SRM 无论是电动工作还是发电工作都是和工作于开关状态的功率变换器分不开的，故称为开关磁阻电机。实际上，开关磁阻电机的概念早就被提出，但仅当电力电子器件与控制技术得到长足发展后才真正成为工业产品。

美国洛克希德·马丁公司生产的 F-35 战斗机曾拟装 250kW 开关磁阻起动发电机。这是一台 12/8 极结构的开关磁阻起动发电机，定子 12 个极，转子 8 个极，可看作两个 6/4 极结构电机的组合。由于 $P_r=8$，故工作频率 $f=\dfrac{8n}{60}$ Hz。该电机发电工作转速 $n=13456\sim22228$r/min，发电工作频率 $f=1749\sim2964$Hz。12 个定子极上有两套独立的三相绕组分别与两台 AC/DC 变换器相接，发电时形成两个独立的 270V 发电通道，电动时两变换器同时工作，起动转矩达 188N·m。电枢绕组用空心铜导线，空心铜导线通入滑油冷却。

7.5.4 双凸极直流发电机

图 7.21(a) 是 6/4 极结构电励磁双凸极电机定转子铁心剖面图，定子 6 个极均匀分布，转子 4 个极也均匀分布。双凸极电机本体结构和图 7.17(a) 的开关磁阻电机相同。与 SRM 不同之处有两点：一是定子上有一套励磁绕组 W_f，图中用 ⊕ 和 ⊙ 符号表示；二是定子极的极

弧宽度等于槽口宽度，转子极弧宽可等于或大于定子极弧宽，图中假定转子极弧宽等于定子极弧宽。定子极弧这样选取的原因是使转子在不同位置时电机气隙磁导不变，励磁绕组 W_f 中不因转子旋转而感应出电动势，导致励磁损耗变大。

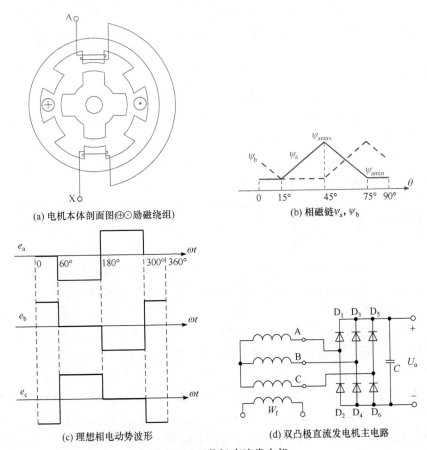

(a) 电机本体剖面图(⊕⊙励磁绕组)

(b) 相磁链 ψ_a，ψ_b

(c) 理想相电动势波形

(d) 双凸极直流发电机主电路

图 7.21 双凸极直流发电机

若 W_f 中通入电流 I_f，形成励磁磁势 $W_f I_f$，$W_f I_f$ 即在电机中产生磁场。图 7.21(a)中转子极正好和 A 相定子极对齐，此时通过 A 相定子极的磁通达最大值 ϕ_{max}，故 A 相绕组的磁链 $\psi_a = W\phi_a$ 也达最大值，W 是相绕组每相串联匝数。无论转子从图 7.21(a)的位置向顺时针还是逆时针方向旋转，定子 A 相定子极与转子极相对的面积减小，磁通也相应减小。当转子转过 45°角时，转子槽和定子 A 相极对齐，通过 W 线圈的磁通达最小值 ϕ_{min}，故 A 相磁链 ψ_a 也达最小值 ψ_{amin}。当转子极弧与定子极弧相同时，ψ_a 和转角 θ 间关系如图 7.21(b)中实线所示。若转子逆时针方向转动，由图 7.21(a)可见，转子滑离 A 相极，而与该转子极相邻的右侧转子必将滑入右上方的定子极，这是 B 相极，故 ψ_b 将从较小值增加，如图 7.21(b)中虚线所示。

转子的旋转，使相磁链变化，在相绕组中感应出电动势。图 7.21(c)是理想相电动势波形 e_a、e_b 和 e_c，为 120°宽方波。在 SRM 中已知道，磁阻电机转子一个极相当于同步电机一对极，故对 6/4 极结构电机来讲，是 4 对极电机，转子转过 90°机械角对应于 4×90°= 360°

电角度，故 e_a 为 120°宽方波。

在 SRG 讨论时，仅在电感下降段才能发电，故其电动势是单方向的，是脉冲直流电动势。双凸极电机由于有独立的励磁绕组 W_f，故相绕组中感应的是交流电动势。

图 7.21(d)是双凸极直流发电机的主电路，由两部分构成，左侧为双凸极电机的电枢和励磁绕组，右侧为二极管三相桥式整流滤波电路，因为有滤波电容 C，直流电压 U_o 可为脉动较小的直流电。

由此可见，双凸极直流发电机和三级式无刷直流发电机一样，发电工作时不必用开关管构成的 AC/DC 变换器，也不必用电机位置传感器，只需要二极管整流桥，并可通过调节励磁电流来调节直流输出电压。但是由于双凸极直流发电机的励磁绕组在定子槽中，故在相同尺寸和同样工作转速下，其功率密度没有三级式电机大。双凸极直流发电机是单级式电机，直接调节励磁电流来调压，因此突加或突卸负载时电压恢复快，三级式电机因通过调节励磁机的励磁电流调压，响应会慢一些。

表征双凸极直流发电机特性的曲线和三级式电机一样为空载特性、外特性和调节特性。由航空发动机传动的发电机工作于变速状态，一般用最低发电转速、最高发电转速和中等发电转速三条曲线来描述电机特性。

考察图 7.21(b)的相磁链 ψ_a，在励磁安匝 $W_f I_f$ 一定时，减少定转子对齐时的气隙，必有助于增大 ψ_{amax}，而不会使 ψ_{amin} 过多加大，可见小的气隙有助于提高 $\Delta \psi_a = \psi_{amax} - \psi_{amin}$。在转速一定时，$\Delta \psi_a$ 的加大，使 $e_a = -\mathrm{d}\psi_a/\mathrm{d}t$ 加大，有利于提高电机输出电压和输出功率，故双凸极电机的特点是有较小的气隙。同时在 $\Delta \psi_a$ 一定时，提高转速，也导致电动势和功率的加大。由于转子没有绕线和磁钢，故双凸极电机和开关磁极一样可在高转速和恶劣环境条件下安全工作。

正因为气隙小、磁导大，故双凸极电机的相绕组电感较大。图 7.21(b)在 θ=45°时 A 相电感 L_a 达最大值。其电感比三级式同步电机大，比永磁电机更大；这是双凸极电机的特点。同时相绕组电感 L_a 又是励磁安匝 $W_f I_f$ 的函数，$W_f I_f$ 达到一定值后，铁心开始进入饱和，L_a 减小。I_f 越大，铁心越饱和，电感越小。相应地，励磁绕组的电感也因 I_f 的加大而减少，故 I_f 的加大会加大双凸极发电机的最大输出功率。

双凸极直流发电机的外特性也是下降的，随着负载电流 I_o 的加大，相电流相应加大，电枢反应加大，换相重叠及换相压降也加大，导致电压 U_o 随 I_o 的增加而下降。图 7.22(a)是 6/4 极结构双凸极直流发电机的展开图，图 7.22(b)中的实线是 A 相极绕组空载磁链，虚线是负载磁链，比较这两条曲线可知，负载后电枢磁链的幅值降低了，这是相电流的电枢反应去磁作用导致的。图 7.22(a)用于分析双凸极发电机的电枢反应，图中只画了 A 相和 B 相电枢绕组。由于转子向左旋转，A 相极转子滑离定子极，对 B 相极，转子滑入定子，故当转子滑入 B 相极时，B 相绕组通过的磁通必加大，由楞次定律可知，B 相绕组必将感应出电动势 e_b，让其电流 i_b 阻止 ψ_b 的加大，故 i_b 电流方向如图中箭头所示，其电枢安匝 $W i_b$ 和励磁磁场方向相反，起去磁作用，使负载磁链 ψ_b 小于空载磁链 ψ_{b0}。而 A 相定子极下的转子离开定子极，通过 A 相绕组的磁通将减小，A 相感应出电动势 e_a 并产生 i_a 阻止 ψ_a 的下降，为增磁电枢反应。

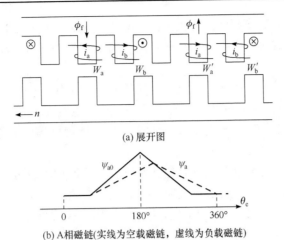

(a) 展开图

(b) A 相磁链(实线为空载磁链,虚线为负载磁链)

图 7.22　6/4 极结构双凸极直流发电机的展开图和 A 相磁链曲线

也就是说,转子滑入定子极时,相电流起去磁作用,使 ψ 降低,转子滑离定子极时,相电流方向改变,起增磁电枢反应,由图 7.22(b)可见,在 0～180°电角度(θ_e 代表电角度),转子滑入定子极,电枢电流去磁使 ψ_a 小于 ψ_{a0}。在 180°～360°,转子滑离定子极,电枢电流起增磁作用,ψ_a 大于 ψ_{a0}。由于负载后 ψ_{amax} 下降,故 A 相电动势 e_a 也下降了,可见电枢反应总体是去磁的,使 U_o 随 I_o 加大而降低。

双凸极电机相电感较大,故导致的换相重叠电压损失也较大,电枢反应和换相重叠这两个重要因素,是使双凸极电机外特性下降的主要因素。

两个 6/4 极结构的双凸极电机的结合即 12/8 极结构双凸极电机,在定子内径相同时,12/8 极结构的电励磁双凸极电机极弧宽度只有 6/4 极结构电机的一半,从而使定转子铁心的轭厚度可小一半,有利于降低有效材料重量,同时,同一相的定子极和电枢元件也从两个增加到了四个,在每相串联匝数不变时,减少了每个元件的匝数,减少了相电感,有利于减少电机内阻抗,但是转子极数的加倍,在转速一定时会加大电机铁心损耗。

双凸极电机既可发电工作,也可电动工作,电动工作时须有转子位置传感器,DC/AC 电力电子变换器和微机控制器配合,图 7.23 是电励磁双凸极电机电动工作时的主电路,左侧是电励磁双凸极电机电枢和励磁绕组,右侧是三相 DC/AC 变换器。

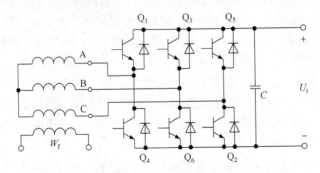

图 7.23　电励磁双凸极电机电动工作时的主电路图

三级式同步电机电动工作时,一要从励磁机的励磁绕组引入交流电供电动机励磁,二要采用空间电压矢量控制使相电流为正弦波，非正弦电流会使转子损耗和发热加大，限制了转矩的加大。电励磁双凸极电机电动工作时，可沿用无刷直流电动机的控制方式，使电动控制系统简化。

永磁电机和开关磁阻电机无论是电动工作还是发电工作，都离不开电机转子位置传感器和 DC/AC 变换器，三级式同步电机和电励磁双凸极电机则仅电动工作时才需要 DC/AC 变换器，它们作为起动发电机工作时，一台 DC/AC 变换器可起动多台发动机，发动机起动后该变换器还可用于驱动其他电机。

以上讨论了四种直流发电机或直流起动发电机，这四种电机可分为两类：一类是三级式电机和双凸极电机，另一类是永磁电机和开关磁阻电机。后者无论电动工作还是发电工作都不能离开 DC/AC 功率变换器，前者发电时可以用二极管整流桥，不必用电机转子位置传感器，发电工作可靠性较高。

开关磁阻起动发电机和双凸极起动发电机均为磁阻电机，转子结构简单，适合在高速和恶劣环境下工作，磁阻电机的发展为内装式起动发电机创造了条件。

7.6　直流发电机的并联工作

交流发电机的并联必须满足以下条件：并联电机相序一致、频率相同、相位相近、波形为正弦波、电压相同。变频交流发电机无法同时满足上述条件，难以并联工作。

直流发电机并联必须满足以下几个条件：第一是极性相同。第二是电压相同。可见直流发电机易于并联，两台或多台直流发电机并联的一个重要前提是均流，即两台相同功率的电机的输出电流应相等，才能充分发挥每台电机的能力。第三是发电机投入和退出并联电网的问题。第四是并联发电机系统的故障和保护。

7.6.1　三级式无刷直流发电机的软起动

在多电飞机中，三级式无刷直流发电机大多为起动发电机。该电机工作于电动机状态时，起动航空发动机，从起动完毕到转入发电间有一个发动机转速升高的区间，在此区间，该发电机既无交流励磁也不加直流励磁。仅当电机转速达到最低发电工作转速时，GCU 才接通 GCR，使永磁副励磁机整流后的输出通过电压调节器的末级晶体管和励磁机的励磁绕组 W_{ef} 接通。由于此时发电机输出电压为 0，电压调节器的末级晶体管处于导通状态，于是 I_{ef} 快速增长，一直到发电机电压大于额定值之后，末级晶体管的占空比才减小，且 I_{ef} 增长时，电机相电压增加，给输出整流滤波电路的电容充电。由于此时 GCB 未接通，发电机仍为空载。当发电机空载电压达到额定电压后，即使调压器末级晶体管立即关断，电机电枢绕组存储的磁能还会继续向电容释放，导致电容电压高于额定电压。显然，这个电压状态的电机不宜投入并联。

为了使发电机电压较为正确地达到其额定值，三级式电机的电压调节器必须采用软起动，即调压器的末级晶体管在 GCR 接通时占空比为零，然后缓慢增大，让 I_{ef} 逐渐加大，让直流输出电压逐步增加，到额定电压时即停止加大占空比，从而避免电机起动时直流电压超调。双凸极直流发电机的电压调节器也应有软起动特性。

永磁直流发电机和开关磁阻发电机的 AC/DC 变换器不仅有二极管整流电路,还反并有开关管,即使起动时有电压超调,导通开关管也可以让过高的电压降到额定值。

7.6.2　并联发电机间的负荷均衡

图 7.24 是两台直流发电机的并联电路,图中 PBUS 表示并联汇流条,发电机电压检测线用 L_p 和 L_n 表示, L_p 为发电机正端检测线,接于 GCB 的电机侧接线柱上, L_n 表示负端检测线,电压调节器 VR_1 使 G_1 发电机的电压调定值为 U_{o1}, VR_2 使 G_2 的电压调定值为 U_{o2}, ID_1 和 ID_2 是发电机输出电流 I_1 和 I_2 的检测元件。

R_1 和 R_2 分别是 G_1 和 G_2 发电机电压检测点到并联汇流条的接线电阻之和。GCB 的主触点用于接通发电机电路,辅助触点 GCB_a 用于接通电流检测元件 ID 与电压调节器 VR 间的电路,当 GCB 闭合时, GCB_a 同时闭合;当 GCB 断开时, GCB_a 同时断开。

图 7.24 假定两电机已并联运行,GCB 和 GCB_a 已接通。由此可列出以下方程:

$$U_1 = U_{o1} - I_1 R_1 - K\Delta I \tag{7.3}$$

$$U_2 = U_{o2} - I_2 R_2 + K\Delta I \tag{7.4}$$

式中, U_1、U_2 分别是 G_1、G_2 发电机在正负并联汇流条的接入点电压; U_{o1}、U_{o2} 是电压调节器 VR_1、VR_2 的电压调定值,即两电压检测线间的电压; I_1、I_2 是发电机 G_1 和 G_2 的输出电流; R_1、R_2 是从发电机调压点到正负并联汇流条间的馈电线电阻; K 是均流系数; $\Delta I = I_1 - I_2$,为两发电机输出电流之差。

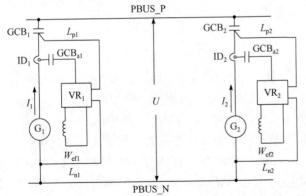

图 7.24　两台直流发电机并联电路

若两发电机输出电流相同,即 $I_1 = I_2$,则 $\Delta I = 0$,负载电流 $I_o = I_1 + I_2 = 2I_1$。不计并联汇流条的电阻时, $U_1 = U_2 = U$, U 是并联汇流条的电压,于是有 $U_{o1} - I_1 R_1 = U_{o2} - I_2 R_2$,因 $I_1 = I_2$,若两电机接线电阻相同,即 $R_1 = R_2$,则必有 $U_{o1} = U_{o2}$。这表示仅当两电机电压调定值 $U_{o1} = U_{o2}$ 和两电机接线电阻 $R_1 = R_2$ 时,才能使两电机的输出电流相同,即 $I_1 = I_2$,负载电流 $I_o = 2I_1 = 2I_2$。但是要两发电机电压调定值和接线电阻完全相同是不现实的。

若 $K = 0$, $R_1 = R_2 = R$,但 $U_{o1} \neq U_{o2}$ 时,根据式(7.2),因 $U_1 = U_2$,得

$$U_{o1} - I_1 R_1 = U_{o2} - I_2 R_2 \tag{7.5}$$

$$\Delta I = I_1 - I_2 = \frac{U_{o1} - U_{o2}}{R} \tag{7.6}$$

设

$$I_q = \Delta I / 2 \tag{7.7}$$

$$I_o = I_1 + I_2 \tag{7.8}$$

$$I_1 = I_o / 2 + I_q \tag{7.9}$$

$$I_2 = I_o / 2 - I_q \tag{7.10}$$

因此有

$$I_q = \frac{U_{o1} - U_{o2}}{2R} \tag{7.11}$$

作为例子,设 G_1、G_2 发电机功率均为 240kW,额定电压为 540Vdc,额定电流为 450Adc,接线电阻 R=0.01Ω,若 U_{o1}=543V,U_{o2}=540V,R=0.01Ω,I_o=300A,得

$$I_q = \frac{3}{0.02} = 150(A) \tag{7.12}$$

$$I_1 = \frac{I_o}{2} + I_q = 150 + 150 = 300(A) \tag{7.13}$$

$$I_2 = \frac{I_o}{2} - I_q = 150 - 150 = 0(A) \tag{7.14}$$

这表明没有均流控制时,3V 的电压差使两电机电流差达 300A,G_1 发电机电流为 300A,G_2 发电机没有电流输出。

若 U_{o1}=U_{o2},接线电阻 $R_1 \neq R_2$,K=0,有

$$I_q = \frac{R_2 - R_1}{2(R_2 + R_1)} I_o \tag{7.15}$$

不平衡电流 I_q 与负载电流 I_o 成正比,也和两发电机接线电阻之差 $R_2 - R_1$ 成正比。接线电阻小的电机输出电流大。仍以上述 240kW 540V 发电机并联为例,若 U_{o1}=U_{o2}=540V,R_2=2R_1=0.02Ω,得 I_q=I_o/6,若 I_o=600A,I_q=100A,I_1=400A,I_2=200A。

由此可见,并联发电机间必须有均流控制。均流控制就是检测发电机的电流,把电流检测信号送 GCU,GCU 通过数据总线将电流信号送 BPCU,BPCU 将两 GCU 送来的电流信号相加,得总负载电流 I_o、两发电机电流差 $\Delta I = I_1 - I_2$ 以及不平衡电流 $I_q = \Delta I / 2$。BPCU 将 I_q 信号送 GCU,GCU 将电流大的发电机的励磁电流降低,另一 GCU 将电流小的发电机励磁电流升高,从而使两电机电流相近,并保持汇流条电压 U 不变。K 就是单位 I_q 电流导致的发电机电压变化量的一倍。

由式(7.2)和式(7.3)可得 I_q 的一般表达式为

$$I_q = \frac{(U_{o1} - U_{o2}) - (R_1 - R_2) I_o / 2}{4K + R_1 + R_2} \tag{7.16}$$

若 R_1=R_2,则

$$I_q = \frac{U_{o1} - U_{o2}}{4K + 2R_1} \tag{7.17}$$

仍以上述 240kW 540V 发电机并联为例，设 $K=4R_1$，$R_1=0.01\Omega$，当电压差 $\Delta U=U_{o1}-U_{o2}=3$V 时，得 $I_q = \frac{3}{0.16 + 0.02} = 16.7$(A)，仅为 $K=0$ 时的 1/11。若 $U_{o1}=U_{o2}$，而两发电机的接线电阻不同，$R_1 \neq R_2$，引入均流控制后，两电机的电流差也减小。

由此可见，借助发电机电流差信号实现并联发电机的均流是可行的，且 K 越大，两电机的电流差越小。但 K 不宜过大，过大时会使并联系统不稳定。

多台发电机并联时，同样可引入均流控制。设有 n 台发电机并联，各台发电机输出电流为 $I_1, I_2, \cdots, I_n$，则负载电流 $I_o = \sum_{i=1}^{n} I_i$。若 G_1 发电机电流偏大，其他电机电流相同时，有 $I_1 = \frac{I_o}{n} + I_q$，$I_2 = I_3 = I_n = \frac{I_o}{n} - \frac{I_q}{n-1}$，这时 G_1 发电机的电压调节器作用使 U_{o1} 下降，下降量和 I_q 成正比，$G_1 \sim G_n$ 发电机的调压器使其电压升高，但每台发电机电压升高量仅为 G_1 发电机的 $\frac{1}{n-1}$，这样可使汇流条电压 U 保持不变。

7.6.3　发电机投入电网和退出电网

发电机投入电网有两种情况：一是电网上没有发电机时，只要发电机电压达额定值，即可接通 GCB，使发电机向电网供电；二是当电网已有发电机时，投入电网的 GCU 必须和 BPCU 通信，使投入电机的电压调整到等于电网电压才让该电机的 GCB 闭合。GCB 闭合的同时其辅助触点 GCBa 也同时闭合，由于刚投入时电机电流为零，产生电流差，BPCU 让该电机 GCU 中的电压调节器逐步升高电机的输出电流，直到和电网中其他电机的输出相近。

若投入电机的电压高于电网电压时接通该电机的 GCB，该发电机将有一个浪涌电流流向电网，给电网以扰动。

同样，若有一台电机欲退出电网，系统应执行发电机退出程序，让拟退出电机的电流逐步减小，当该电机电流到零后，断开 GCB 和 GCBa。

如果并网发电机中有一台电机突发故障，GCB 故障断开，则断开过程将会引起一个电流浪涌过程，电网发生短时扰动。

7.6.4　并联发电机电源系统的保护

并联发电机电源系统故障有两类：第一类是并联电源均流控制系统的故障，如电流检测电路开路或短路故障；第二类是发电机及其电压调节器的故障，如调压器末级开关管短路或电压调压器检测线开路导致该发电机励磁电流过大，或是励磁绕组电路开路，导致发电机失去励磁。

并联发电机有一台电机的电流检测电路开路时，并联电源系统必进行调整，增加该电机的励磁，使其调定电压加大，使该电机输出电流加大，其他电流检测电路正常的发电机将减小励磁，从而减小输出电流，最后所有负载电流均由电流检测失效的电机承担，这是很危险的。若电网负载很大，电流过大的电机将因过热而损坏。因此并联工作的发电机必须同时检测各电机的励磁电流，当有一台发电机励磁电流过大时，应断开该电机的 GCB，使之退出电网。

某台发电机电压调节器末级开关管短路，该电机励磁电流 I_{ef} 将增大。若该电机为单台运行，就出现过电压，过压保护动作使 GCR 和 GCB 断开。在并联系统中该电机 I_{ef} 的加大，使其输出电流加大，与此同时，非故障电机的调压器作用，使正常电机的励磁加大，以减小电机间电流差。因故障电机的励磁电流 I_{ef} 必为最大值，当出现各台电机的励磁电流差别加大，而各电机的工作转速差别不大时，应将最大励磁电流的电机退出并联。退出并联后的电机若确实为励磁故障，将转为过压保护，断开该电机的 GCR。故障电机退出后系统恢复正常。

若某台电机励磁电路开路，它的 I_{ef} 下降，输出电流下降，正常工作的电机将减小励磁以保持各电机输出相同，导致汇流条电压下降。当故障电机励磁电流降低到小于其正常工作值时，GCU 将该电机退出电网，故障电机退出电网后并联系统恢复正常。

由此可见，在并联电源系统中，GCU 中电压调节器有两个作用：一是保持电压为额定值，二是实现并联均流。必须协调两者间的参数关系，防止故障状态下汇流条电压的大幅波动。

在并联电源系统中，检测各发电机的输出电流和电机的励磁电流都很必要，后者是判断并联系统故障的手段之一。

7.6.5　并联电源系统的优点

(1) 提高容错性能。采用并联供电可以实现系统的不中断供电。

(2) 提高供电容量。可以突破单台发电机容量限制，扩大供电系统容量。

(3) 优化动态特性，提高系统稳定性。并联电源系统的等效内阻小，突加突卸大负载时对电网电压的影响小，适合于大功率脉冲负载的应用，也适合于大起动电流用电设备的应用。

(4) 降低热负荷。发电机并联均流，使各发电机负载基本一致，发热大致相同，有利于充分发挥各发电机的潜力，同时减少发电机满载和过载工况，降低热负荷。

7.7　辅助动力装置

7.7.1　APU 在飞机上的应用

辅助动力装置，英文简称 APU，是小型涡轮发动机，最早在大型运输机和客机上使用。对 42 种大型飞机进行统计，有 34 种采用 APU，占比 80%。F-22 和 F-35 为双发动机和单发动机战斗机，也装有 APU，故 APU 的应用日益增多。APU 及其发电机可输出压缩空气和电能，APU 有两种结构：单转子发动机和双转子发动机。

B737-300/400/500 飞机上的 APU 为单转子发动机，型号为 APS-2000，由离心式压气机、离心式涡轮和燃烧室构成。压气机和涡轮为背靠背结构，压气机前方有两个轴承，压气机和涡轮在两轴承的外侧，故轴承的环境温度较低。涡轮工作转速为 45225r/min，通过减速器传动发电机，交流发电机转速为 12000r/min，输出 400Hz 115/200V 三相交流电。该发动机将压气机压缩空气的一部分引出来，供给航空发动机的涡轮起动机，用于起动航空发动机。APU 的起动是由其上的交流起动发电机工作于电动机状态下进行的。起动电源为蓄电池，起动机由蓄电池通过 SPU 向电机供电。

A380 飞机的 APU 型号为 PW-980A，为双转子发动机，与单转子发动机相比，结构较复杂，但单位马力耗油量较少。PW-980A 由 6 部分构成：燃气发生器(由压气机、涡轮和燃烧室构成)；燃气发生器的附件传动机匣，机匣上有起动机、滑油泵和燃油控制器；功率涡轮及其传动的负载压气机，负载压气机向外提供压缩空气；负载传动机匣，机匣上装 2 台 120kV·A 400Hz 115/200V 交流发电机；滑油系统和滑油散热器；APU 电子控制器。

PW-980A 有两个滑油箱：一个用于润滑发动机的轴承，另一个用于润滑发电机轴承和冷却发电机。故 PW-980A 有两套独立的滑油系统。PW-980A 的燃油系统有两个功用：一个是向 APU 提供燃油，另一个是控制器控制负载压气机的入口风门和防喘振阀。

PW-980A 在地面时，2 台发电机可同时输出，总容量达 240kV·A，飞行中允许 1 台发电机工作。

B787 的 APU 的型号为 APS-5000。由于 B787 飞机不提取航空发动机的压缩空气，故 APU 也不提取压缩空气。APS-5000 上装有 2 台 225kV·A 235Vac 400Hz 起动发电机(ASG)，只需要一台 ASG 工作于电动状态即可起动 APU。由 APU 的 ASG 供电可起动航空发动机，既可以起动单台航空发动机，也可同时起动两台航空发动机。

7.7.2 APU 的高空特性

飞机飞行高度越高，空气越稀薄，发动机吸入空气减少，输出功率降低。故 A380 飞机的 APU 在飞机飞行时只允许用一台 120kV·A 的发电机。

B737-300 飞机的 APU 在 0～3050m 空中，可同时向飞机供气和供电，发电容量为 40kV·A；3050～5200m 的高空只能提供气压或电能；在 5200～10700m 高空只能提供电能。

A380 的 APU 在 0～6858m 高空可同时供电与供气。

B787 的 APU 在海平面时功率可达 735kW，随高度增加，输出功率降低，APS-5000 的最大工作高度为 13000m。

表征 APU 性能的参数有额定输出功率、输出空气最大流量、功率重量比、燃油消耗率、起动和工作高度。压气机的压缩比和涡轮前温度是两个重要物理参数，早期的 APU 压气机的压比为 4，涡轮前温度约 1200K，目前压比已提高到 8 或更高，温度达 1360K。这两个参数的提高有利于提高 APU 的功率密度和降低燃油消耗率。

7.7.3 应急动力装置

在 F-16 战斗机上装有应急动力装置 EPU。EPU 是在主发电机或 APU 发电机均故障时向飞机供电的电源。F-16 的 EPU 有两种工况：一种工况是提取发动机压缩后的空气，在主发电机故障时，打开压缩空气阀，压缩空气即驱动 EPU 涡轮旋转，传动液压泵和发电机，向飞机提供应急动力, 以使飞机返航和着陆。另一种工况是在发动机发生故障, 失去了压缩空气时, EPU 则借助自带的肼燃料燃烧, 使涡轮工作。由于肼燃料能使涡轮在 1~2s 时间内达工作转速, 故能快速提供应急动力。但因肼燃料的装载量有限, 其工作时间也是有限的。

在无 EPU 的战斗机上, 应急电源为蓄电池, 其供电时间也很有限。

民航飞机上的应急动力为冲压空气涡轮, 主电源正常时, 冲压空气涡轮设置在飞机机翼或机体内, 不工作。主电源故障时, RAT 立即放下, 在迎面气流作用下, 涡轮旋转, 传动液压泵和发电机, 提供应急动力。RAT 的优点是可以长期工作。B787 的 RAT 同时传动液压泵和应急发电机(即 RATG)。在主电源故障和 RATG 未工作前的这段短的时间, B787 由主蓄电池向飞机供电。A380 的 RAT 只传动一台 70kV·A 的交流发电机, 没有液压泵, 因为 A380 飞机的舵面有电液作动机构。

随着多电飞机的发展, 电力作动机构的数量不断增加, 最终将取消集中式液压能源系统。这种情况下, 应用现有的 EPU 和 RAT 已不能满足需要, 因为 EPU 和 RAT 的功率不够大。同时, 随着主电源余度的增多及 APU 性能的改善, 使用 EPU 和 RAT 的情况相对较少, 但又不得不将它们装在飞机上, 以防万一, 这样增加了飞机的重量。

APU 和 EPU 组合起来构成 IPU, 即组合动力装置, IPU 既可作为辅助动力, 又可加大电源和液压源的应急容量。

7.7.4　组合动力装置

组合动力装置的英文简称为 IPU, 是 APU 和 EPU 的组合, 既有 APU 的功能, 又有 EPU 的功能。

IPU 有两种组合方式。一种是借用齿轮组合, APU 的输出和 EPU 的输出轴均通过齿轮与第三个齿轮啮合, 第三个齿轮传动附件机匣, 附件机匣上装发电机和液压泵。尽管这样增加了齿轮, 但各节省了一台发电机和泵。

IPU 的另一种组合方式是将 APU 的燃烧室改为既能燃烧由压气机压缩的空气和由喷嘴喷入的燃油油雾形成的油气混合气, 又能燃烧氧化剂和煤油。这种可进行两种燃烧模式的燃烧室称为双模燃烧室。由压气机提供压缩空气的燃烧方式为 APU 工作方式; 由氧化剂进行燃烧的方式为 EPU 燃烧方式。不用肼燃料燃烧的原因是肼燃料是剧毒物质。这种 IPU 正常起动时可用电起动机或起动发电机, 这类起动方法就是 APU 起动方法, APU 起动方法的缺点是起动时间约 1min, 不能满足应急供电的需求。氧化剂和煤油同时进入燃烧室的起动方式仅需 1~2s, 故为 EPU 起动方式。待 IPU 正常工作后, 再打开压气机进气门, 借助压缩空气燃烧, 进入 APU 工作方式, 不再使用氧化剂。由此可见, 这类 IPU 优于齿轮组合的IPU, 它既共用发电机和液压泵, 又共用燃烧室和涡轮, 功率密度更高。难点是需要双模燃烧室。

IPU 将 APU 和 EPU 合二为一。但是飞机飞行中主电源正常时也不用 IPU, 可是又不能不带它。无论民用飞机还是军用飞机, 环境控制(环控)系统是飞机不可缺少的, 而环境控制系统的一个重要部件是制冷设备, 因为航空电子设备、电气设备和液压设备工作时都会发热, 都要冷却, 同样乘员也要适当的环境温度, 故制冷设备是环境控制系统中必不可少的设备。目前飞机上用的制冷方式有三种：第一种是借助冲压空气冷却，第二种是借助燃油冷却，第三种是借助膨胀涡轮制冷。将膨胀涡轮加入 IPU 中，则该 IPU 不仅有 APU 和 EPU 功能，还有制冷空气的功能。不仅飞机在地面做准备时要用这类 IPU，在飞行中也要用。这种构想是飞机机电系统集成的思想，三者组合既减轻了重量，又简化了飞机设备，一举多得，这种 IPU 又称为 IPCU，其中 C 代表冷却。IPCU 的功能有：①借助起动发电机由蓄电池供电，实现 IPU 的起动。②可向发动机的起动发电机供电，起动航空发动机。③在地面或空中向飞机电网供电，既是辅助电源又是应急电源，也可提供液压能源。在 F-35 飞机上采用电液作动机构，故不需要传动液压泵，这样起动发电机可以和压气机共轴，成为发动机内装式起动发电机，省去了附件传动机匣和传动齿轮。④还可向飞机环控系统提供膨胀涡轮出口的冷气。F-35 的 IPCU 在制冷工作时要引用航空发动机的压缩空气，这是其不足之处。

7.7.5 多电组合动力装置

F-35 的 IPCU 采用了内装式起动发电机，从而取消了齿轮系统和附件传动机匣，简化了发动机结构。B787 飞机的 APU，即 APS-5000 只提供电能，不引出压缩空气，采用起动发电机起动 APU。可见 F-35 和 B787 的辅助动力装置已向多电 IPU 迈出了一大步。多电 IPU 应有三个特点：一是不引出压缩空气，二是用内装式起动发电机消除齿轮传动装置，三是采用气浮轴承或磁浮轴承，取消滑油系统。气浮轴承又称薄膜轴承，是借助空气将转轴支撑的技术。20 世纪 60 年代，国外开始研究气浮轴承，以用于高速旋转机械。由于高速旋转机械转速都在每分钟万转以上，机械轴承易磨损，工作寿命很短。气浮轴承的成功很快被航空器采用，1970 年，第一台机载的环控系统用空气循环机 ACM 在 DC-10 飞机上使用，工作 10000h 后，轴承的薄膜仅有少许磨损，仍旧可用。于是在 20 世纪七八十年代有十多种飞机的空气循环机都采用了气浮轴承。B787 飞机的空气循环机由 2 个涡轮和 1 个压气机构成，最高工作转速达 23500r/min，其中的压气机用于进一步提高电动压气机 CAC 送来的压缩空气压力。该压气机也是 2 个膨胀涡轮的负载，膨胀涡轮使压缩空气的温度显著降低。由于 ACM 和 CAC 的转速均很高，都采用气浮轴承(CAC 的最高工作转速为 43929r/min)。ACM 气浮轴承的涂层工作温度为 288℃，由于 ACM 为制冷机，工作温度低，这个温度的涂层已能满足工作条件。

在 ACM 成功应用气浮轴承的基础上，人们将气浮轴承用于 APU，把小发动机的转子浮起来，使之成为 oil-free 发动机。但因发动机的工作温度远高于 ACM，故必须提高气浮轴承涂层的温度。在 2000 年前后，美国 Honeywell 公司开展了无齿轮(gearless)和无滑油(oil-free)APU 验证机的研制，型号为 Model 131。该 APU 额定转速为 48000r/min，永磁起动发电机与 APU 转子共轴，有两个径向气浮轴承和一个可双向受力的轴向气浮轴承。Model 131 进行了成功的测试，但因为用了低温气浮轴承的涂层，要消耗大量空气，使能量转换效率降低，未进入商业应用。

1983 年已有耐温 538℃、直径为 76mm 的气浮轴承，其用于 APU 的转子热端，该 APU 型号为 GTCP 165-9，单转子，功率为 300kW，转速为 38000r/min，转子质量为 30kg。GTCP 165-9 通过了一系列地面测试，如姿态测试、高空工作测试和耐久性测试。另一台耐温 649℃、直径为 44.5mm、置于 APU 热端的气浮轴承也通过了测试，该 APU 型号为 JFS 190，转速为 62000r/min，全速实验时，轴承的工作温度达 532℃。20 世纪 80 年代，美国的公司进行了 8 种燃气涡轮气浮轴承测试，其中 GTCP 165-9 的转子重量大，气浮轴承的直径也最大，但转速较低。

2006 年，美国 NASA 对 30kW 燃气涡轮进行了测试。型号为 PS-304 的无滑油燃气轮机，其气浮轴承工作温度为 500℃，转速为 97000r/min，运行时间达 3500h，起停次数超过 2900 次，未发现故障。进一步证明了高温气浮轴承在 APU 中应用的可行性和必要性。

国外气浮轴承在 ACM 和 APU 应用成功的基础上，又开展了磁浮轴承在 APU 中的应用研究。从 1990 年开始，对一种无齿轮和无滑油的多电 IPU 开始验证实验。1996 年 4 月对主动控制径向和轴向磁浮轴承进行测试，轴承转速达 55000r/min。1997 年 7 月对开关磁阻起动发电机进行测试，电机转速达 55000r/min，功率为 110kW，电压为 270Vdc。1999 年 4 月对成套IPU进行测试，IPU工作转速达 30000r/min，发电机输出电压为 270V，功率为 30kW。

另一项实验将发电机和 APU 的轴分开，电机由磁浮轴承支撑，APU 用滑油润滑轴承，然后将二者的轴连起来测试，达到 38000r/min 和 50kW 发电功率，系统测试仍未达到要求指标。1998 年，研究人员改进了磁浮轴承的控制技术，进一步对 APU、开关磁阻起动发电机和磁浮轴承三者构成的多电 IPU 进行测试，得到了以下结论：①三个关键部件的组合是可行的；②在整个转速范围内磁浮是成功的，其中含有转子超临界转速运行；③三个部件控制器和系统控制器的配合是成功的；④成功地测试了有余度和容错能力的磁浮轴承；⑤用开关磁阻起动发电机进行 IPU 电起动是成功的；⑥电动燃油泵的工作是令人满意的；⑦发电实验达到了预期结果；⑧系统和部件控制还需要进一步完善。

通过以上实物验证认识到：必须进一步提高磁浮轴承的性能，磁浮轴承不是简单的代替 APU 内的机械轴承，而必须和 APU 联合设计，优化体系结构。必须深入研究磁浮轴承与开关磁阻电机间的相互作用关系及规律。开关磁阻电机的特点是定转子间气隙小，因之仅当电机结构完全对称时才没有径向磁拉力作用在转子上。若转子出现偏心或电机结构不对称，必有单向磁拉力作用于转子上，且偏心越大，单向磁拉力越大，这是一个正反馈作用，最终使转子向偏心方向运动直到转子碰上电机定子。这个径向力对磁浮轴承是一个大的干扰源，降低了磁浮轴承的刚度。开关磁阻发电机输出功率越大，相电流越大，同样的偏心距离产生的单向磁拉力也越大，这是导致发电机功率难以提高的重要原因。显然改进磁浮轴承的控制和检测技术有助于减小转子偏心，减小电机的单向磁拉力。但对飞机来讲，振动和加速度等都会导致磁浮轴承负荷的加重和开关磁阻电机转子的瞬时偏离量。

7.7.6　磁浮轴承的构成原理

相比于气浮轴承，磁浮轴承可以让飞行器适应更高的飞行高度。图 7.25 是一种磁浮轴承本体的原理图，由定子和转子两部分构成，定转子均由硅钢片冲制而成，

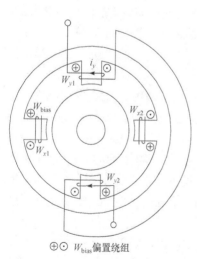

图 7.25　磁浮轴承本体结构原理图
(X 轴悬浮绕组的连接形式未画出)

转子为一环形结构，转轴与转子内圆紧密配合。定子内有四个均匀分布的凸极，极上有三套线圈，图中符号 $\oplus \odot$ 为偏置绕组，四个偏置线圈匝数相同，互相串联后通入恒定的电流，使 Y 轴的上下两个极为 N 极，X 轴方向的两个极为 S 极，由于每极的安匝相同，故当转子处于几何中心时，四个极下的气隙磁场相同，作用在转子上的径向力为零。

另两套绕组为 Y 轴悬浮绕组 W_y(由 Y 轴悬浮线圈 W_{y1} 和 W_{y2} 串联构成)和 X 轴悬浮绕组 W_x(由 X 轴悬浮线圈 W_{x1} 和 W_{x2} 串联构成)。若 W_y 绕组中电流 $I_y=0$，W_x 绕组中电流 $I_x=0$，则这两个绕组对气隙磁场无贡献，转子受的径向力仍为零。

若 W_y 中送入如图 7.25 所示方向的电流 I_y，则 I_yW_y 和偏置绕组的磁势使图中上方的气隙磁场加大，下方气隙磁场减弱，从而产生一个向上的径向力 F_y，使转子上移。反之，若改变 I_y 方向，则径向力就向下。

同样在 W_x 中送入电流 I_x，会引起一个向左或右的径向力 F_x。当四个定子极均匀分布时，I_y 几乎不会产生 X 方向的力，I_x 几乎也不会产生 Y 方向的力。

仅有图 7.25 的磁浮轴承本体是不够的，必须有检测转子径向偏离的位移传感器 SYD 和 SXD。两个 SYD 置于 Y 轴的转子上方和下方，两个 SXD 分别置于 X 轴上转子的左右两侧，上下左右四个传感器离圆心的半径相同，稍大于磁浮轴承转子半径。若磁浮轴承转子处于几何中心线上时，Y 方向两个传感器输出信号相同，差分合成信号为零；X 方向传感器 SXD 的差分合成信号也为零。

若由于重力作用，磁浮轴承转子向下偏离时，下方的 SYD 因与磁浮轴承转子间间隙减小而使输出信号加大，上方的 SYD 输出减小。两个 SYD 的信号之差放大后用于控制 W_y 中的电流，如图 7.25 所示使 I_y 从零增加，从而产生向上的 Y 方向的径向力，使转子向几何中心移动。W_y 和 W_x 中的电流由桥式 DC/DC 变换器控制，如图 7.26 所示。变换器的 4 个开关管 Q_1 和 Q_4 以及 Q_2 和 Q_3 的占空比均为 0.5，由于 4 个开关管导通时间相同，故 AB 端电压平均值为零，I_y 的平均值为零。当 SYD 有正的输出时，Q_1 和 Q_4 的占空比加大，Q_2 和 Q_3 占空比互补减小，于是电流流入 W_y，方向自 A 至 B，这个 I_y 使 Y 极上面的极下气隙磁场加大，下面气隙磁场减弱，从而产生一个 Y 方向上的力，使转子向上移动。若转子向上移动过多，则 SYD 输出信号反向，使 W_y 中电流也反向，即 Q_2 和 Q_3 的占空比大于 0.5，从而使转子下移。这样转子的瞬时位置的平均值必在几何中心附近。因此这类磁浮轴承属于主动控制型轴承。无论 X 轴还是 Y 轴绕组中的电流都在不断地变化着，磁浮轴承总是处于几何中心附近。

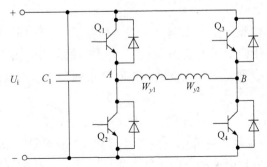

图 7.26 给 W_y 绕组电流供电的桥式变换器(W_x 绕组供电方式相同)

在 W_y 和 W_x 绕组中没有电流时，转子总是在重力作用下处于最低的位置，这时 Y 轴下方定转子间气隙达最小值，上方气隙达最大值，此时要让转子回到几何中心，进入 W_y 中的电流必须足够大。

磁浮轴承的另一指标是偏离几何中心的单位距离产生的恢复力大小，显然其越大越好。响应时间也是一个重要参数，即转子偏离正常位置后恢复到几何中心的时间，越短越好。

从磁浮轴承的构成原理可见，它的本体是一个电磁机构，该机构有四个极，2 个在 Y 轴方向，另 2 个在 X 轴方向，可形成 X 和 Y 两垂直方向的力，从而使转子悬浮。

7.7.7 具有悬浮能力的 12/8 极结构双凸极电机

图 7.27(a)是传统 12/8 极结构双凸极电机的剖面图，图中画出了励磁绕组 W_f 和电枢绕组 W_a、W_b、W_c 的配置，对比图 7.25，W_f 相当于磁浮轴承中的偏置绕组 W_{bias}。

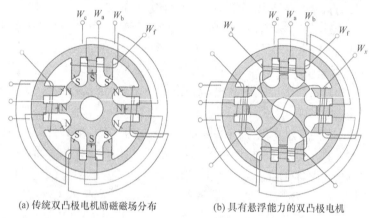

(a) 传统双凸极电机励磁磁场分布   (b) 具有悬浮能力的双凸极电机

图 7.27   12/8 极结构双凸极电机

图 7.27(b)显示了具有悬浮能力的双凸极电机悬浮绕组的设置，图中悬浮绕组 W_y 和图 7.25 中的 W_y 设置相似。图 7.25 的悬浮绕组只套在一个极上，而图 7.27(b)的悬浮绕组和励磁绕组同时套在三个极上。

电机空载时，电机和磁浮轴承一样，借助励磁绕组电流保持不变，改变 W_y 绕组的电流方向和大小即可控制 Y 方向的径向力的方向和大小。改变 W_x 绕组的电流方向和大小即可控制 X 方向径向力大小。

发电工作时，电枢电流产生去磁电枢反应，减弱了气隙磁场，使电动势和输出直流电压降低，电压调节器作用使励磁电流 I_f 加大，以保持输出电压为额定值，并使气隙磁场恢复，只要励磁电流处于合理区间，电机铁心没有严重饱和，励磁电流的变化不会导致悬浮力大的改变。

由于两个 Y 轴悬浮线圈为差动连接，与励磁绕组的连接不同，故电枢磁场的变化不会在 W_y 绕组中引起感应电动势，同样也不会在 W_x 绕组中引起感应电动势。

电机电动工作时，电枢电流的方向正好和发电时相反，其电枢反应转为增磁反应，使气隙磁场加大。和发电时相同，电枢反应不会在悬浮绕组中引起感应电动势，因此电机负载后，仍然具有悬浮能力，悬浮绕组中电流大，径向悬浮力也大。

由此可见，12/8 极结构双凸极电机中加入悬浮绕组 W_y 和 W_x 后，该电机仍然既可为发电机，也可为电动机，又具有磁浮轴承的悬浮能力。因此，一个 12/8 极结构双凸极电机加入多电 IPU 中，可以省去一个磁浮轴承。更重要的是，这个具有三合一功能的电机消除了电机工作对磁浮轴承的干扰，同时由于减少了一个轴承，简化了系统结构。

F-22 飞机 APU 的发电功率不到 30kW，比较小。大多数飞机的 APU 发电功率都在 90kW 以上，如 F-35，IPU 的发电机功率也在 100kW 左右。由于电机功率大、尺寸大，产生的悬浮力也较大，从而有利于增大磁浮轴承的刚度，改善其性能。而带来这些好处的代价仅是在电机内增设了 W_x 和 W_y 两组悬浮绕组，其他的传感器、变换器和控制器可借用已有的磁浮轴承的部件。

7.7.8　发展多电组合动力装置的意义

多电 IPU 以不引气、没有齿轮、无滑油为特征和发展目标，具有如下优点：

(1) 简化了 IPU 的结构，没有齿轮，没有附件机匣，没有引气管路和阀门，没有滑油管路、阀门和滑油泵，使 IPU 工作更可靠。

(2) 减轻了 IPU 的重量。

(3) 消除了机械轴承的功率损失和发热量，提高了 IPU 的使用寿命。

(4) 减小了 IPU 振动的幅值和强度。

(5) 发动机的工作转速可更高。

(6) 没有滑油，减小了火灾可能性。

(7) 节省能源，提高了燃油利用率。

7.8　二　次　电　源

在变频交流电源系统中，二次电源为 ATU、TRU 和 ATRU，它们都属于电磁式电能变换器，它们的主要部分是 400Hz 或 360～800Hz 下工作的变压器和自耦变压器，由于变压器的工作频率低，功率密度受到制约。

从 20 世纪 60 年代开始，大功率晶体三极管的诞生使电能变换器和飞机二次电源发生了重大的变化，将 28V 直流电转换为 115Vac 400Hz 交流电的静止变流器装机使用，成功取代了旋转变流机。静止变流器不仅功率密度高、效率高，且没有旋转部件、噪声小。

作为飞机二次电源，必须有高的功率密度、电能转换效率、环境适应性和工作可靠性。二次电源应标准化、模块化和板卡化，便于通过并联以扩大二次电源的容量，实现二次电源的冗余和容错，以及不中断供电。

在高压直流电源的飞机上，二次电源主要有两类。第一类是直流变换器，如将 270V 直流电转为 28V 直流电，或 540V 直流电转为 28V 直流电。将 28V 直流电转为 ±5V、±12V 或 ±15V 直流电，并向电子设备和计算机设备供电的电源，称为模块电源。模块电源的特点：

一是扁平结构，可直接装于印制板上；二是有高的效率和功率密度，由于高的效率，往往不需要专门的散热器；三是有规范的尺寸和引脚位置，实现标准化和通用化。

第二类是直交变换器，如将 270V 直流电转为 400Hz 115V 交流电的电器，在飞机上又称静止变流器。它也可将 540V 或 28V 直流电转为 400Hz 115V 交流电。

无论直流变换器还是静止变流器，都由以下几部分构成：输入和输出 EMI 滤波器、直流或直交变换器本体、电流和电压双闭环控制器(实现输出电压的闭环调节并限制器件的最大允许电流)、有自检测 BIT 和故障检测保护与故障码存储电路，还有专门的通信口与飞机电气系统的上级计算机通信。

7.8.1　直流变换器

B787 飞机上有 4 台 TRU，每台 TRU 的额定电流为 240A，输出电压为 28V。A380 飞机上也有 4 台 TRU，其中 3 台是输出电压可调的 TRU，称为 BCRU。无论 TRU 还是 BCRU，主要部件都是工作频率为 360～800Hz 的三相变压器，用于将高压交流电转为低压交流电，然后通过二极管整流桥整流后输出。BCRU 在 TRU 的输出端加上 DC/DC 变换器，以将 TRU 输出的直流电压转为恒定的 28V 直流电。

在高压直流电源系统中，由于主电源是直流电，故不能使用 TRU 或 BCRU。

直流变换器中的主要电能变换部件由三个部分构成：一是 DC/AC 变换器，二是高频变压器，三是输出整流和滤波电路。DC/AC 变换器将高压直流电转为高频交流电，交流频率通常在 20kHz 以上。高频变压器将高压交流电转为低压交流电，然后经二极管整流电路整流为 28V 直流电。

从 B787 和 A380 的 TRU 可见，它们的额定功率达 7.2kW 和 9kW，故相应的直流变换器也要达到这个功率等级，DC/DC 变换器宜采用桥式电路，如图 7.28(a)所示。图 7.28(a) 左侧为 DC/AC 变换器，T 为降压变压器，变压器有原副边电路隔离功能，右侧为二极管全波整流和滤波电路，C_2 为隔直电容，防止变压器直流偏磁。由于 DC/AC 变换器工作频率通常在 20kHz 以上，故 C_2 上的交流电压降可忽略不计，于是可得图 7.28(b)所示的 DC/DC 变换器工作波形。

由图 7.28 可见，若开关管不导通，则 DC/DC 的输出电压 U_o=0。若开关管导通半个周期 $T/2$，则 U_o 和电源电压 U_i 成正比，也和变压器副边 W_s 与原边 W_p 的匝比 W_s/W_p 成正比，在理想情况下，$U_o = \dfrac{W_s}{W_p} U_i$。若开关管的占空比为 D，则 $U_o = \dfrac{W_s}{W_p} D U_i$。由于 DC/DC 变换器的输出电压 U_o 应为额定值，不能因输入电压 U_i 和负载电流 I_o 的变化而变化，故在 U_i 和 I_o 改变时应调节占空比使 U_o 恒定。

图 7.28(b)是 DC/DC 的工作波形，Q_1 和 Q_4 导通时，AB 间电压 $u_{ab}=U_i$，副边 D_5、D_6 输入电压 $u_{cd} = \dfrac{W_s}{W_p} u_{ab} = \dfrac{W_s}{W_p} U_i$，$D_5$ 导通，故电感电流 i_{Lf} 增长。Q_1 和 Q_4 在 $t=t_1$ 时关断，由于变压器原边漏感，i_p 将经过 Q_2 和 Q_3 的反并二极管续流，并在 U_i 作用下快速衰减到零。由于电感 L_f 足够大，Q_1 和 Q_4 关断后的续流时间一直延长到 Q_2 和 Q_3 的开通，故 i_{Lf} 是脉动频率

为二倍开关频率的直流电。在开关管截止期间，D_5 和 D_6 同时通过电流 i_{Lf}，此时流过 D_5 和 D_6 的电流 $i_{D5}+i_{D6}=i_{Lf}$，且 $i_{D5}=i_{D6}$。

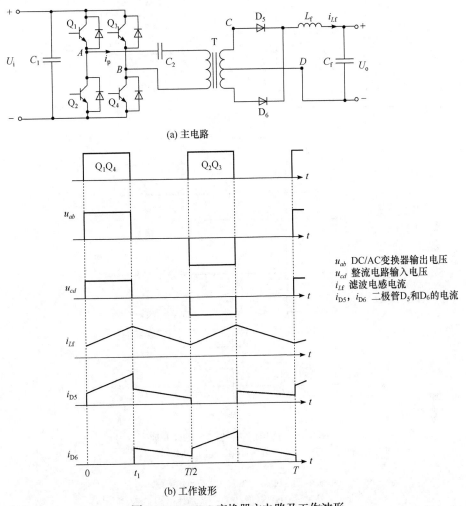

(a) 主电路

u_{ab} DC/AC变换器输出电压
u_{cd} 整流电路输入电压
i_{Lf} 滤波电感电流
i_{D5}, i_{D6} 二极管D_5和D_6的电流

(b) 工作波形

图 7.28　DC/DC 变换器主电路及工作波形

　　Q_1 和 Q_4 在 $t=t_1$ 时关断，通过 Q_1 和 Q_4 的电流不为零，故 Q_1 和 Q_4 为硬关断，有关断损耗。在 $t=T/2$ 时，开通 Q_2 和 Q_3，因 $i_p=0$，Q_2 和 Q_3 上的寄生电容电荷通过 Q_2 和 Q_3 放电，也导致损耗。对 D_5 和 D_6 来讲，D_5 是在 Q_2 和 Q_3 导通时刻关断的，因为 Q_2 和 Q_3 的导通在变压器副边绕组上产生一个使 D_5 反偏的电动势，D_5 在此电动势作用下关断，也为硬关断。

　　由此可见，图 7.28 的 DC/DC 变换器的开关管和二极管都是硬开关工作，有较大的开关损耗，是限制开关频率提高的主要因素。开关频率的限制也制约了变压器体积重量的降低。

　　图 7.29(a)是 DC/AC 变换器采用移相控制时的 DC/DC 变换器电路，图中仅在变压器原边串接一个谐振电感 L_r，L_r 中包含变压器原边绕组的漏电感。由此可见，DC/AC 变换器本身和图 7.28(a)相同。移相控制是使同一桥臂的两个开关管轮流导通，导通时间相同。为了防止直通短路，在 Q_1 关断后经一定延迟才导通 Q_2，同样 Q_2 关断一定时间后才导通 Q_1，这个延迟时

间称为死区时间。死区时间取决于开关管的关断和导通时间。

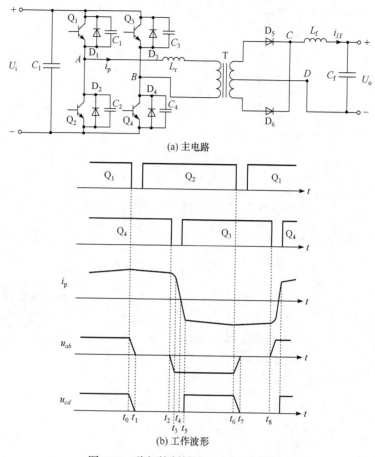

(a) 主电路

(b) 工作波形

图 7.29 移相控制桥式 DC/DC 变换器

$t < t_0$ 时，Q_1 和 Q_4 导通，$u_{ab} = U_i$，变压器原边电流 i_p 增加，D_5 导通。

$t = t_0$ 时，Q_1 关断，i_p 经 D_2、Q_4 续流。

$t = t_0 \sim t_1$ 时，i_p 使 C_1 充电，C_2 放电。t_1 时充电结束，Q_1 软关断。

$t_1 \sim t_2$ 时，i_p 经 D_2、Q_4 续流，$u_{ab} = 0$，D_5 导通，i_p、i_{Lf} 缓慢下降，Q_2 零电压导通。

$t_2 \sim t_3$ 时，Q_4 关断，i_p 经 D_2 续流，C_4 充电，C_3 放电，Q_4 零电压关断。

$t = t_3$ 时，C_4 充电结束，i_p 经 D_2 和 D_3 续流，D_5 和 D_6 同时导通，变压器副边短路，i_p 快速下降。

$t_4 \sim t_5$ 时，$i_p = 0$，Q_2 和 Q_3 导通，i_p 反向，$u_{ab} = -U_{io}$

$t = t_5$ 时，i_p 反向达一定值，D_5 截止，D_6 导通。

$t_5 \sim t_6$ 时，i_p 和 i_{Lf} 在 U_i 作用下增长，直到 Q_2 关断。

由图 7.29(b)可见，Q_1 和 Q_2 导通时间超前于 Q_3 和 Q_4 的导通时间，故 Q_1 和 Q_2 为超前桥臂，Q_3 和 Q_4 为滞后桥臂。Q_1 和 Q_4 同时导通，$u_{ab} = U_i$，在 u_{ab} 作用下，变压器原边电流 i_p 增长，同时 D_5 导通，i_{Lf} 也增长。$t = t_0$ 时 Q_1 关断，并于 Q_1 和 Q_2 的电容 C_1、C_2 中的 C_1 充电，C_2 放电，故 Q_1 是零电压关断，简称 ZVS 关断。C_2 放电结束后，D_2 导通，若 Q_2 在 D_2 续流时导通，则 Q_2 为 ZVS 导通。类似的，Q_4 也是零电压关断，Q_3 为零电压导通。由此可见，借助移相控制，即可使桥臂上的四只开关管都为软关断和软开通，降低了开关损耗，有利于提高变换器开关频率和能量转换效率。

由图 7.29 可见，在 Q_1 关断到 Q_4 关断这段时间中，i_p 在 D_2 和 Q_4 构成的回路中流动，这是环流的一种类型，由于此时 $u_{ab}=0$，没有能量从 U_i 向 U_o 流动，i_p 仅造成损耗。同时该电路的输出整流管 D_5 和 D_6 仍为硬开关，导通和关断过程仍有开关损耗。

图 7.30(a)是有 LLC 谐振式 DC/DC 变换器主电路图，图中在 DC/AC 输出电路中有谐振电感 L_r、谐振电容 C_r 和变压器原边绕组。变压器原边绕组中的漏感计入谐振电感中，变压器的励磁电感 L_m 是谐振电路中的另一个电感，其值远大于变压器漏感和谐振电感，故该电路有两个谐振频率 $f_{r1}=\dfrac{1}{2\pi\sqrt{L_r C_r}}$，$f_{r2}=\dfrac{1}{2\pi\sqrt{(L_r+L_m)C_r}}$，$f_{r1}>f_{r2}$。

$L_r C_r$ 的引入，不仅实现了 $Q_1\sim Q_4$ 的软开关，也使 D_5 和 D_6 实现软开关，进一步降低了开关损耗。

由于在变压器原边电路中有 $L_r C_r$，故整流二极管的输出端不必再加滤波电感 L_f，只需 C_f。

LLC 谐振 DC/DC 变换器有三种工作方式：一是 $f_s<f_{r1}$，二是 $f_s=f_{r1}$，三是 $f_s>f_{r1}$。

① 当 $f_s>f_{r1}$ 时，变压器副边电流半周为 180°宽，故二极管不是软开关工作。

② 当 $f_s=f_{r1}$ 时，变压器副边电流临界连续，二极管为 ZCS 开关(零电流开关)。这时，输出电压调节借助移相控制，开关频率不变。

③ 当 $f_s<f_{r1}$ 时，DC/AC 变换器工作于变频方式。借助于改变 f_s 实现输出电压调节，不改变开关管的移相角，开关管 Q_1 和 Q_4 以及 Q_2 和 Q_3 轮流导通，中间仅有短的死区时间。

图 7.30(b)是 $f_s<f_{r1}$ 工作方式时的主要波形，u_{ab} 为 DC/AC 变换器的输出电压，i_{Lr} 为谐振电感电流，i_m 为变压器原边励磁电流。在 $t=t_1$ 时，U_i 加于 AB 端，i_{Lr} 加大。当 $i_{Lr}=i_m$ 时，谐振频率降到 f_{r2}，图中近似把 i_{Lr} 画成水平线，故在 $t=t_3$ 时，i_{D5} 降为零，i_{D5} 自然关断。

由图 7.30 可见，$t=t_1$ 和 t_1' 时，i_{Lr} 通过二极管续流，Q_1 和 Q_4 以及 Q_2 和 Q_3 为 ZVS 开通。Q_1 和 Q_4 以及 Q_2 和 Q_3 借助于其并接的电容 C_1、C_4 和 C_2、C_3 的缓冲作用实现 ZVS 关断。该电路实现了所有开关管和二极管的软关断。

在 $f_s<f_{r1}$ 工作方式时，是借助改变 f_s 调节输出电压的。当谐振回路品质因数 Q 小于 1 时 $\left(Q=\dfrac{Z_r}{R_{eq}}, Z_r=\sqrt{\dfrac{L_r}{C_r}}\right)$，$f_s$ 降低，U_o 升高；f_s 升高，U_o 降低。若谐振回路品质因数 $Q>1$，则 f_s 升高，U_o 降低，由于开关管的占空比近似为 1，故变频控制的效率高于移相控制。

LLC 谐振式 DC/DC 变换器在 $f_s=f_{r1}$ 时，采用移相控制方式调节输出电压 U_o，仍能实现所有器件的软开关，使用硅器件时，开关频率可达数百 kHz。采用碳化硅 SiC 或氮化镓 GaN 器件时，开关频率可在 1MHz 左右，从而使 DC/DC 变换器中的变压器和滤波器等无源元件的体积、重量显著减小，DC/DC 变换器可构成板卡式结构，该结构成为航空电子设备标准机箱内和其他微电子板卡相同的结构形式。

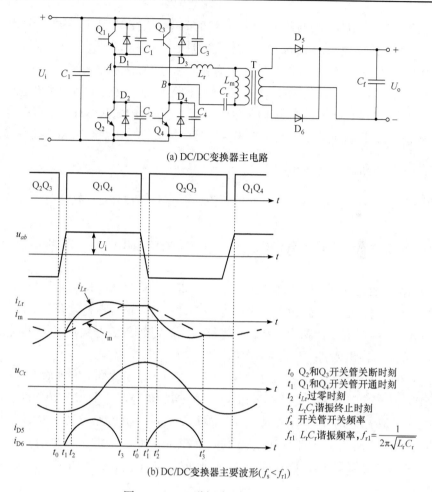

(a) DC/DC变换器主电路

(b) DC/DC变换器主要波形($f_s<f_{r1}$)

图 7.30　LLC 谐振式 DC/DC 变换器

t_0 Q$_2$和Q$_3$开关管关断时刻
t_1 Q$_1$和Q$_4$开关管开通时刻
t_2 i_{Lr}过零时刻
t_3 L_rC_r谐振终止时刻
f_s 开关管开关频率
f_{r1} L_rC_r谐振频率，$f_{r1}=\dfrac{1}{2\pi\sqrt{L_rC_r}}$

为了达到这个目的，LLC 谐振式 DC/DC 变换器的变压器可采用平面变压器，平面变压器铁心由高频铁氧体材料制成，具有漏感小、变压器高度低和散热面积大的优点，从而使图 7.30(a)中右侧的变压器、整流管和电容 C_f 可焊接在同一 PCB 上。DC/AC 变换器的开关器件、驱动电路和 DC/DC 的控制与保护电路也都集成在板卡上。

在输入和输出电压差别大的 DC/DC 变换器，如输入为 270Vdc 或 540Vdc、输出为 28Vdc 的变换器中，可以采用多个平面变压器阵的方式，多个平面变压器尺寸相同，原边绕组串联，副边绕组直接和全波整流二极管连接，在直流侧多路并联。平面变压器的副边绕组通常为一匝。对于全波整流电路，则为有中心抽头的 2 匝线圈。减小副边绕组匝数，有利于减小副边绕组的铜耗，也有利于简化绕组结构。

若电源额定值为 270Vdc，电压变化范围为 270(1±10%)V，输出电压为 28Vdc，按变压器副边匝数为一匝计，多个平面变压器的个数为 m，则 m 只能有 4 种情况：m=1，m=2，m=4，m=8。

当 m=1 时，原边匝数 W_p=8；当 m=2，W_p=4；当 m=4，W_p=2；当 m=8，W_p=1。由于变

压器个数和原边匝数不同，故单个变压器的功率、原边电压、漏抗和原副边电阻各不相同。

由表 7.1 可见，当平面变压器取 8 个时($m=8$)，每个变压器外加电压仅为输入电压的 1/8，输出功率为总输出功率的 1/8，单个变压器铁心的体积和重量最小，变压器的原边和副边线圈的等效电阻最大，但是变压器个数最多，为 8 个，故变压器绕组的体积重量和总损耗(铁耗和铜耗之和)不会最小。所以应从 DC/DC 变换器的总体功率密度和损耗效率优化出发来选用平面变压器的个数。

表 7.1　平面变压器个数和参数

m	W_s	W_p	L_{ps}	L_{ss}	$(W_p/W_s)^2 L_{ss}$	ΣL_s	U_o/V	P_o/W
1	1	8	$64 L_{ps1}$	L_{ss1}	$64 L_{ss1}$	$64(L_{ps1}+L_{ss1})$	224	P
2	1	4	$16 L_{ps1}$	L_{ss1}	$16 L_{ss1}$	$32(L_{ps1}+L_{ss1})$	112	$P/2$
4	1	2	$4 L_{ps1}$	L_{ss1}	$4 L_{ss1}$	$16(L_{ps1}+L_{ss1})$	56	$P/4$
8	1	1	L_{ps1}	L_{ss1}	$1 L_{ss1}$	$L_{ps1}+L_{ss1}$	28	$P/8$

注：m 为平面变压器个数；W_s 为变压器副边绕组匝数；W_p 为变压器原边绕组匝数；L_{ps1} 为变压器原边绕组漏感($W_p=1$)；L_{ps} 为变压器的原边绕组漏感 $L_{ps}=W_p^2 \cdot L_{ps1}$；$L_{ss1}$ 为变压器副边绕组漏感($W_s=1$)；$(W_p/W_s)^2 L_{ss}$ 为变压器副边绕组漏感归算到原边侧的值；$\Sigma L_s=(L_{ps}+(W_p/W_s)^2 L_{ss}) \cdot m$，不同 m 数变压器原边等效漏电感；U_o 为变压器原边绕组的外加电压(V)，变压器组输入电压为 224Vdc；P_o 为单个变压器承担的功率(W)；P 为变压器绕组的总功率(W)。

由于大多数硅二极管具有反向恢复特性，硅 IGBT 有电流拖尾，从而限制了 DC/DC 变换器功率密度和效率的进一步提高，限制了板卡式 DC/DC 变换器的形成。而新的宽禁带器件 SiC 和 GaN 的商业化，为 DC/DC 变换器的发展提供了新的条件。

7.8.2　静止变流器

静止变流器用于将 270Vdc 或 28Vdc 电能转换为 115Vac 400Hz 正弦单相交流电，向需要交流电的设备供电。

静止变流器有两种构成方式：一是单级结构，借助于 DC/AC 变换器将直流电能转为 400Hz 正弦交流电，然后通过变压器转为 115V 交流电，并实现电气隔离。二是两级结构，第一级为有变压器隔离的 DC/DC 变换器，将 270Vdc 或 28Vdc 转为 180Vdc 或 360Vdc，第二级 DC/AC 变换器将直流电能转为 400Hz 115V 或 230V 正弦交流电。两级结构的优点是用高频变压器取代了单级结构的 400Hz 变压器，有更高的功率密度和变换效率。

DC/DC 变换器常用的一种结构为图 7.30 所示的全桥 LLC 谐振变换器，用于变换功率较大的场合。也可用图 7.31 所示的半桥变换器，用于转换功率较小的场合。

DC/AC 变换器也有两类电路，图 7.32(a)是桥式单相变换器，由 4 只开关管 $Q_5 \sim Q_8$ 和 $L_f C_f$ 滤波电路构成，输入直流电压约 180V，输出 400Hz 115V 正弦交流电。图 7.32(b)是双 Buck DC/AC 单相变换器，输入电压为 360Vdc，输入滤波电容由 C_1 和 C_2 串联构成，电容中性点接机架。输出滤波电感 L_{f1} 和 L_{f2} 的电感值相同，滤波电容 C_f 一端接 L_{f1} 和 L_{f2}，另一端接机架。

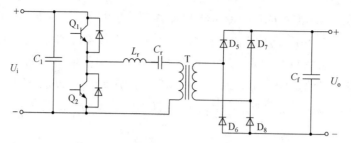

图 7.31　LLC 半桥 DC/DC 变换器主电路

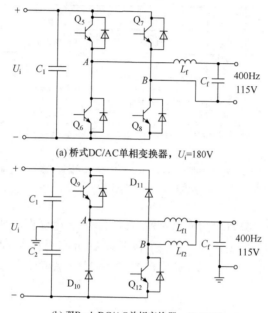

(a) 桥式 DC/AC 单相变换器，U_i=180V

(b) 双 Buck DC/AC 单相变换器，U_i=360V

图 7.32　DC/AC 正弦输出变换器主电路

比较图 7.32(a)和(b)可见，图 7.32(b)仅需 2 只开关管，而图 7.32(a)需要 4 只开关管。由于图 7.32(a)中 Q_5 和 Q_6 以及 Q_7 和 Q_8 是互补导通的，易导致直通短路。图 7.32(b)中 Q_9 和 D_{10} 串联，D_{11} 和 Q_{12} 串联，用 SiC 器件，二极管没有反向恢复损耗，DC/AC 变换器的损耗会更小。图 7.32 中的 DC/AC 变换器常用电流电压双闭环控制，电流内环的电流传感器设于 L_f 电路中，检测电感电流，电流给定为电压调节器的输出。电压调节器的反馈信号取自输出采样电阻，给定信号为基准正弦波，由于电压瞬时反馈，故当开关管开关频率足够高时，突加、突卸负载的恢复时间可在 400Hz 的半个周期内。

图 7.32(b)的双 Buck DC/AC 单相变换器电流环用滞环控制，Q_9 仅在电流正半周做正弦脉宽调制，Q_{12} 仅在电流负半周做正弦脉宽调制，从而限制了两开关管间环流，提高了变换效率。

为了提高输出电压调整精度，电压调节器为非线性的比例积分调节器，在 400Hz 处，电压调节器的放大系数很大，而在 400Hz 以内及以外，其放大系数较小。采用这种方法使输出电压调节精度为 115(1±1%)V，未采用非线性放大器时，电压精度为 115(1±3%)V。

　　静止变流器除要求输出额定功率外，常要求能输出额定电流的 2 倍甚至 3 倍的短路电流，从而增大了开关管的工作应力，为此，可在短路期间(通常要求为 5s)让 DC/DC 变换器的输出电压降低，待短路切除后，将 DC/DC 变换器输出电压恢复，使 DC/AC 变换器输出恢复到 115V。

　　图 7.32 所示的单相变换器带电阻负载时，相电流和相电压同相，输出功率 $P_o = U_o I_o$，为电压和电流有效值之积。但是电压、电流的瞬时值为 $u_o = \sqrt{2} U_o \sin \omega t$，$i_o = \sqrt{2} I_o \sin \omega t$，$I_o = U_o / R_L$，$R_L$ 为 DC/AC 变换器的负载电阻，故瞬时功率 $p = 2 \dfrac{U_o^2}{R_L} \sin^2 \omega t$，这是一个脉动频率为 800Hz 的功率。若为阻感性负载，则电流 i_o 滞后于 u_o，此时仅当 u_o 和 i_o 同方向时，DC/AC 变换器才向负载输出功率，当 i_o 和 u_o 反向时，负载向 DC/AC 变换器回输能量，此能量又通过 DC/AC 变换器返回直流侧，使直流电压升高。为此，必须合理地处理这个问题。最简单的办法是加大 DC/DC 变换器的输出电容，用这个电容存储和释放能量，但这一定会加大静止变流器的重量。比较合理的办法是 DC/DC 变换器也采用非线性电压调节器。通常 DC/DC 变换器也为电流电压双闭环控制，电流环为内环，电压环为外环。若电压调节器在 800Hz 处的增益很小，则对 800Hz 功率干扰有低的响应，防止了由于 DC/AC 变换器的功率脉动导致 DC/DC 变换器的输入电流脉动，提高了静止变流器的技术性能。

　　在 B787 的 RPDU 中，交流 SSPC 都为三个一组，既可作为三个单相 SSPC 用，也可作为一个两相 SSPC 和一个单相 SSPC 用，也可作为三相 SSPC 用。为此，这组 SSPC 的电源必须为三相对称电源。相似的，上述三个单相静止变流器可组合成一个三相静止变流器，仅需保证基准电压为三相对称正弦电压，分别作为三个相同单相静止变流器的基准电压即可。

　　若三个单相静止变流器的基准电压为同相电源，则三个单相静止变流器可以单独使用，互为备份，也可以并联工作，并联后的额定容量为单个的三倍。

　　电力电子器件的发展和电力电子装置科技的发展，为板卡式静止变流器的发展创造了条件。

7.8.3　全桥变换器的多种应用

　　图 7.26 所示的不隔离的 DC/DC 变换器在输入电压一定时，输出电压和电流的极性与大小可平滑改变。图 7.28～图 7.30 是隔离型 DC/DC 变换器，输入电压和输出电压间有磁隔离，输出电压可低于或高于输入电压。图 7.32 是 DC/AC 变换器，输入电压一定时，可输出单相正弦交流电，交流电的频率和电压取决于基准电压。图 7.12 是功率因数校正电路，将正弦交流电转换为直流电，电流波形为正弦波且和电压同相，$\cos \varphi = 1.0$。它不仅可作为功率因数校正电路，而且是一个输出电压可调、输入电流相位可调的 AC/DC 移相变换器。

　　从前面讨论的四类变换器可见，其主电路均为具有四只开关管的桥式电路，可见桥式电路可用于电能变换的各个领域。若用 SiC 和 GaN 器件代替 Si 器件将进一步提高功率密度和效率。如果进一步采用集成封装技术，将开关管、驱动电路、电流和温度等检测元件封装于一体，将无源元件也采用集成技术，则整个变换器的功率密度和效率将进一步提高，环境适应性和工作可靠性将进一步改善。这说明电力电子装置的发展不仅取决于电路拓扑的发展，更要关注器件及其封装技术的发展。在这个基础上，全桥变换器的各种应用主要是软件的变化和控制芯片相关的专用集成电路的发展。

由六只开关管和反并联二极管构成的三相桥式电路也可构成 AC/DC 三相可控整流器、DC/AC 三相逆变器及 DC/DC 直流变换器，其也是一个应用广泛的电力电子电路，而器件的集成封装也将带来高功率密度、高效率和高可靠性的优势。

单相桥式电路中，两个相同器件构成的 AC/DC 变换器和 DC/AC 变换器的组合是单相双向交流变换器，可将某一频率的交流电变为另一频率的交流电或做反向的变换，也可将变频交流电转为另一频率可变的交流电。在三相桥式电路中，一个 AC/DC 和另一个相同器件的 DC/AC 可构成三相双向 AC/AC 变换器。双向交流变换器在飞机交流电源系统的电机控制系统中得到广泛应用。

7.9　远程配电箱

远程配电箱英文简称 RPDU，是分布式配电系统的主要设备，在 B787 飞机上有 17 个 RPDU。

7.9.1　综合机箱

航空电子设备用综合机箱的概念早在 20 世纪 30 年代即被国外提出并使用于飞机上。

综合机箱和模块化板卡结构使航空电子设备进入了标准化和模块化时代，显著地减小了航空电子设备的体积和重量，实现了航空电子设备的资源共享，使航空电子设备设计、生产实验使用和维修简单化，从而提高了航空电子设备的可靠性和维修性。

随着微电子技术的发展、微处理器的应用、电力电子器件的高频化，电力电子装置也采用了综合机箱的结构。B787 飞机的公共计算机 CCR、二次配电箱 SPDU 和远程配电箱 RPDU 也为综合机箱和板卡式箱内模块。

综合机箱首先是一个电磁屏蔽笼，阻止外界电磁干扰和雷电冲击进入机箱内部，也防止箱内板卡的干扰信号输出，防止板卡间互相干扰。综合机箱的冷却系统保证了箱内的板卡工作温度处于合理区间，防止过热点的发生。机箱结构有利于减小振动、温度、工作高度、尘雾、沙尘和霉菌对箱内板卡的物理作用，减少由此导致的故障。

B787 的 RPDU 内有 8 块板卡，分布于两侧的两块为处理器卡，两卡互为冗余，卡内有模块电源，将 28V 直流电转为±15V 直流电和+5V 直流电，作为箱内电子电路的电源，卡内有微处理器通过其中的数字通信口与上级计算机通信和进行数据处理，并控制箱内其他六块功率板卡。功率板卡有两种类型：交流 SSPC 板卡和直流 SSPC 板卡。每块交流 SSPC 板卡上有 12 路 SSPC，每块直流 SSPC 板卡上有 19 路 SSPC。交流 SSPC 板卡和直流 SSPC 板卡各有三种不同的额定电流。这些交流 SSPC 板卡均由微处理器操控。

由此可见，B787 的 RPDU 中只有三种板卡：处理器板卡、交流 SSPC 板卡和直流 SSPC 板卡。机箱和板卡类型有限，利于获得最大效用。

在飞行中，B787 由 4 台 VFSG 供电，ATU 向 RPDU 馈送 115Vac 360～800Hz 交流电，

TRU 向 RPDU 馈送 28Vdc 直流电。B787 飞机的 4 台 240A TRU 都位于前电气设备舱,有 6 台 RPDU 在前电气设备舱,其余 11 台分布于飞机各处,即有约 2/3 的 28V 直流电要从前电气设备舱送到 RPDU,从而加大了馈电线的重量。对于三相 115V 交流电源来说,除必须有 A、B、C 三根线从前电气设备舱传送到 RPDU,还有差动保护互感器组的三根线要连接电源侧和 RPDU 侧。这说明 B787 的分布式配电系统的电源线配置尚存在发展与优化空间。

7.9.2　分布式高压直流配电系统

对大型多电飞机来说,采用分布式配电系统仍为首选配电方式,从电源到 RPDU 的馈电线均应为 270Vdc 线或 540Vdc 线,馈电线差动保护电路的信号传输宜通过数据总线,以进一步降低馈电线的重量和减少信号线。这个目标的实现依赖于板卡式 DC/DC 和 DC/AC 二次电源的发展。

高压直流配电系统中的远程配电箱由双余度处理器板卡、DC/DC 变换器板卡、DC/AC 变换器板卡、交流 SSPC 板卡和直流 SSPC 板卡构成。2 块处理器板卡含有电源模块、处理器和通信口。DC/DC 变换器板卡通常也为 2 块,互为冗余,若该 RPDU 供电的 28Vdc 负载较多,也可增加 DC/DC 变换器板卡。由于一块 DC/DC 变换器板卡为一路 28V 电源,多块板卡可采用并联工作方式。对于向重要 28V 用电设备供电的 RPDU,还可在 28Vdc 输入端并接锂电池。RPDU 内的充电板卡向锂电池充电,并作为电池管理单元。DC/AC 板卡将 270V 或 540V 直流电转为 115Vac 400Hz 单相交流电,三块 DC/AC 板卡同时设于 RPDU 内,既可向用电设备提供单相交流电,也可提供三相交流电。

直流电流检测用霍尔电流传感器,馈电线两端的两个霍尔传感器信号通过远程数据集中器 RDC 发送到 BPCU,BPCU 发现该路馈电线出现过流或短路故障时,即将信号发送到该 RPDU 电源端的直流 SSPC,实现故障保护。

RPDU 内板卡的冗余配置,也要求从电源汇流条到 RPDU 内的高压馈电线的冗余结构,由于输电线电压高,馈电线的冗余增加了电网重量,但大幅度提高了配电系统的可靠性和电网的生命力。

远程配电箱 RPDU 的一个重要功能是有自检测 BIT,自检测包括初始自检测和运行自检测。RPDU 上电后,处理器板卡先对自己的电源模块、处理器和通信口进行测试,判断内部有无故障。若无故障,则对 DC/DC 和 DC/AC 变换器进行测试,分析输出电压、波形、频率、相位、相序等主要参数是否符合要求。然后对交流 SSPC 板卡和直流 SSPC 板卡逐个进行检测。一旦发现故障,即在处理器板卡的非易失存储器中存放故障码,并向 BPCU 报告故障,故障状况将在多功能显示器或 EICAS 中显示和告警。自检测等功能的实现使 RPDU 成为一个智能电器。

7.10　多电飞机用电设备

多电飞机的飞行控制与导航设备、发动机控制与起动设备、电气防冰和加温设备、飞机照明和光信号设备大都已电气化,成为重要的用电设备。飞机燃油系统、气压系统和液压系统也在逐步向多电化方向发展。本节讨论燃油、气压和液压系统多电化发展的一些实例。

7.10.1　飞机燃油系统的用电设备

　　燃油是飞机的主要能源，大型客机和运输机的机上油箱储油量都在 100t 左右，A380 一次飞行最多消耗燃油达 250t。

　　图 7.33 是 A340-600 飞机的油箱分布图，由图可见，该飞机的油箱有：中央油箱 1 个，左右机翼中的内油箱 1、内油箱 2、内油箱 3、内油箱 4 和外油箱共 6 个，在内油箱 1、内油箱 2 和内油箱 3、内油箱 4 侧有 4 个消耗燃油箱，这 4 个油箱分别向 4 台发动机供油，在飞机尾翼内还有 1 个配平油箱。

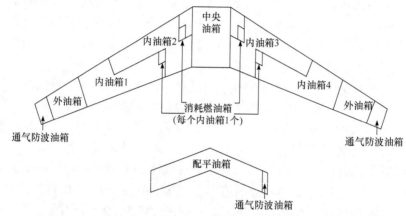

图 7.33　A340-600 飞机的油箱分布

　　图 7.34 是 A340-600 飞机燃油系统原理图，由图可见，为了向发动机供油，在 4 只消耗燃油箱中各有 2 台增压泵(发动机供油泵)，中央油箱中有 4 台输油泵，机翼油箱有 4 台输油

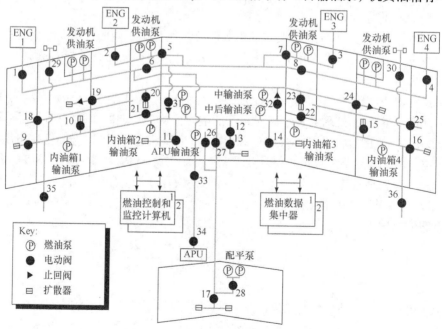

图 7.34　A340-600 飞机燃油系统原理图

泵，尾翼油箱 2 台泵，还有 1 台向 APU 供油的泵，共 19 个电动泵，由异步电动机传动。

表 7.2 是 A340-600 飞机燃油系统的电动阀门，共 36 个。如 1～4 号为发动机低压阀，若发动机发生起火等故障时，立即关闭该阀，切除该发动机的燃油供给。

表 7.2　A340-600 飞机燃油系统的电动阀门

序号	名称	序号	名称	序号	名称
1	发动机 1 低压阀	13	中油箱节流阀	25	右外油箱输油阀
2	发动机 2 低压阀	14	内油箱 3 进口阀	26	配平油箱向前输油阀
3	发动机 3 低压阀	15	内油箱 4 进口阀	27	配平管路隔离阀
4	发动机 4 低压阀	16	外油箱进口阀	28	配平油箱隔离阀
5	交叉供油阀 1	17	配平油箱进口阀	29	左加油隔离阀
6	交叉供油阀 2	18	左外油箱输油阀	30	右加油隔离阀
7	交叉供油阀 3	19	内油箱 1 输油阀	31	放油阀
8	交叉供油阀 4	20	内油箱 2 输油阀	32	辅助加油阀
9	外油箱进口阀	21	输油控制阀	33	APU 隔离阀
10	内油箱 1 进口阀	22	输油控制阀	34	APU 后供油阀
11	内油箱 2 进口阀	23	内油箱 3 输油阀	35	左应急放油阀
12	中油箱进口阀	24	内油箱 4 输油阀	36	右应急放油阀

输油的次序是先用中央油箱的油，然后用机翼内油箱的油。中央油箱的泵把油送到 4 个消耗油箱，又称供油箱。供油箱中的电动增压泵提高油压向由发动机传动的高压泵供油。高压泵将油压增加到 105～140kg/cm²，使进入燃烧室内的燃油成为油雾，并与从压气机来的压缩空气混合成油气混合气，以充分燃烧。

若飞机发电机全部失效转由应急电源供电时，为了减少用电量，交叉供油阀 5～8 号全部开启，这时只要一组供油泵即可向 4 台发动机供油。

燃油从中央油箱向配平油箱输送，飞机的重心后移，反之燃油从配平油箱往中央油箱输送飞机重心前移。在飞机巡航时，若能使飞机的重心处于飞机升力中心，则水平尾翼的阻力可达最小值，有利于节省燃料，且可减轻尾翼的结构重量。

加满油的飞机在地面时，宜将机翼翼尖处油箱的油向机翼内侧油箱输送，以减小机翼应力。飞机飞行后应将机翼内侧油箱的油向机翼翼尖箱输送，因为这时机翼受到气动升力作用，油向翼尖输送有利于减小机翼应力。

每个油箱都有双向的安全阀和通气系统，避免油箱压力过大。

为了加快飞机油箱加油速度，通常用压力加油。加油入口阀有 9～12 号和 14～17 号，这些阀在油压作用下开启，加好油后自动关闭。

有加油，也需要放油。飞机储油较多时不允许着陆，故在应急迫降前必须应急放油。31 号阀为放油阀，35 号和 36 号阀为应急放油阀。29 号和 30 号阀是加油隔离阀，和外部加油管路相接。

现代军用飞机，都有空中加油功能，加油机携带燃油并装有加油设备，受油机有专门的受油接口设备。空中加油，提高了飞机的航程和战斗力。

油箱的安全十分重要，要防止油箱附近和其内部出现明火。民航飞机的油箱内除燃油外应充以惰性气体 N_2，在不少飞机上都自带氮气发生器。B787 飞机的氮气发生器由两部分构成：一是空气压缩机，由 CMSC 向电动机供电，工作最高转速为 81000r/min，电动压气机应用气浮轴承，压气机输出高压高温空气。二是空气分离器，将压气机送来的空气分离成氧气 O_2 和氮气 N_2，其中，氮气送到各个油箱。

燃油箱中油量和油面的检测十分重要，是保证安全飞行和着陆的关键。在 A340-600 飞机的燃油系统中有 150 个燃油油面和流量传感器，还有燃油温度和燃油密度传感器。A340-600 飞机的燃油控制器由 2 台数据集中器和 2 台计算机构成双余度系统，数据集中器将传感器的模拟信号转为数字信号送计算机，计算机所得的燃油量和油箱油面信号送驾驶舱多功能显示器显示，计算机进行加油量的计算和控制，以及飞机重心计算和输油控制。

飞机电子设备和液压设备工作时产生大量的热，导致工作温度升高。燃油是一个好的冷源，可用于降低飞机电子电气设备和液压设备的温度，借助燃油空气散热器或燃油滑油散热器将设备热量导入燃油，降低设备工作温度。

由此可见，飞机燃油系统是由大量传感器、电磁阀、电动泵和计算机构成的独立分系统，是飞机的一个重要系统。在 A340 飞机中，电动泵电机均为异步电动机，因为 A340 飞机电源为 400Hz 恒频交流电源。电动阀的电源为 28V 直流电源，28V 直流电源来自 TRU。

7.10.2　飞机气压能源系统

燃气涡轮发动机是理想的燃气发生器，产生的高压高温气体是推动飞机飞行的动力，其一小部分气体也可以引出来作为飞机气动设备的能源。引出发动机压气机压缩后的空气有两种方法：一种是从发动机的高压压气机处引出，另一种是在发动机的低压压气机处引气。辅助动力装置 APU 是飞机上另一个气源，有的 APU 直接从压气机引气，双转子 APU 也可以在内转子上专设负载压气机，负载压气机用于向外供气。飞机在地面时，机场上有专门的气源向飞机提供高压高温空气。

飞机发动机从压气机引出的压缩空气的压力和温度与飞机的飞行状态密切相关。飞机发动机在地面慢车、飞机起飞、巡航和下滑降落等不同飞行阶段，压气机出口空气的压力和温度变化范围很大，不能直接使用。通常要经过减压关断阀和热交换器降压降温。减压关断阀使阀出口压力保持恒定，热交换器使出口空气温度降低到适当值。

航空发动机的引气主要用于飞机防冰、气密座舱增压和飞机环境控制系统(ECS)。

在不同飞机上，气压能源的使用场合有所不同，常用于以下场合：

(1) 飞机环境控制系统(ECS)，使飞机密封舱的空气压力、温度、湿度和清洁度保持到人员舒适的水平。

(2) 飞机机翼和发动机进气口防冰。

(3) 飞机货舱加热，货舱为非密封舱。

(4) 航空发动机用空气涡轮起动机起动,通常大型飞机发动机空气涡轮起动机的气源为

APU，飞机的 APU 通常置于飞机尾部，故需在飞机顶棚内放置 7 英寸(177.8mm)或 8 英寸(203.2mm)空气管路，将 APU 的压缩空气送至各个航空发动机以供起动。在交叉起动时还要求各发动机之间设置空气管路。借助地面气源在起动航空发动机时，飞机上应设置与地面气源车的接口和从接口至发动机的空气管路。由于管路中为高压高温气体，管路周围必须设置温度传感器，以检测是否有泄漏。

(5) 发动机反推力控制。飞机着陆后为了缩短飞机滑行路程，发动机尾部在气动作动机构控制下伸出挡板，促使发动机喷气向着滑行相反方向喷出。反推力机构的主要部分是作动机构。

(6) 燃油油箱和液压油箱增压。如果燃油油箱得不到增压，则在高空飞行时由于周围大气空气稀薄，燃油易于挥发，造成损失。增压的液压油箱也有上述优点，且有利于液压泵减少空气吸入量。

(7) 水箱增压和洗手间污水排放。

(8) 气动泵 ADP。在集中式液压能源系统中有三种泵：一是由发动机附件机匣传动的泵 EDP，二是电动泵 EMP，三是气动泵 ADP。ADP 是借助发动机引气驱动的涡轮泵，引气使涡轮旋转，涡轮传动泵。有的飞机上这三种泵都有，有的飞机没有 ADP。

(9) 应急电源。在 F-16 飞机上的应急电源 EPU 有两种工作方式：一种是用发动机引气驱动涡轮传动应急发电机，另一种是燃烧肼燃料驱动涡轮传动发电机。后者仅当发动机引气系统故障时才用，由于肼燃料储存量有限，使用时间也很有限。

由此可见，气压能源有两个方面的应用：一是加温、防冰、油箱水箱加压和环境控制系统用气，借助引气的高温和高压特性；二是机构的作动，构成气动作动机构。

B787 飞机是第一架不用引气的大型客机，从而为节能发动机的发展开辟了一条新的路径。飞机机翼和尾翼的防冰方式改用电防冰，飞机环境控制系统的能源来自电动压气机 CAC 和直接电加温。电动压气机的电动机是由 CMSC 供电的可调速电动机，工作转速范围为 21000～45000r/min，故输出压缩空气的压力和温度是可调的，完全可根据飞机飞行的环境条件不同而调整，以充分节省能源。

高性能战斗机的引气压力约 37 个大气压，温度为 500℃。B787 发动机引气压力为 2.1 个大气压，温度为 204℃，CAC 出口空气压力 1.05 个大气压，温度为 90.3℃，座舱的空气温度和压力分别为 15.6℃和 0.826 个大气压，由以上数据可见，采用电环境控制系统更节省能源。

B787 的电防冰也比引气防冰节省能源。用氮气发生器为燃油箱增压，不仅节能且更安全。B787 的污水排放采用电动抽气机，也仅在需要时作动。

B787 取消了气动泵 ADP，改用电动泵。4 台由 CMSC 供电的电动液压泵，有三种工作模式：A 模态，电机转速为 5500r/min，消耗电流为 120A；B 模态，电机转速为 3300r/min，消耗电流为 190A；C 模态，电机转速为 2700r/min，消耗电流为 205A。工作模态可按需要而改变，也为节能创造了条件。

B787 不提取航空发动机和 APU 的引气，用电能全部代替了气压能源，表明用电能代替气压能不仅完全可行，而且节省能源，减少了机内空气管路，消除了发动机间交叉引气管，简化了飞机和发动机结构。从最低节能 5% 来计算，若一次飞行带 100t 燃油，每次飞行就可少带 5t 燃油。

　　B787 飞机证明不提取发动机的引气是完全可能的，也是十分必要的。

　　B787 的电气系统是 20 世纪 90 年代发展的，那时尽管 SiC 等第三代功率电子器件已诞生，但未商业化，器件功率也不够大，不足以支持 CMSC 等大功率电力电子变换器。故 B787 的 CMSC 采用的器件为硅 IGBT，由于硅 IGBT 有电流拖尾，硅二极管有反向恢复，这两点使硅 DC/DC 变换器的开关频率受到制约，从而加大了无源滤波元件的重量。硅器件损耗大、结温低的特点也加大了散热器的需求，使每台 CMSC 的质量达 50kg。8 台 CMSC 总重为 400kg。但是和 5t 节油相比，还不到其 1/10。

　　在 21 世纪 20 年代的今天，审视 B787 不用引气的成功，仍令人惊叹。但是绝不能因此停留在 B787 的科技水平，必须为后续不提取引气的大型客机的诞生而努力，努力的方向仍为提高电气部件和子系统的功率密度与效率。宽禁带半导体电力电子的商业化，为 CMSC 和飞机电气系统的减重与提高效率打开了大门。从顶层看，提高了飞机的节能降噪水平，减少了碳排放，新一代不引气飞机的节能效果必优于 B787 飞机。

7.10.3　飞机集中式液压能源

　　早在 20 世纪 30 年代，飞机上就开始使用液压能源，用于收放起落架。

　　集中式液压能源由发动机驱动的液压泵、油箱、油滤、蓄压器、液压管路、阀门、散热器、传感器等构成。为了减轻飞机液压系统的重量，液压压力不断提高。在高压下能工作的泵常采用柱塞泵，柱塞泵在飞机恒频交流源的恒速传动装置中也获得应用。飞机液压泵有三种传动方式：第一种是航空发动机传动，第二种是由电动机传动，第三种是由空气涡轮传动。空气涡轮的高压空气来自发动机引气。民用飞机上的应急液压泵和应急发电机常用冲压空气涡轮传动。

　　通常发动机传动的液压泵(简称 EDP)、电动泵(简称 EMP)和气动泵(简称 ADP)并联工作，构成一个液压源的通道。在航空发动机未工作时，起动电动泵向液压作动机构供液，发动机工作后，由 EDP 供液。

　　由于飞机液压作动机构用于传动如飞机的升降舵、方向舵和副翼等重要飞行控制舵面，大多数民用飞机常用三个独立的液压源通道，形成三个余度。A380 飞机的舵面控制使用了不少电动液压作动机构，故仅有两个独立的液压通道，电动液压作动机构由电源系统供电，其作用相当于第三个非集中式液压通道。

　　液压能源系统的优点是功率密度高、作动快速平稳、过载能力强，液压油的润滑作用使液压系统具有自润滑功能。再就是散热方便，可借助燃油滑油或空气/滑油散热器散热。

　　液压能源系统的缺点是损耗大，只要发动机工作，EDP 就不断送出高压滑油，不管液压作动机构是否需要动作。另一个缺点是易泄漏，滑油泄漏会导致整个系统失效。在 20 世纪六七十年代，国外发生多起由液压系统故障导致的飞行事故，促使人们努力用电力作动代替集中式液压能源作动机构。电作动机构的研制成功和应用，促使全电和多电飞机概念的诞生。

　　液压能源主要用于驱动机械机构，如飞机的舵面和起落架等，有三种类型：一是连续工作的液压作动机构，即液压马达，在恒速传动装置 CSD 中液压马达是传动差动齿轮的部件。液压马达传动的发电机，在 B757 飞机上做应急电源。在不少飞机的液压能源系统中，液压马达传动的液压泵称为动力转换装置。当一路液压源的泵失效时，另一路正常工作的液压泵即让动力转换装置的液压马达工作传动液压泵，使故障液压源恢复正常。二是断续工作的液压作动机构，如操纵方向舵的液压作动筒，仅当飞机要转弯时才工作。对于静不稳定的战斗机的升降舵作动机构则要不断调整升降舵才能使飞机纵向稳定。三是短时工作作动机构，如起落架和舱门液压作动机构，一次飞行只需收和放起落架各一次。

现代飞机集中式液压能源系统主要用于以下场合：

(1) 主飞行控制系统：升降舵、方向舵、副翼；

(2) 副飞行控制系统：襟翼、缝翼、扰流板、减速板；

(3) 通用系统：起落架及其舱门、机轮制动和防滑、前轮拐弯、空中加油系统收放、货舱门启闭、货桥收放、战斗机座舱盖作动、轰炸机炸弹舱门启闭等。

大型飞机的舵面十分复杂，图 7.35 是 A380 飞机舵面示意图，该图分为上、中、下三部分：上部为机翼，中间为水平尾翼，下部为垂直尾翼。机翼左右两侧有副翼，上方中间为缝翼，下方中间为襟翼，机翼上方有左右扰流板。左右两侧副翼各有 6 个作动机构，其中 4 个为液压作动机构，用 Ⓗ 表示，2 个为电动液压作动机构，用 Ⓔ 表示，故副翼总作动机构为 12 个。襟翼和缝翼各有 2 个作动机构，一个为液压作动机构，另一个为机电作动机构，用 ◇E 表示。左右各 8 块扰流板作动机构，其中 6 个为液压作动机构，2 个为液压与电液组合作动机构，用符号 EB 表示。机翼上共有 32 个作动机构，其中液压作动机构 22 个，电动液压作动机构 6 个，液压和电液组合作动机构 4 个。

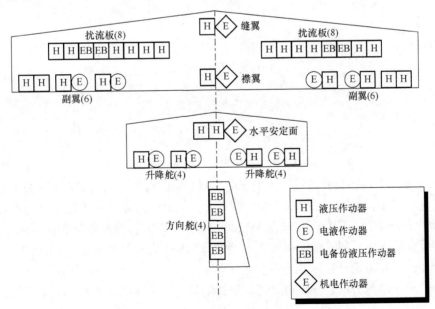

图 7.35　A380 飞机舵面及其作动机构示意图

水平尾翼的升降舵作动机构左右共 8 个，其中 4 个液压作动，4 个电动液压作动。水平安定面作动机构 3 个，其中 2 个为液压。方向舵有 4 个作动机构，均为液压与电液组合作动机构。

由此可见，A380 是液压和电气作动机构共同承担舵面操纵的飞机，这是 A380 多电飞机的重要特征，是不同于 B787 飞机的地方。电液和机电作动机构的引入，显著提高了舵面操纵的可靠性。

A380 飞机舵面作动机构均由飞行控制计算机控制，包括 3 台飞行导引和控制计算机、3 台副飞控计算机、2 台飞控数据集中器、2 台襟翼和缝翼控制计算机和 3 台飞行管理计算机。这些计算机均为余度结构，互为备份，以保障飞控系统的高度可靠性和安全性。余度计算机和余度作动机构必然要求余度液压源和余度电源。

在活塞式发动机飞机上，舵面操纵都由驾驶员通过驾驶杆和钢索、连杆机构手动或脚蹬控制。喷气发动机飞机诞生后，靠人力操纵舵面已不可能，于是出现了液压助力机构，如图 7.36 所示。图中下部为双余度液压活塞作动筒，在筒内有两个互相串联的活塞与输出机构相连，两活塞分别由蓝和绿两液压源供液。驾驶员通过摇臂操纵伺服阀 SV，伺服阀的动作使高压液压油进入作动筒内腔，迫使活塞和输出机构左右运动，从而使舵面偏转，以操纵飞机。由于驾驶员仅作用于综合摇臂，而不是直接控制舵面，故这属于液压助力，不是液压控制。

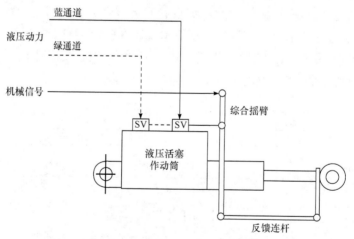

图 7.36　液压助力器原理示意图

图 7.37 是具有自动驾驶仪接口的液压助力器。由图可见，助力器有两种操纵方式：驾驶员通过连杆手动操纵助力器摇臂，或自动驾驶仪的电信号通过有力矩马达的电液伺服阀 ESV 作动助力器摇臂。在自动驾驶仪控制时，驾驶员只需目视前面仪表板上的飞行信息，而不必用手或脚操纵飞机。电液伺服阀由两部分构成：力矩马达和液压伺服阀。电信号作用于力矩马达，在力矩马达线圈中产生电流使其衔铁偏转，导致阀的活塞偏离中心位置，偏离方向取决于电流方向，开启阀门使伺服作动筒的活塞往右或左运动，从而使助力器的摇臂运动。

A320 飞机是第一架采用电传飞行控制系统(Fly by Wire)的客机，其液压作动机构如图 7.38

所示，在飞控计算机输出端设作动机构电子控制器 ACE，ACE 将飞控计算机的数字式电传指令转为模拟式信号驱动伺服阀 SV，使液压作动机构传动舵面，位置信号通过位置传感器 LVDT 返回 ACE 和计算机。比较图 7.38 和图 7.37 可见，在电传作动机构中已取消了助力器中的摇臂机构。但该作动机构仍由集中式液压源提供液压能工作。图 7.38 是单通道作动机构，为了提高电传控制的可靠性，通常都用三余度或四余度作动机构。A320、A330 等空客飞机，尽管使用了电传操纵，但仍有机械备份，直到 A380 和 B787 飞机，使用的电传操纵系统才去掉机械备份。

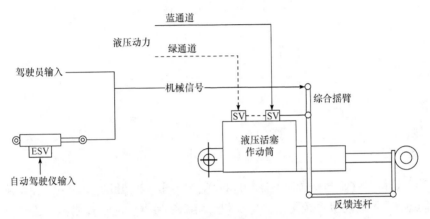

图 7.37　具有自动驾驶仪接口的液压助力器

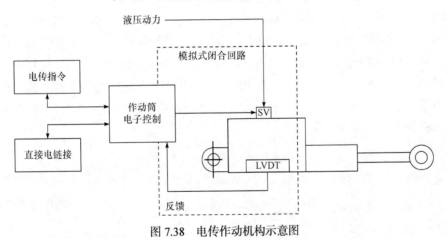

图 7.38　电传作动机构示意图

多电飞机用电能代替液压能源系统和气压能源系统。图 7.36～图 7.38 的三种作动机构均采用集中式液压能源。图 7.39 是英国应用的组合式作动机构，英文简称 IAP，IAP 舍去了集中式液压能源系统。IAP 由两部分构成：一是由 400Hz 异步电机传动的可变排量柱塞泵，二是液压作动机构。异步电动机恒速旋转，可变排量的泵的斜盘由伺服阀 SV 控制，SV 在中心位置时，泵斜盘的倾角为 0°，柱塞没有轴向运动，不输出高压油，故作动机构不动。当综合连杆摇动时，使泵斜盘倾斜，输出高压油使作动机构运动，传动舵面。英国火神三角形机翼飞机上共有 10 台 IAP，8 台用于左右升降副翼，2 台用于方向舵。

IAP 的缺点是异步电动机和泵转子一直处于旋转状态，同时也需要精密的伺服阀。故

图 7.36～图 7.39 的四种作动机构均离不开精密液压伺服机构。

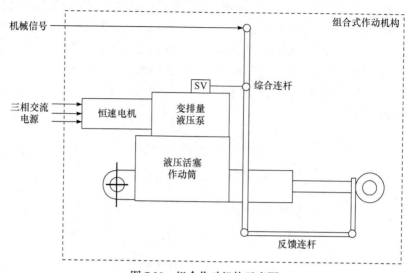

图 7.39　组合作动机构示意图

　　图 7.40 是机电作动机构 EMA 的构成框图，由伺服电动机系统和减速器螺旋作动机构两部分构成。伺服电动机系统由永磁电动机、功率变换器和电子控制器 ACE 三部分组成。功率变换器和电子控制器装置将提供电压和频率可变的三相交流电，供电动机工作。伺服电动机有以下特点：一是能四象限运行，既可正转电动也可反转电动，既可正转制动也可反转制动，电机响应很快，在数毫秒或十余毫秒内电机转速即可从 0 达额定值，或从额定转速降为零，这是由电机强过载能力和采用磁场定向控制实现的。二是定位精度高，电机内部有精确的电机转子位置传感器，输出螺杆同时传动位置传感器 RVDT，确保达到飞控计算机所给定的舵面偏转角。三是不需作动机构工作时，电机也不工作，电机装置处于休眠状态，损耗小，工作效率高。

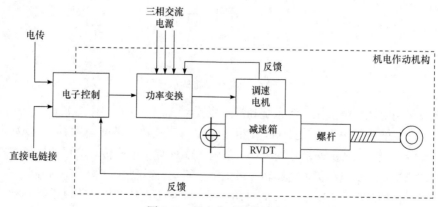

图 7.40　机电作动机构示意图

机电作动机构的减速器螺旋作动机构有两种类型：一种是齿轮减速器和螺旋作动

机构的组合。减速器减速比较大时，电机转速高，体积重量小。但减速器齿轮的增多，相应地要求更多的轴承，机械结构复杂，润滑的要求更高。另一种是不用减速器，由电动机直接传动螺旋作动机构。螺旋作动机构有滚珠机构和滚柱机构两种，后者的驱动力更大。

图 7.41 是电液作动机构的构成示意图，由两部分构成：伺服电动机系统和定量柱塞泵液压作动机构，伺服电动机和 EMA 中的相同，柱塞泵和液压作动机构代替了 EMA 中的减速器和螺旋输出机构。由于泵和作动机构内有液压油，有好的润滑作用，因而电液作动机构工作更为可靠。

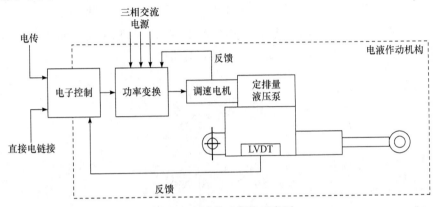

图 7.41　电液作动机构示意图

在 A380 飞机中，电液作动机构用于操纵副翼和升降舵，它们在飞行中要经常使用。EMA用于襟翼、缝翼和水平安定面，它们在一次飞行中用的次数很少。

空中客车公司的飞机还使用电备份液压作动机构(EBHA)，其用于扰流板和方向舵控制。EBHA 的构成框图如图 7.42 所示。可见，EBHA 的主体是液压作动机构，由集中式液

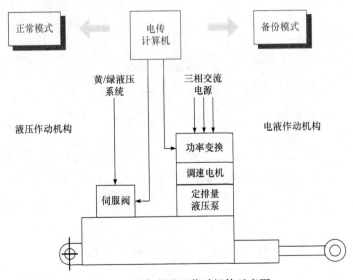

图 7.42　电备份液压作动机构示意图

压能源供液。一旦液压作动机构故障，即转入 EHA 工作模式，由变换器、电子控制器和电动机组合构成伺服电动机系统。伺服电动机系统传动定量泵，使作动机构运动。由于 A380 飞机仍用集中式液压能源，使用 EBHA 可弥补集中式液压能源系统的不足。

图 7.40～图 7.42 中的 EMA、EHA 和 EBHA 中功率变换器的输入均为三相 400Hz 交流电或 360～800Hz 变频交流电，这是因为 A380 飞机的主电源是 360～800Hz 变频交流电源。为了使三相交流电转为频率平滑可变的交流电并被伺服电动机所用，又不损害交流电源的品质，A380 飞机的伺服电动机的变换器不是 DC/AC 三相变换器，而是 AC/AC 变换器(常称矩阵变换器)，如图 7.43(a)所示，该变换器需要 9 只能双向控制的开关管，但目前尚无合适的双向开关管，常用两只开关管反向串联构成，也可由 4 只二极管和一只开关管构成，但后者通态压降较大。图 7.43(b)是由 AC/DC 和 DC/AC 三相变换器构成的双向 AC/AC 变换器主电路。显然，这两种电路均采用较多的开关器件。

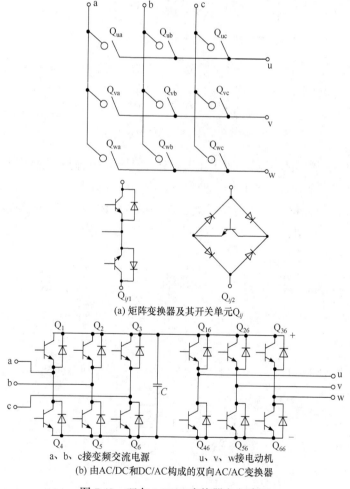

(a) 矩阵变换器及其开关单元Q_{ij}

a、b、c接变频交流电源　　　u、v、w接电动机

(b) 由AC/DC和DC/AC构成的双向AC/AC变换器

图 7.43　双向 AC/AC 变换器主电路图

B787 的 DC/AC 变换器 CMSC 由 ATRU 供电，故变换器的主电路只需要 6 只开关管，

如图 7.44 所示，开关器件较少。但因 ATRU 为单向电能变换装置，在电动机制动时，再生能量无法返回电源，故由 CMSC 供电的调速电动机是慢响应的，减速时能量消耗在电机和变换器内部。

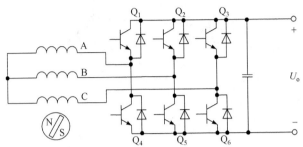

图 7.44　由直流电源供电的永磁伺服电动机主电路图

由此可见，高压直流电源优于变频交流电源的又一优点是伺服电动机的变换器开关器件少。

7.10.4　在变频交流电源下工作的异步电动机

B787 多电飞机的特点是在不提取引气方面取得成功，A380 飞机则是在部分取代集中式液压能源方面取得成功，但这两种飞机仍用三相异步电动机驱动风机和泵。鼠笼异步电动机的特点是结构简单、使用方便。

在工农业生产中用的异步电动机均为恒压恒频供电。在使用恒频交流电源的飞机上，异步电动机的电压为 115Vac 400Hz，这时异步电动机的转差率 $s = \dfrac{n_s - n}{n_s}$ 很小，有高的效率（n_s 为同步转速，n 为异步电机转子转速）。

B787 和 A380 飞机是宽变频交流电源，频率为 360～800Hz，电压为 115V 或 235V，即变频交流电源是恒压变频电源，在这类电源下工作的异步电动机有何特点，是值得讨论的。

异步电动机和变压器属于同一类电磁机械，常用等效电路分析方法。图 7.45 是异步电

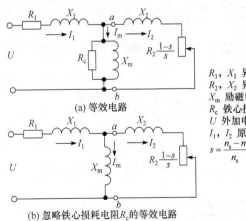

R_1, X_1 异步电动机定子侧电阻和漏抗
R_2, X_2 异步电动机转子侧电阻和漏抗(已归算到定子侧)
X_m 励磁电抗
R_c 铁心损耗等效电阻
U 外加电压
I_1, I_2 原边和副边归算电流
$s = \dfrac{n_s - n}{n_s}$ 转差率，n_s 为同步转速，n 为电机转速

(a) 等效电路

(b) 忽略铁心损耗电阻 R_c 的等效电路

图 7.45　三相异步电动机单相等效电路

动机的单相等效电路，电路中已将转子侧的参数归算到定子侧。图 7.45(a)是异步电动机的等效电路，图 7.45(b)是忽略铁心损耗等效电阻 R_c 的简化等效电路，以便于计算。

借助戴维南等效发电机原理，可将图 7.45(b)的电路简化成图 7.46，图中

$$Z_{1e} = R_{1e} + jX_{1e} = \frac{jX_m(R_1 + jX_1)}{R_1 + j(X_1 + X_m)} \tag{7.18}$$

$$U_e = U\left(\frac{jX_m}{R_1 + j(X_m + X_1)}\right) \tag{7.19}$$

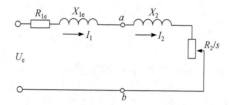

图 7.46　X_m 归算到电源侧的等效电路

转子获得的功率，即电机气隙功率：

$$P = mI_2^2\left(\frac{R_2}{s}\right) \tag{7.20}$$

式中，m 为电机相数，三相电动机 $m=3$。

异步电动机的电磁功率 P_m 等于气隙功率 P 减去转子损耗 P_R：

$$P_R = mI_2^2 R_2 \tag{7.21}$$

$$P_m = P - P_R = mI_2^2 R_2\left(\frac{1-s}{s}\right) \tag{7.22}$$

异步电机的转矩 T 表示为

$$T = \frac{P}{\omega_s} = \frac{P_m}{\omega_m} = \frac{mI_2^2 \dfrac{R_2}{s}}{\omega_s} \tag{7.23}$$

式中，ω_s 为同步转速(rad/s)；ω_m 为转子转速(rad/s)；功率 P 单位为 W；转矩 T 单位为 N·m。

由图 7.46 可知，电流 I_2 为

$$I_2 = \frac{U_e}{\sqrt{(R_{1e} + R_2/s)^2 + (X_{1e} + X_2)^2}} \tag{7.24}$$

式中，R_{1e} 和 X_{1e} 为式(7.18)的 Z_{1e} 的实部和虚部。

当 R_2/s 等于 $\sqrt{R_{1e}^2 + (X_{1e} + X_2)^2}$ 时，电流 I_2 达最大值，即转矩达最大值 T_{max}：

$$T_{max} = \frac{1}{\omega_s}\left(\frac{0.5mU_e^2}{R_{1e} + \sqrt{R_{1e}^2 + (X_{1e} + X_2)^2}}\right) \tag{7.25}$$

$$s_{\max} = \frac{R_2}{\sqrt{R_{1e}^2 + (X_{1e} + X_2)^2}} \tag{7.26}$$

由式(7.25)可见，异步电动机的最大转矩 $T_{\max}$ 和电机同步转速 ω_s 成反比。在恒压变频电源供电时，电源频率 f_s 提高一倍，$\omega_s = 2\pi f_s$ 也增加一倍，导致 $T_{\max}$ 降低近一半，由此可以画出异步电动机的转矩-转差率特性曲线，如图 7.47 所示。图中曲线 1 是电源电压为 115Vac 400Hz 时的 T-n 曲线，曲线 2 为 800Hz 115V 电源时的 T-n 曲线。比较两曲线可见，在 800Hz 时，电机空转转速比 400Hz 时高一倍，但最大转矩 $T_{\max800}$ 不到 400Hz 时的一半。

B787 和 A380 飞机上的异步电动机主要用于传动风机和泵。风机和泵的转矩与转速特性为转速的高次方关系，即转速和转矩曲线不是正比关系。

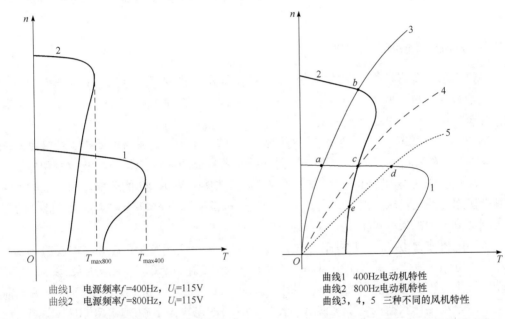

曲线1　电源频率 f=400Hz，U_i=115V
曲线2　电源频率 f=800Hz，U_i=115V

曲线1　400Hz电动机特性
曲线2　800Hz电动机特性
曲线3，4，5　三种不同的风机特性

图 7.47　异步电动机在不同电源频率供电时的 T-n 曲线　　　图 7.48　异步电动机与风机特性的配合

图 7.48 是由变频交流电源供电的异步电动机与风机特性的配合关系。曲线 1 是 400Hz 供电异步电动机 T-n 曲线，曲线 2 是 800Hz 供电的 T-n 曲线。曲线 3、4、5 是三种不同风机的特性曲线。考察曲线 3 与异步电动机的配合关系，当异步电动机由 400Hz 供电时，曲线 1 和曲线 3 交于 a 点，这是一个稳态工作点，由于转速低，风机功率小，风机转矩也较小。当异步电机电源频率达 800Hz 时，曲线 2 与曲线 3 的交点为 b 点，风机和电机转速升高约一倍，由于风机负载转矩的增加量大于转速的增加量，故 b 点对应的转矩大于 a 点转矩的一倍，故 b 点功率 $P_b > 4P_a$，P_a 是 a 点电机输出功率。也就是说，异步电动机在 400Hz 供电时的额定功率远大于此时风机的功率。尽管从功率关系来看，这不太合理，但异步电动机在整个电源频率变化范围内都能使风机在小转差区运行，异步电动机的运行效率较高。

风机特性为曲线 4 时，曲线 1 和曲线 2 与曲线 4 的交点都落在 c 点附近，这表明尽管电源频率从 400~800Hz 变化，但风机转速变化较小。在电源频率大于 400Hz 后，异步电动机的转差在加大，当 $f = 800\text{Hz}$ 时，异步电动机转差率 s 在 0.5 左右，导致电机转子损耗大幅度加大，系统效率下降。

风机特性为曲线 5 时，400Hz 供电时工作点为 d 点，风机转速和风压风量较大。当 $f = 800\text{Hz}$，电机转速不仅没有升高，反而工作点降到 e 点，电机转差和损耗更大。

由此可见，这三种配合关系中，仅当风机特性为 3 时，电动机的损耗才较小，但风机功率变化很大。这表明变频交流电源供电的异步电动机不太适应风机负载的需求。由于泵的类型较多，特性差别较大，但也可以推测其与异步电动机的配合不会很理想。

长期以来，飞机电源大多为恒频交流电源和窄变频交流电源。宽变频交流电源的诞生大幅度提高了电源的电能转换效率，其负面的影响是降低了电动风机和电动泵的效率。但异步电动机从只能在恒频电源下使用，到适应 B787 和 A380 的变频电源系统，也是技术的进步。

7.10.5 直流电源供电的电动机

飞机直流电源直接能使用的电动机是有换向器和电刷的直流电机，但高压直流有刷电动机不适合在飞机上使用，当直流电机在高空稀薄大气中使用时，电刷与换向器间火花加大，甚至出现环火，电刷磨损加快。

早在 20 世纪 60 年代，功率开关管问世后，就诞生了无刷直流电动机。这是由永磁电机、电机转子位置传感器、DC/AC 变换器和控制器构成的电机，DC/AC 变换器和控制器取代了直流电机中的换向器和电刷，从而可在飞机上使用。在 B787 的环境控制系统中大量将这种电机用于阀门控制。由于无刷直流电动机的电枢磁场为 60° 步进磁场，电机铁耗加大，故无刷直流电动机大都只用于小功率场合。

永磁电机或异步电机、电机转子位置传感器、DC/AC 变换器和控制器构成的无刷交流电动机也可用于直流电源系统中。B787 飞机的电动压气机 CAC、电动液压泵、氮气发生器、电动压气机、电动风扇等 CMSC 供电的电机均属无刷交流电动机。B787 的 VFSG 起动航空发动机的电动工作状态也属于这种电机类型，这时的电机为电励磁同步电机。无刷交流电机的 DC/AC 变换器输出电压即加于电机电枢的电压，为三相正弦交流电，在电机内形成圆形旋转磁场，稳态时旋转磁场恒速旋转，电机的铁耗小，可构成大功率电动机。

步进电机、开关磁阻电机和双凸极电机加上电机转子位置传感器、DC/AC 变换器和控制器也可构成用于直流电源的电动机。开关磁阻电机和双凸极电机转子结构简单，适合在高速和恶劣环境下使用。

由此可见，适合直流电源使用的电动机有四种：有刷直流电动机、无刷直流电动机、无刷交流电动机和以开关磁阻电机为代表的磁阻电机。后三种电机适合在飞机高压直流电气系统中使用，由于它们都有 DC/AC 变换器，故均为转速可调的电动机，常称调速电动机。调速电动机的出现有利于节省能源。

调速电动机可分为两种类型：驱动电机和伺服电机。

B787 飞机经 ATRU 供电的电动压气机电机、液压泵电机、风扇电机等都为驱动电机，用于传动风扇和泵等工作机械。大多数驱动电机为两象限工作，即电动和制动，工作在转矩和转速坐标系统的第一象限与第二象限。像起落架收放电动机、襟翼作动电机和舱门启闭电动机，要求正转和反转，即要在四象限运行，但这类电机不要求频繁正反转，仍属驱动电机。

A380 飞机的电液作动机构(EHA)、机电作动机构(EMA)、用于主飞控舵面操纵的电动机都是伺服电动机，伺服电机的特点是具有快速跟踪指令的特性，并有精确的速度和位置跟踪能力，以满足飞行控制的要求。

驱动电机和伺服电机电动工作时吸取直流电源的功率转为机械功率，制动时将储蓄于电机运动部件的机械能转为电能，返回直流电源，即电动工作时该电机为电动机，制动工作时该电机为发电机。B787 的电动压气机和电动液压泵由 ATRU 供电，ATRU 是单向变换器，故电机制动能量只能消耗于电机内部，这种制动为能耗制动，是一种低效率的制动方式。

调速电动机的转矩转速特性曲线有两个工作区：恒转矩区和恒功率区。在基速以下为恒转矩区，输出转矩和电枢电流成正比，额定电流时转矩为额定转矩。随着电机转速的提高，电机反电动势正比增加，当反电动势接近外加电压时的转速为基速。进一步加大转速必须减弱电机的励磁，在永磁电机中借助加大电机直轴电流的去磁作用弱磁。故转速大于基速后，电机转矩随着转速的升高而减小，电枢电流和电机反电动势保持为额定值，进入恒功率区。在恒转矩区，电动机直流输入电流随电机输入转速的加大而线性增加，即电机的输入功率和电机转速成正比。当转速不变且负载转矩也不变时，输入功率也不变。在恒功率区，若电机输出功率恒定，不计电机损耗，则输入功率也恒定。

调速电动机的恒功率特性反应在直流电源侧的情况是，若电源电压不变，则输入直流电流也不变；若电源电压增加，则输入电流减小；反之若电源电压降低，则输入电流加大，这是一种负阻抗特性。这类负阻抗特性在 DC/DC 变换器中也有，DC/DC 变换器的调节器保持输出电压为额定值，当负载电阻不变时，输出功率恒定，故电源电压的变化必导致 DC/DC 变换器输入电流的反向变化。电力电子与调速装置的恒功率特性将影响直流电气系统的稳定性。

异步电动机在恒频交流电源中工作，转速的变化很小。电机转速 n 主要由电源频率 f 和电机极对数 p 确定，$n = \dfrac{60f}{p}$。若电源频率 f = 400Hz，p=1，电机转速约为 23500r/min；p=2，n 约为 11000r/min；p=3，n 约为 7600r/min；p=4，n 约为 5600r/min。转速和频率间的约束关系限制了异步电机功率密度的提高，这和 400Hz 交流发电机所受的制约是相同的。具有 DC/AC 变换器的调速异步电动机不再受上述约束，从而有利于提高异步电动机的功率密度。如 0~12000r/min 范围内工作的异步电动机极对数可以取 p=2，p=3，p=4。p=1 和 p=2 的异步电动机铁心轭厚，绕组端部长，所用导磁材料和导电材料比 p=3 和 p=4 的多。输出功率一定时，合理增加极对数有利于降低有效材料和结构材料的重量。有 DC/AC 变换器的异步电动机可在调速范围内工作于小转差状态，降低电机转差损耗。调速电机有 DC/AC 变换器，增加系统总重量，必须降低变换器的体积重量，可采用以下措施：一是用 SiC 器件代替 Si 器件；二是采用功率器件和驱动电路检测元件的集成，减小器件的体积提高器件工作可靠性；三是采用电机和电力电子装置的集成，减少电力电子装置与电机间连线，减小损耗，改善 EMI 特性，共用散热方式，进一步提高功率密度。由于异步电动机与电力电子的结合，采用磁场定向控制，不仅可有效提高电机的动态性能，还能进一步降低电机无功功率。由此可见，异步电动机与 DC/AC 变换器相结合，使电机性能得以改善，电机本体功率密度得以提高，但前提是要提高 DC/AC 变换器的功率密度和效率。由于功率电子器件和数字控制器的发展速度较快，调速异步电动机前景看好。

调速异步电动机和伺服电机的发展是实现用电能代替气压能和集中式液压能源的关键，也是新一代多电飞机发展的重要方向和需求。

7.11　高压直流供电系统中的电力和信息网络

高压直流供电系统中有电力和信息两个网络，以分布式电能变换器构成的电力网络和以分布式计算机构成的数字式通信网络。数字式通信网络和电力网络的结合，使飞机电气系统更可靠、更高效、重量更轻。

7.11.1　飞机上数字总线的应用

飞机用数字数据总线最早于 1977 年出现，为 ARINC 429，传输速率为 100Kbit/s，可连接 20 个终端。随后，军机用 1553B 总线诞生，传输速率增加到 1Mbit/s，表 7.3 列出了 5 种飞机用数据总线，其传输速率不断提高，F-35 飞机用的 IEEE 1394 总线已达 800Mbit/s。

表 7.3　数字数据总线在飞机上的应用

总线名称	传输速率	使用飞机
ARINC 429	100Kbit/s	A300, A310, B757, B767
1553B	1Mbit/s	军用飞机
ARINC 629	2Mbit/s	B777
AFPX	100Mbit/s	A380, B787
IEEE 1394	800Mbit/s	F-35

数据总线把飞机上的各种设备都连起来，设备的运行参数通过传感器检测，经数据集中器将模拟量转为数字量，通过计算机处理、运算获得设备的控制保护指令。存储故障信息和故障码，便于维修，减少维修时间，提高飞机出勤率。计算机数字网络的应用使飞机电气系统走向自动化和智能化，实现数据资源的共享，简化了电气系统，节省了电气系统中大量检测线、信号线和控制线，大幅度缩短了飞机导线的长度，降低了电网重量。

7.11.2　电气负载的管理

电气负载的自动管理使用电设备的总功率小于发电设备和二次电能变换器的额定容量，以提高电气系统的安全性和电源的平均故障间隔时间。

现代飞机都采用电气负载管理系统。B787 飞机的电气负载管理的核心是 BPCU，BPCU 原意为汇流条功率控制器，为供电网的控制与保护电器。在 B787 中大幅度扩展了 BPCU 的功能，成为整个电气系统的负载管理单元。由于工作的重要性，B787 飞机的 BPCU 有两台，互为备份。

为了实现电气负载自动管理，B787 中的大功率用电设备的智能开关 ELCU 是电磁式接触器和电子控制与保护电路的组合，以适应 BPCU 的计算机接口。在三相变频或恒频电源系统中，三相接触器有三对主触点和多对辅助触点，用其作为电力电路的控制电器比较合理。但由接触器构成的智能电器有动作时间较长的缺点，导致短路故障不能快速切除，降低了电网的动态品质，B787 上的 ELCU 有三种不同响应速度，弥补了其不足。B787 电气系统的优点是大量小功率用电设备由 SSPC 控制和保护，SSPC 的性能远优于 ELCU。

在高压直流电气系统中应用 B787 的 ELCU 就不合理了，因为直流电流不像交流电流那样有过零点。现有接触器的触点系统必须重新研制。直流系统中必须发展大容量固态控制器 SSPC，使 SSPC 不仅能控制小于或等于 10A 的负载，还能控制高压大电流负载和用于供电网电路的转接，以实现高压直流供电系统的负载自动管理。

随着多电飞机的发展，驱动电动机和伺服电动机的应用越来越多，这类电动机制动工作时为发电运行，电动和制动工况不断转换，能量也不断地在电网中流转，能量的流转导致电网电压的浪涌，不利于用电设备的运行。在驱动电机的 DC/AC 变换器中加上再生能量吸收电路，让电机再生制动能量消耗于电阻中，就可减少电能的流转，这种方法降低了效率，而且加重了冷却系统的需求。国外提出的能量优化飞机计划的一个目标就是要把再生能量有效利用起来。一种方法是在网络的节点上加储能电容或蓄电池，当制动能量回馈使网络电压升高时，给电容和电池充电，以吸收该能量，但这加大了电网的重量。另一种方法是发生能量回馈时使另一台电机立即加速以吸收回馈能量。例如，让电动压气机加速或电动泵加速，让回馈能量存储到电动压气机或电动泵的转子系统中。为此必须有协调制动电机和升速电机的快速信息传输，这就要求数字数据总线传输速率和计算机处理速度的加快。同样，雷达等大功率脉冲负载工作时，也会导致电网电压的浪涌，也必须借助其他电力电子装置的联动，降低电网电压的浪涌。

高压直流电气系统中无感馈电线和 SSPC 的使用为负载的动态管理创造了条件，有利于提高电气系统能量利用率和改善电网电能品质。

7.11.3　电力电子装置性能的改善

电力电子装置如 DC/DC 变换器和 DC/AC 变换器在多电飞机中的使用越来越多，提高电能转换效率和功率密度也显得越来越重要。

B787 飞机上的 8 台通用电动机起动控制器每台质量超过 50kg。这是在 20 世纪 90 年代技术基础上的产品，20 多年过去了，电工科技的发展为我们提供了新的器件和材料，为提高电力电子装置的功率密度和效率创造了条件。

硅 IGBT 器件的电流拖尾和硅二极管的反向恢复，导致硅电力电子装置的开关频率不高，损耗较大。尽管 CMSC 用了两块六管封装的 IGBT 功率模块和水冷散热器，从结构上采取了减重措施，但由于硅器件的制约，开关频率不高，滤波元件重量较大，差模和共模滤波器质量达 20kg，滤波器重量大，也要求加大机箱的结构重量。

若 SiC 器件的开关频率仅比硅 IGBT 高一倍，差模滤波电感和电容的电感值与电容值就可以减小约一半，对开关频率的感抗和容抗不变，其滤波效果不变，从而可减轻 CMSC 的重量，并提高效率。

器件和滤波元件损耗减小，所需冷却液流量可以降低，使冷却系统重量下降。

由于硅器件的限制，CMSC 输出正弦电压的最高频率为 1400Hz，从而限制了电动压气机电机极对数。若 CMSC 输出正弦交流电的频率为 2100Hz，则该电机的极对数可由两对极增加到三对极，从而降低了电机的磁性材料用量和绕组端部长度，有利于减轻电机重量。因开关频率升高，电机损耗是否加大需进一步分析，但 SiC 器件的应用为 CAC 系统优化提供了新的思路。

国外的电液作动机构(EHA)和机电作动机构(EMA)多数为组合式结构，即 DC/AC 变换器、电机、电机转子位置传感器、液压泵、液压作动机构和液压油箱等组合于一体，这种组合结构提高了功率密度和效率。例如，不组合的一种形式是将 DC/AC 变换器和其他部分分离，DC/AC 变换器与电机间用三相导线连接，由于三相导线中流动的是脉宽调制的高频交流电，为了抑制电磁干扰，这三相导线必须有屏蔽套，这样不仅增加了导线重量，也导致损耗的增加。同时，两体式结构中 DC/AC 变换器需设置专门的冷却设备，而组合结构可以共用冷却设备。

A380 的 BCRU 的应用也给降低电力电子装置重量以启示。BCRU 是变压整流器(TRU)和电子控制器的组合，可作为充电器，也可作为 TRU，由于电子控制器的作用，在作为 TRU 时可使其输出电压不受电源电压和负载变化的影响，提高了 TRU 的使用性能。在直流电源系统中，无法使用 TRU，但是所用的 DC/DC 变换器也可以赋以双功能，既可作为充电器又可作为二次电源。

类似的，B787 的 CMSC 不仅可用于驱动电动压气机 CAC，也可用于向 VFSG 供电以起动航空发动机，这种一套电力电子装置承担两种功能而又不影响系统总体性能的思路是飞机电力电子装置发展的重要方向之一。

随着多电飞机的进一步发展，发动机引气逐步减少，集中式液压能源逐步退出，EHA 和 EMA 的应用日益增多，多电力电子变换器构成的电力网络更为丰富多彩，需要解决的新问题也更具挑战性。

7.11.4 飞机电气系统从自动化到智能化

B787 飞机电气系统从正常运行到故障切除汇流条转换和负载管理都实现了自动化，从而大幅度降低了飞行人员的负担。B787 的各主要电气设备都有自检测 BIT，都能存储故障信息和故障码，并将故障信息发送到维护计算机，从而减轻了地面维护人员的工作量，缩短了维修时间。B787 飞机各个系统的运行状态和故障信息都在飞行员前面的多功能显示器上得以显示，让飞行员确切掌握飞机内部设备的状态，也十分重要。

从 B787 的 VFSG 的故障保护以及发电机故障时汇流条的电源转换来看，这些保护和汇流条转换逻辑都是由事先设计好的软件来保障的。由于尚未引入人工智能，必须设置发电机的大量保护项目，也许这架飞机终其一生也不会用到某个保护，不会用到某种汇流条转换方式，更重要的是众多的保护项目间的联系与约束不易辨识清楚，甚至导致误保护。下一代多电飞机在电气系统中引入人工智能是十分必要的，可节省系统软件工程师大量劳动，飞机电气科技人员也将进入新的领域，飞机电气系统的性能会更好、更可靠、生命力更强。

7.12　本 章 小 结

多电飞机和多电发动机的发展，为飞机和发动机解除了由集中式液压系统和发动机引气带来的包袱，使飞机和发动机的发展到达新的高度，为节能减排开创更广阔的前景。

多电飞机对电工科技提出了更高的要求，这就要求电气部件和装置、电气子系统和电气系统有更高的功率密度、更高的效率和更强的环境适应能力。

高功率密度、高效率和强环境适应能力的电气设备要求有更优良的电工材料、导磁材料、永磁材料、绝缘材料和高强度低密度结构材料等，要求有更优良的电力电子器件和元件。

另外，必须从飞机电气系统的顶层结构，从系统级、子系统级和可更换部件级，甚至从板卡级等各个层次发力，促进飞机电气系统的技术进步和性能提升。

因此，分析多电飞机可用的变频交流和高压直流两种电源系统显得十分重要，必须深入研究二者的优点与不足之处。

损耗发热和冷却是飞机二次能源系统不能避开的重要方向。功率密度和损耗通常是一对矛盾体，功率密度高，要求电磁和机械负荷高，从而导致损耗加大，效率降低。但是飞机发电机从风冷发展到喷油冷却，飞机交流发电机的功率密度得以大幅度提高，但效率并未降低。同样，从硅器件电力电子装置发展到碳化硅电力电子装置，功率密度得以提高，同功率的装置损耗并未增大。随着技术的进步，即使同为硅器件的电力电子装置，其功率密度增加，损耗也并不加大。这表明，即使从设备本身的角度出发，对于降低损耗也是大有潜力的。同时，系统层面的热管理与能量优化极为重要。

分布式二次电源、分布式配电和数字式数据总线的应用可以有效减轻电力线、信号线和控制线的重量，并缩短其长度，减少电网的电能损耗，提高电网的性能和生存力。

高压直流电气系统和变频交流电气系统不同，前者是恒频交流电气系统的发展，有好的继承性。尽管低压直流电气系统在飞机上应用已有比恒频交流电气系统更长的历史，但高压直流电气系统和低压直流电气系统有很大不同。低压直流电气系统的基础是有刷电机和电磁电器，高压直流电气系统的基础是无刷电机和固态电器。高压直流电气系统充分吸收了变频交流电气系统的优点，又摒弃了变频交流电气系统的不足，因而是在新的基础上发展起来的，其创新点是充分应用了电力电子技术，使系统的功率密度、效率和响应速度大幅度提升，从而能满足新一代飞机发展的需求。正因为这样，它的发展需要更多的投入，要突破更多的基础科学问题，克服更多的关键技术难题。但这些难题的解决，必将使我国的航空电气技术和水平跨上一个新台阶，使我国国产飞机飞得更高更远，也更安全舒适。

参 考 文 献

AGARWAL R, 2019. 绿色航空[M]. 刘莉, 等译. 北京: 北京理工大学出版社.

陈长胜, 范祥辉, 邱征, 2019. 民用飞机机载总线与网络[M]. 上海: 上海交通大学出版社.

冯晓林, 2020. F-35 "闪电 II" 战斗机技术验证与试验鉴定——主要挑战和解决方案[M]. 西安: 西北工业大学出版社.

郭生荣, 王岩, 潘俊, 等, 2020. 飞机机电流体系统综合技术[M]. 上海: 上海科学技术出版社.

胡业发, 王晓光, 宋春生, 2021. 磁悬浮智能支承[M]. 武汉: 华中科技大学出版社.

焦宗夏, 郭生荣, 李运祥, 等, 2014. 航空机电综合学科发展报告[C]. 航空科学技术学科发展报告: 127-135, 182-183.

金德琨, 敬忠良, 王国庆, 等, 2012. 民用飞机航空电子系统[M]. 上海: 上海交通大学出版社.

李进才, 2020. 航空三级式无刷同步电机起动发电系统关键技术研究[D]. 南京: 南京航空航天大学.

李开省, 2021a. 飞机电力系统技术研究[J]. 航空工程进展, 12(2): 1-11.

李开省, 2021b. 碳中和目标下航空能源转型研究[J]. 航空科学技术, 32(9): 1-11.

李征鸿, 艾凤明, 2020. 飞机多通道发电系统并网协同控制方法研究[J]. 飞机设计, 40(6): 18-25.

刘闯, 2017. 航空电机学[M]. 北京: 科学出版社.

刘伟, 2016. 民机变频供电体制对电网接触器的影响分析研究[J]. 科技视界(22): 100-102.

刘伟, 赵健, 2016. 民用飞机变频发电系统主馈电线分析与设计研究[J]. 科技视界(22): 90-91, 88.

秦海鸿, 荀倩, 张英, 等, 2020. 氮化镓电力电子器件原理与应用[M]. 北京: 北京航空航天大学出版社.

秦海鸿, 严仰光, 2016. 多电飞机的电气系统[M]. 北京: 北京航空航天大学出版社.

秦海鸿, 赵朝会, 荀倩, 等, 2020a. 宽禁带电力电子器件原理与应用[M]. 北京: 科学出版社.

秦海鸿, 赵朝会, 荀倩, 等, 2020b. 碳化硅电力电子器件原理与应用[M]. 北京: 北京航空航天大学出版社.

阮新波, 2021. 电力电子技术[M]. 北京: 机械工业出版社.

孙侠生, 2020. 绿色航空技术研究与进展[M]. 北京: 航空工业出版社.

王瑾, 2000. 飞机无刷发电机及电压调整技术研究[D]. 南京: 南京航空航天大学.

王莉, 杨善水, 张卓然, 等, 2018. 航空航天器供电系统[M]. 北京: 科学出版社.

吴光辉, 2021. 民用飞机先进技术展望[J]. 网信军民融合(7): 5-7.

许彦武, 2020. 多电飞机双凸极电机高压直流并联供电系统基础研究[D]. 南京: 南京航空航天大学.

严仰光, 秦海鸿, 龚春英, 等, 2014. 多电飞机与电力电子[J]. 南京航空航天大学学报, 46(1): 11-18.

于敦, 王守芳, 林侠, 1997. 国外飞机供电系统手册[M]. 北京: 中国航空信息中心.

于立, 2019. 多电发动机高速双凸极起动发电机系统关键技术研究[D]. 南京: 南京航空航天大学.

张健, 2020. 高速电励磁双凸极电机损耗分析与热管理技术研究[D]. 南京: 南京航空航天大学.

张卓然, 于立, 李进才, 等, 2017. 飞机电气化背景下的先进航空电机系统[J]. 南京航空航天大学学报, 49(5): 622-634.

周绚, 2015. 国内民用飞机应急供电设计与应用[J]. 科技风(6): 101.

周元钧, 王永, 董慧芬, 2015. 民机供电系统[M]. 上海: 上海交通大学出版社.

朱德明, 李进才, 韩建斌, 等, 2019. 起动发电机在中国大型客机上的应用[J]. 航空学报, 40(1): 245-253.

BRELJE B J , MARTINS J R R A, 2019. Electric, hybrid, and turboelectric fixed-wing aircraft: A review of concepts, models, and design approaches[J]. Progress in Aerospace Sciences, 104: 1-19.

BUTICCHI G, BOZHKO S, LISERRE M, et al., 2018. On-board microgrids for the more electric aircraft—technology review[J]. IEEE Transactions on Industrial Electronics, 66(7): 5588-5599.

CHIBA A, FUKAO T, ICHIKAWA O, et al., 2005. Magnetic bearings and bearingless drives[M]. Amsterdam: ELSEVIER.

EMADI K, EHSANI M, 2000. Aircraft power systems: technology, state of the art, and future trends[J]. IEEE Aerospace and Electronic Systems Magazine, 15(1): 28-32.

HAMILTON SUNDSTRAND CORPORATION, 2011. Boeing 787 electrical system: system & component description/operation, and maintenance training course[R].

JEAN-CHARLES M A R É, JIAN F U, 2017. Review on signal-by-wire and power-by-wire actuation for more electric aircraft[J]. Chinese Journal of Aeronautics, 30(3): 857-870.

MADONNA V, GIANGRANDE P, GALEA M, 2018. Electrical power generation in aircraft: review, challenges, and opportunities[J]. IEEE Transactions on Transportation Electrification, 4(3): 646-659.

MOIR I, SEABRIDGE A, 2011. Aircraft systems: mechanical, electrical, and avionics subsystems integration[M]. Hoboken: John Wiley & Sons.

NI K, LIU Y J, MEI Z B, et al., 2019. Electrical and electronic technologies in more-electric aircraft: A review[J]. IEEE Access, 7: 76145-76166.

NØLAND J K, LEANDRO M, SUUL J A, et al., 2020. High-power machines and starter-generator topologies for more electric aircraft: A technology outlook[J]. IEEE Access, 8: 130104-130123.

ROBBINS D, BOBALIK J, DE STENA D, et al., 2018. F-35 subsystems design, development & verification[C]. 2018 Aviation Technology, Integration, and Operations Conference.

SARLIOGLU B, MORRIS C T, 2015. More electric aircraft: Review, challenges, and opportunities for commercial transport aircraft[J]. IEEE transactions on Transportation Electrification, 1(1): 54-64.

TOM L, KHOWJA M, VAKIL G, et al., 2021. Commercial aircraft electrification—current state and future scope[J]. Energies, 14(24): 1-29.

WHEELER P, CLARE J C, TRENTIN A, et al., 2013. An overview of the more electrical aircraft[J]. Proceedings of the Institution of Mechanical Engineers, Part G: Journal of Aerospace Engineering, 227(4): 578-585.

WIEGAND C, 2018. F-35 air vehicle technology overview[C]. 2018 Aviation Technology, Integration, and Operations Conference.

WILEMAN A J, ASLAM S, PERINPANAYAGAM S, 2021. A road map for reliable power electronics for more electric aircraft[J]. Progress in Aerospace Sciences, 127: 1-11.

ZHANG Z R, LI J C, LIU Y, et al., 2017. Overview and development of variable frequency AC generators for more electric aircraft generation system[J]. Chinese Journal of Electrical Engineering, 3(2): 32-40.

附录 缩略语词汇表

AC	Alternating Current	交流电
ACE	Actuator Control Electronics	作动机构电子控制器
ACM	Air Cycle Machine	空气循环机
ACMP	Alternating Current Motor Pump	交流电动泵
ADP	Air-Driven Pump	气动泵
AES	APU Engine Start	APU 发动机起动
AFDX	Avionics Full Duplex Switched Ethernet	航空电子全双工以太网
AFT	After	后面
AGCB	Auxiliary Generator Control Breaker	APU 发电机断路器
AGCU	APU Generator Control Unit	APU 发电机控制器
AGNR	APU Starter Generator Neutral Relay	APU 起动发电机中线继电器
APB	Auxiliary Power Breakers	辅助电源断路器
APF	Active Power Filter	有源电力滤波器
APS	Auxiliary Power System	辅助动力系统
APU	Auxiliary Power Unit	辅助动力装置
ARINC	Aeronautical Radio, Incorporated	航空无线电公司
ARU	Active Rectifier Unit	有源整流单元
ASC	APU Start Contactor	APU 起动接触器
ASG	APU Starter Generator	APU 起动发电机
ATRU	Auto Transformer Rectifier Unit	自耦变压整流器
ATRUC	Auto Transformer Rectifier Unit Contactor	自耦变压整流器接触器
ATU	Auto Transformer Unit	自耦变压器
ATUC	Auto Transformer Unit Contactor	自耦变压器接触器
Bat	Battery	蓄电池
BC	Battery Charger	蓄电池充电器
BCRU	Battery Charger Regulator Units	蓄电池充电调节器
BDM	Battery Diode Module	蓄电池二极管模块
BIT	Built-in Test	自检测
Bkup	Backup	备份
BMU	Battery Monitoring Unit	电池管理器
BPCU	Bus Power Control Unit	汇流条功率控制器

BSB	Bus Source Breaker	汇流条电源断路器
BSCU	Brake System Control Unit	机轮制动系统
BTB	Bus Tie Breaker	汇流条连接断路器
CAC	Cabin Air Compressor	座舱空气压缩机
CAN	Controller Area Network	局域网控制器
CB	Circuit Breaker	断路器
CBIC	Circuit Breaker Indication & Control	断路器指示和控制
CCR	Common Computing Resource	公共计算机
CCS	Common Core System	公共计算机系统
CDN	Common Data Network	通用数字网络
CDU	Central Display Unit	中央显示器
CHKL	Checklist	航空电子系统检查表
CITC	Captain's Instrumentation Tie Contactor	领航员仪表汇流条连接接触器
CMSC	Common Motor Start Controller	通用电动机起动控制器
CPU	Central Processing Unit	中央处理器
CRN	Current Return Network	电回路网络
CSCF	Constant Speed Constant Frequency	恒速恒频
CSD	Constant Speed Drive	恒速传动装置
CSS	Cabin Services System	飞机座舱服务系统
CT	Current Transformer	电流互感器
CTA	Current Transformer Assembly	电流互感器组
CTRL	Control	控制
DC	Data Concentrator	数据集中器
DC	Direct Current	直流电
DCAF	Display & Crew Alerting Function	显示和乘员报警应用软件
DCEPC	Direct Current External Power Contactor	直流外电源接触器
DCMP	DC Motor Pump	直流电动泵
DCTC	DC Tie Contactor	直流汇流条连接接触器
DP	Differential Protection	差动保护
DPCT	Differential Protection Current Transformer	差动保护电流互感器
DSC	Dedicated System Controllers	分系统控制器
DSP	Digital Signal Processor	数字信号处理器
E/E	Electric & Electronic Equipment	电气和电子设备
EAC	External AC Contactor	交流外电源接触器
EBHA	Electrical Backup Hydraulic Actuator	电备份液压作动机构
E-BPSU	Electric Brake Power Supply Unit	机轮电制动电源设备
ECB	Electronic Circuit Breaker	固态电子式断路器

ECD	Electronic Chip Detector	电子式碎片检测器
ECP	Electric Control Panel	电气控制屏
ECS	Environmental Control Systems	环境控制系统
EDP	Engine-Driven Pump	发动机传动的液压泵
EE	Electronic Equipment	电子设备
EEC	Electronic Equipment Compartment	电子设备舱
EEC	Engine Electronic Control	发动机电子控制器
EEPGS	Emergency Electric Power Generation System	应急发电系统
EGT	Exhaust Gas Temperature	排气温度
EHA	Electro-Hydrostatic Actuator	电液作动机构
EHSV	Electro-Hydraulic Servo Valve	电液伺服阀
EICAS	Engine Indication and Crew Alerting System	发动机显示和乘员报警系统
ELCC	Electric Load Control Contactor	电气负载控制接触器
ELCF	Electric Load Control Function	电气负载控制单元
ELCM	Electric Load Control Module	电气负载控制模块
ELCU	Electric Load Control Unit	电气负载控制器
ELCU_C	ELCU Communications Module	ELCU 的通信模块
ELCU_P	ELCU Protection Module	ELCU 的保护模块
EMA	Electro-Mechanical Actuator	机电作动机构
EMCU	Electric Motor Control Unit	电动机控制器
EMI	Electro Magnetic Interference	电磁干扰
EMP	Electric Motor Pump	电动泵
EP	External Power	外电源
EPC	External Power Contactor	外电源接触器
EPGSS	Electric Power Generation & Start System	起动发电机系统
EPS	Electric Power Systems	电源系统
EPU	Emergency Power Unit	应急动力装置
ES	Engine Start	发动机起动
ESIC	Electric System Indication & Control	电气系统的指示和控制
ESS	Electric Sub-Systems	电气子系统
ESV	Electro-hydraulic Servo Valve	电液伺服阀
FC	Flight Controls	飞行控制
FC	Flight Cycles	飞行周期
FCAC	Forward Cargo Air Conditioning	前货舱空气调节
FCE	Flight Control Electronics	飞行控制电子设备
FCM	Flight Control Module	飞行控制模块
FCU	Flight Control Unit	飞行控制箱

FF	Fuel Flow	燃油流量
FITC	First Officer's Instrumentation Tie Contactor	正驾驶员仪表汇流条连接接触器
FOX	Fiber Optic Translator	光纤转换器
FPGA	Field Programmable Gate Array	现场可编程门阵列
FTC	Fail to Close	不接通故障
FTO	Fail to Open	不断开故障
FWD	Forward	前面
G RPDU	Gateway RPDU	入口 RPDU
GCB	Generator Control Breaker	发电机断路器
GCR	Generator Control Relay	发电机励磁控制继电器
GCS	Generator Control Switches	发电机控制开关
GCU	Galley Cooling Unit	厨房冷却装置
GCU	Generator Control Unit	发电机控制器
GEC	Generator Excitation Contactor	发电机励磁接触器
GGM	Graphics Generator Module	图形发生器模块
GLC	Generator Line Contactor	发电机馈电线接触器
GND	Ground	接地
GNR	Generator Neutral Relay	发电机中线继电器
GPM	Gallons Per Minute [United States]	每分钟油流量(以美国加仑为单位)
GPM	General Processing Module	通用处理模块
GPU	Ground Power Unit	地面电源
GUI	Graphical User Interface	用户图形界面
HBB	Hot Battery Bus	蓄电池热汇流条
HVB	High Voltage Breaker	高压断路器
HVDC	High Voltage Direct Current	高压直流电
HVT	High Voltage Bus Tie	高压汇流条连接
HX	Heat Exchanger	热交换器
HYDIF	Hydraulic Interface Function	液压接口
I/O	Input/Output	输入/输出
IAP	Integrated Actuator Package	组合式作动机构
ICS	Integrated Cooling System	组合冷却系统
IDG	Integrated Drive Generator	组合传动发电机
IGBT	Insulated Gate Bipolar Transistor	绝缘栅双极型晶体管
INFO	Information	信息显示
IP	Internet Protocol	互联网协议
IPCU	Integrated Power and Cooling Unit	具有制冷功能的组合动力装置
IPU	Integrated Power Unit	组合动力装置

ISO	Isolation	隔离
LAEPC	Left After External Power Contactor	左后外电源接触器
LAN	Local Area Network	局域网
LdcTC	Left DC Tie Contactor	左直流汇流条连接接触器
LED	Light Emitting Diode	发光二极管
LOP	Low Oil Pressure	低滑油压力
LPU	Lightning Protection Module	雷电防护模块
LRM	Line Replaceable Module	可更换模块
LRU	Line Replaceable Unit	可更换单元
LTB	Left Tie Bus	左连接汇流条
LVDT	Linear Variable Differential Transformer	直线可调差动变压器
MBR	Main Battery Relay	主蓄电池继电器
MC	Motor Controller	电动机控制器
MDC	Motor Driven Compressor	电动压气机
MEDC	Main Engine Data Concentrator	航空发动机数据集中器
MES	Main Engine Start	主发动机起动
MESC	Main Engine Start Controller	主发动机起动控制器
MFD	Multi Function Displays	多功能显示器
MOP	Maximum Operating Pressure	最大工作压力
MOSFET	Metal Oxide Semiconductor Field Effect Transistor	金属氧化物半导体场效应晶体管
MP	Main Processor	主处理器
MTBF	Mean Time Between Failure	平均故障间隔时间
ND	Navigation Display	导航系统显示器
NGC	Nitrogen Generating Contactor	氮气发生器的接触器
NGS	Nitrogen Generation System	氮气发生系统
NO	Normally Open	常开
NVM	Non-Volatile Memory	非易失存储器
OB	Outboard	机舱外
OC	Overcurrent	过流(电流过大)
OD	Outside Diameter	外径
OHMF	On-board Health Management Function	机载健康管理功能
OHMS	Onboard Health Management System	机载健康管理系统
OHV	Overheat Valve	过热保护阀
OJMC	Override Jettison Motor Controller	超控放油电动机控制器
OV	Overvoltage	过电压
OVTPU	Over Voltage Transient Protection Unit	瞬态过电压保护器
PCM	Power Conditioning Module	电源调节模块

PCS	Power Conversion System	电能转换系统
PCU	Pack Control Unit	空调组件控制器
PDHA	Power Distribution Hosted Application	配电系统应用软件
PDHM	Power Distribution Health Manager	配电系统健康管理软件
PDMD	Power Distribution Modifiable Data	配电系统可修改数据
PDOM	Power Distribution Operations Manager	配电系统运行管理软件
PDOT	Power Distribution Operations Table	配电系统运行数据表
PDRC	Power Distribution Remote Controller	配电系统远程控制器
PDSD	Power Distribution Secure Data	配电系统安全数据
PDU	Protocol Data Unit	协议数据单元
PDUI	Power Distribution User Interface	配电系统用户界面
PECS	Power Electronics Cooling System	电力电子设备冷却系统
PFC	Power Factor Correction	功率因数校正电路
PFD	Primary Flight Display	主飞行控制显示器
PHM	Prognostics & Health Monitoring	预测和健康监控
PMG	Permanent Magnet Generator	永磁发电机
POR	Point of Regulation	电压调节点
PPDN	Primary Power Distribution Network	一次配电网络
PPDS	Primary Power Distribution System	一次配电系统
PRSOV	Pressure Regulating Shutoff Valve	压力调节和关断阀
PTB	Parallel-bus Tie Breaker	并联汇流条连接断路器
PWM	Pulse Width Modulated	脉宽调制
QD	Quick Disconnect	快速断开
Qty	Quantity	量
RAEPC	Right After External Power Contactor	左后外电源接触器
RAF	Ram Air Fan	冲压空气风扇
RAM	Random-Access Memory	随机存储器
RAT	Ram-Air Turbine	冲压空气涡轮
RATG	Ram-Air Turbine Generator	冲压空气涡轮发动机
RCB	RATG Control Breaker	冲压空气涡轮发电机断路器
RDC	Remote Data Concentrator	远程数据集中器
RdcTC	Right DC Tie Contactor	右直流汇流条连接接触器
RDU	Remote Data Unit	远程数据单元
RF	Radio Frequency	射频
RF	Ram Fan	冲压空气风扇
RFC	Ram Fan Contactor	冲压空气风扇接触器
RFCL	Ram Fan Contactor Left	左冲压空气风扇接触器

RFCR	Ram Fan Contactor Right	右冲压空气风扇接触器
RFMC	Ram Fan Motor Controller	冲压空气风扇电动机控制器
Rly	Relay	继电器
ROM	Read-only Memory	只读存储器
RPDN	Remote Power Distribution Network	远程配电网络
RPDS	Remote Power Distribution System	远程配电系统
RPDU	Remote Power Distribution Units	远程配电箱
RTB	Right Tie Bus	右连接汇流条
RVDT	Rotary Variable Differential Transformer	旋转可调差动变压器
S RPDU	Standard RPDU	标准 RPDU
SC	Start Contactor	起动接触器
SCU	Supplemental Cooling Unit	辅助冷却单元
SCUMC	Supplemental Cooling Unit Motor Controller	辅助冷却单元电动机控制器
SOV	Shut off Valve	关断阀
SPDU	Secondary Power Distribution Unit	二次电源配电箱
SPU	Start Power Unit	起动航空发动机电源
SPUB	Start Power Unit Breaker	起动航空发动机电源断路器
SPUC	Start Power Unit Contactor	起动航空发动机电源接触器
SRG	Switched Reluctance Generator	开关磁阻发电机
SRM	Switched Reluctance Machine	开关磁阻电机
SRSG	Switched Reluctance Starter Generator	开关磁阻起动发电机
SSPC	Solid State Power Controller	固态功率控制器
SSR	Solid State Relay	固态继电器
SV	Servo Valve	伺服阀
SVPWM	Space Vector PWM	空间矢量脉宽调制
SYS	System	系统
TCB	Thermal Circuit Breaker	热断路器
TCV	Temperature Control Valve	温度控制阀
TPR	Turbofan Pressure Ratio	燃气涡轮压比
TRU	Transformer Rectifier Unit	变压整流器
TRUC	Transformer Rectifier Unit Contactor	变压整流器接触器
TTP/C	Time-Triggered Protocol/Class C	时间触发协议/C 级
UF	Underfrequency	欠频
UV	Undervoltage	欠电压
VAC	Volts Alternating Current	交流电压
VDC	Volts Direct Current	直流电压
VFAC	Variable Frequency Alternating Current	变频交流

VFSG	Variable Frequency Starter Generator	变频交流起动发电机
VIB	Vibration	发动机振动
Vrms	Voltage root mean square	电压有效值
VSCF	Variable Speed Constant Frequency	变速恒频
VSI	Voltage Source Inverter	电压源型逆变器(直流交流变换器)
VSVF	Variable Speed Variable Frequency	变速变频
WHCF	Window Heat Control Function	窗玻璃加温控制功能
WHOM	Window Heat Operations Manager	窗玻璃加温运行管理单元
WIPS	Wing Ice Protection System	机翼防冰系统